U0872330

# CPR1000 机组 DCS 控制设计原理

福建宁德核电有限公司 编

中国原子能出版社

**图书在版编目（CIP）数据**

CPR1000机组DCS控制的设计原理 / 福建宁德核电有限公司编 . —北京 ：中国原子能出版社，2021.5

ISBN 978-7-5221-1374-6

Ⅰ.①C… Ⅱ.①福… Ⅲ.①核电站-分散控制系统-系统设计 Ⅳ.①TM623

中国版本图书馆CIP数据核字（2021）第090904号

**CPR1000机组DCS控制设计原理**

---

| | |
|---|---|
| **出版发行** | 中国原子能出版社（北京市海淀区阜成路43号 100048） |
| **责任编辑** | 张书玉 |
| **装帧设计** | 崔 彤 |
| **责任校对** | 冯莲凤 |
| **责任印制** | 潘玉玲 |
| **印　　刷** | 河北宝昌佳彩印刷有限公司 |
| **经　　销** | 全国新华书店 |
| **开　　本** | 787 mm×1092 mm 1/16 |
| **印　　张** | 14.375 |
| **字　　数** | 289千字 |
| **版　　次** | 2021年5月第1版 2021年5月第1次印刷 |
| **书　　号** | ISBN 978-7-5221-1374-6　　**定 价 95.00元** |

---

**网址：http：//www.aep.com.cn**　　**E-mail：atomep123@126.com**

**发行电话：010-68452845**

**版权所有 侵权必究**

# 《CPR1000 机组 DCS 控制设计原理》

## 编辑委员会


主　　任　田辉宇

副 主 任　刘爱东　陈自强

委　　员　毕业成　潘　烽

执行编委　毕业成　徐锋涛

编　　写　徐锋涛　庞　伟　卓孝建　韦金良

崔　凯　李花伟　李正武　陈治君

王碧磊　孙　刚　朱　光　何　明

李占东　靳亚伟　李海波　原　伟

陈林华　张　明　林文溪　何军奉

# 序　言

CPR1000是中国广核集团推出的改进型百万千瓦级（1000 MW）压水堆核电技术方案。它是在引进、消化、吸收法国M310堆型先进技术的基础上，结合20多年来核电行业的渐进式改进和自主创新形成的“二代加”百万千瓦级压水堆核电技术。它采取的全数字化控制系统（DCS），结合计算机技术、系统控制技术、网络通讯技术和多媒体技术，提供了窗口友好的人机界面和强大的通讯功能，完成了过程控制、过程管理，使其自动化、可靠性、安全性和经济性进一步提高，在各种工况下都能为操纵员提供各种必要的信息。自动或者通过操纵员手动控制可以将工艺系统或设备的运行参数维持在运行工况规定的限值内，保护人员和反应堆系统设备的安全，避免环境受到放射性污染。

虽然DCS大大提高了电厂自动化水平和设备的运行效率，集成信息显示和高度自动化的过程控制技术，降低了运行人员的工作负荷并在一定程度上减轻了人员的心理负担，更是降低了人因失误的概率。但由于其屏幕显示的信息量大、控件类型和功能多、故障模式和影响复杂等因素，给核电厂操纵员的监控、故障分析和处理带来了新的挑战，这就对操纵员的专业素质也提出了更高的要求。无数的DCS相关故障经验反馈表明，操纵员对于DCS整体控制不仅要知其然，还要知其所以然，只有清晰理解和掌握DCS的结构特性、设计原理、信号传递和故障模式等以后，才能在出现DCS相关故障时更加有效地监控机组、响应瞬态和处理故障，确保机组长期安全稳定运行。

针对目前CPR1000机组DCS故障频发、DCS结构复杂难以掌握等问题，福建宁德核电有限公司培训部联合仪控部等其他部门，从DCS设计的法规及行业标准出发，结合电厂运行人员的实际需求，编写了《CPR1000机组DCS控制设计原理》一书。作为核电行业首本详细介绍CPR1000机组DCS控制设计原理的书籍，本书创造性地将整个DCS的节点“可视化”，解决了操纵人员培训上的困难；收集国内外电站的DCS经验反馈，深入分析并对DCS故障进行全面性的建模，通过大数据分析统计预测可能出现故障的设备，提前干预以减轻DCS故障对机组造成的瞬态影响。编者团队着眼于解决DCS带来的对电站运行和维修的挑战，从而不断提升保证电厂的设备安全及核安全。本书对DCS设计原理系统化的阐述，不仅能让读者建立对DCS的宏观印象，也能在微观上不断提升电厂人员处理DCS故障的技术能力，能够给广大核电从业者提供一定的借鉴和参考。

由于受到篇幅的限制，编者水平有限，加上本书涉及范围较广，疏漏在所难免。恳请各位读者批评指正并提出宝贵意见，使本书的内容更加完善。编者在此对您的关心和帮助表示衷心的感谢！

**2020年12月28日**

# 前　言

CPR1000 全数字化仪控系统采用国际上成熟而又先进的分布式仪表控制系统。以微处理芯片构成的、以数字处理技术为特点的智能化电子设备和计算机系统，它具有极强的测量控制、逻辑运算、数据处理和通信能力，极大地提高了核电厂运行的安全性、可靠性及管理效率。但是随之而来的在数字化系统操作的复杂性、信息显示的直观性、DCS 人因陷阱等方面给予电厂从业者带来了新的挑战。为了让电厂运行相关人员更加深入地了解掌握 DCS 控制的特性，福建宁德核电有限公司特编写《CPR1000 机组 DCS 控制设计原理》一书。

本书以宁德核电一期工程的 DCS 控制设计原理为基础，结合自调试到商运整个过程的机组控制的学习和总结，主要讲述核电 DCS 的发展历程、机组 DCS 设计原理、机组主要的调节控制系统的原理与实现，结合经验反馈，来讲述典型故障及瞬态下 DCS 的控制与响应。对非安全级 DCS 系统所涉及的软件、硬件以及操作平台、网络通信进行全面的讲解和说明。使得核电从业者对电站 DCS 控制有更深入的了解。

《CPR1000 机组 DCS 控制设计原理》是对 DCS 控制设计的深入研究和探索。全书共八章，包括核电 DCS 的发展历程、CPR1000 机组 DCS 综述、CPR1000 机组 DCS 设计原理、CPR1000 机组主要的调节控制系统的原理与实现、典型故障及瞬态下 DCS 的控制与响应、经验反馈、DCS 未来的发展方向等相关内容。

本书由福建宁德核电有限公司培训部组织编写和校核，编写人员包括毕业成、徐锋涛、庞伟、卓孝建、韦金良、崔凯、李花伟、李正武、陈治君、王碧磊、孙刚、朱光、何明、李占东、靳亚伟、李海波、原伟、陈林华、张明、林文溪、何军奉等，全书由卓孝建负责统稿和编辑。

**编　者**

**2020 年 6 月**

# 目　　录

# 第一章　核电 DCS 的发展历程

## 1.1　核电仪控与数字化仪控

核电厂仪控系统是仪表和控制系统的简称，是电厂的“神经中枢”，对于保证核电厂安全、稳定运行有至关重要的作用，主要功能如下：

• 在正常运行、预计运行事件和事故工况下，监测电厂参数和各系统的运行状态，为操纵员安全有效地操纵核电厂提供各种必要的信息。

• 自动地或通过操纵员手动控制将工艺系统或设备的运行参数维持在运行工况规定的限值内。保持核电厂的输出功率在所要求的范围内。

• 在异常工况和事故工况下，触发保护动作，保护人员、反应堆和系统设备的安全，避免环境受到放射性污染。

核电 DCS 是数字化仪控系统的简称，是核电厂仪控系统的二代加技术，它把数据采集及过程控制功能分解开来，由多台功能计算机来实施，独立工作，避免集中控制产生的风险，优点是分散控制、集中管理，可靠性高。

## 1.2　我国核电仪控系统的发展

从我国已建成和在建的核电工程看，核电厂仪控系统的发展基本上经历了三个阶段。

（1）第一阶段

以模拟量组合单元仪表为主的控制系统。由于其模拟量仪表采用小规模集成电路运算放大器为基础的元件来控制，逻辑量仪表采用继电器等硬逻辑电路来控制。因而整个系统所需要的仪表控制器件数量多，运行操作管理和维护工作任务重，大部分采用手动操作，主控室布局也显得较大。如秦山核电厂 300 MW 主控制系统采用 FOXBORO 公司的 SPEC200 组装仪表；大亚湾核电厂 2×980 MW 主控制系统采用 Baily9020 系统。

（2）第二阶段

以模拟量和数字量混合运用的主控制系统。核岛系统仍采用以小规模集成电路运算放大器为基础的模拟量元件来控制，而部分常规岛和辅助系统采用可编程逻辑控制器（PLC）自动控制系统，结合软件自诊断技术、冗余技术和网络通信技术，减少很多硬接线和就地控制柜，提高了系统运行可靠性。如广东岭澳核电厂（2×980 MW）仪表控制系统。

（3）第三阶段

全数字化仪表控制系统。由微处理芯片构成，以数字处理技术为特点的智能化电子设备和计算机系统，它除了具有常规测量仪表的测量和控制功能外，还具有极强的数据处理和通信能力。它能将现场的信息通过计算机网络连到电厂的任何地方，从而使电厂操作员有可能对全厂各部分的设备进行集中监视、控制与管理。同时使得生产、运行、管理、维修、安全保卫、计划调度及行政部门都有可能及时有效地利用这些信息，实现全厂信息共享，极大地提高了核电厂运行安全性、可靠性及管理效率。如田湾核电厂所采用的 Teleperm XS（阿海珐）＋TELEPERM XP（西门子）系统；AP1000 机组采用的 Common Q（ABB 公司）＋Ovation（EMERSON 公司）。

## 1.3 我国核电数字化仪控系统的发展

通常意义上的 DCS 是指分布式控制系统（Distributed），其主要特点是集散控制，该概念由霍尼韦尔公司提出，并于 1975 年推出第一代数字化分布式控制系统 TDC-2000。国内火电厂应用 DCS 系统始于 20 世纪 80 年代，其中江苏望亭发电厂于 1985 年引进的西屋分布式处理系列（WDPF）控制系统，是国内首个火电厂 DCS 系统。

在核电领域，DCS 是数字化仪控系统（Digital Control System）的简称，区别于早期核电厂中采用的模拟技术控制系统。国内核电 DCS 发展节点事件如下：

• 1995 年，岭澳核电厂引进阿尔斯通的 P320 DCS 系统用于部分常规岛仪控，分散控制系统第一次应用于国内核电。

• 1996 年，田湾核电厂采用西门子公司的 Teleperm XS ＋Teleperm XP 系统分别用于核岛和常规岛仪控，是国内首例核电厂全数字一体化仪控系统。

• 2004 年，岭澳核电厂二期在 Teleperm XS ＋Teleperm XP 仪控方案的基础上，首次实现了主控制室设计自主，如应用智能化报警抑制技术、采用状态导向法事故处理程序（SOP）以及所有规程和报警卡的数字化等。

• 2005 年，广利核公司成立，着手开展核电机组 DCS 系统国产化。

• 2007 年，广利核公司的应用到红沿河项目，实现核电厂非安全级 DCS 系统的自主化。

• 2010 年，广利核公司成功研制出具有自主产权的核级平台——和睦系统，我国实现核电 DCS 系统的完全自主化。

# 第二章　法规对核电 DCS 的要求

## 2.1　核安全相关法规标准

我国核安全领域的法规标准可分为五个层级，分别国家法律、国务院条例、国务院各部委部门规章、指导性文件和技术标准等，如图 2-1 所示。

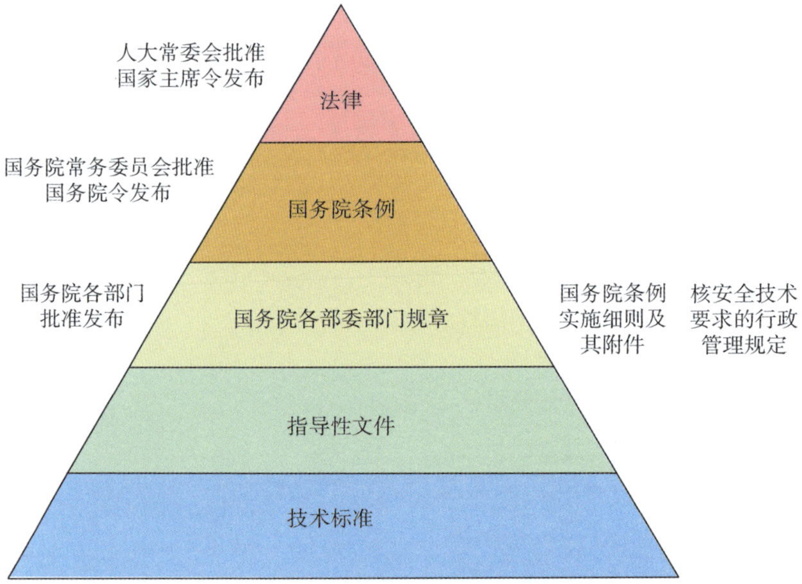


图 2-1　我国核安全法规标准体系

- 第一层为国家法律，是法律的最高层级，起决定作用。目前我国核领域，属于第一层级的国家法律有《中华人民共和国放射性污染防治法》《中华人民共和国核安全法》。
- 第二层为国务院条例，即通常所说的行政法规，是国家法律在某一个方面的进一步细化，规定了该方面的法规要求。在核领域，行政法规目前主要包括《中华人民共和国民用核设施安全监督管理条例》《中华人民共和国核材料管制条例》《核电厂核事故应急管理条例》《民用核安全设备监督管理条例》《放射性废物安全管理条例》《放射性同位素与射线装置安全和防护条例》《放射性物品运输安全管理条例》等 7 部国务院条例。

• 第三层为国务院各部门发布的部门规章，主要包括国务院条例实施细则及其附件、核安全技术要求的行政管理规定等两部分。核安全部门规章按照设施及专业领域分为 11 个系列。这 11 个系列的序号依照现行法规编号第一个数字确定，囊括了核安全监管的主要内容。

0. 通用系列
1. 核动力厂系列
2. 研究堆系列
3. 非堆核燃料循环设施系列
4. 放射性废物管理系列
5. 核材料管制系列
6. 民用核安全设备监督管理系列
7. 放射性物质运输管理系列
8. 同位素和射线装置监督管理系列
9. 电磁辐射污染控制系列
10. 环境辐射监测系列

• 第四层为指导性文件，主要包括核安全局发布的核安全导则（HAD 系列）和核安全法规技术文件（HAF J 系列）。例如《核电厂设计总的安全原则（HAD102/1）》《核电厂厂址选择中的剂量评价（HAF J0001）》。

• 第五层为技术标准，主要包括国家标准和行业标准。例如国标 GB 系列、国家能源局的能源行业标准 NB 系列、核工业行业标准 EJ 系列、电力行业标准 DL 系列。

## 2.2　核电 DCS 涉及的法规标准

技术层面上对核电 DCS 提出要求的法规标准可以分为三层，如图 2-2 所示。

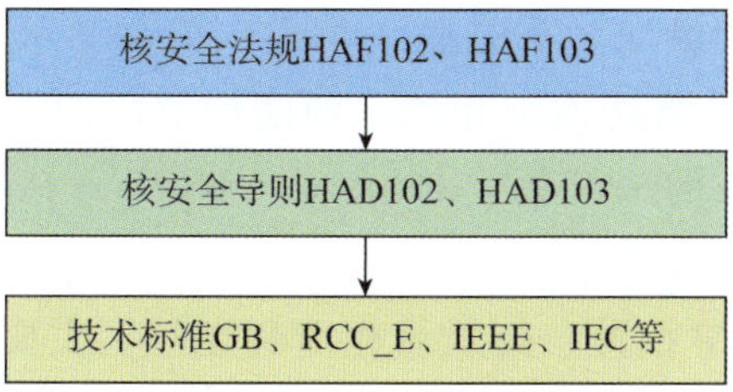


图 2-2　DCS 法规标准体系

• 第一层为核安全法规。国家法律、国务院条例和政府部门规章通称核安全法规，是强制性的法律文件。HAF002 在整体设计和系统设计方面规定了核电 DCS 必须满足的技术要求；HAF003 在质量保证方面对核电 DCS 提出安全规定。

• 第二层为核安全导则。核安全导则是法规的补充和说明，核安全法规和导则规定了核安全监督管理制度，提出了核安全的基本要求以及建议采用的方法和程度。适用于核电 DCS 的核安全导则有：

| | |
|---|---|
| （1）HAD102-01 | 核电厂设计总的安全原则 |
| （2）HAD102-03 | 安全功能和部件分级 |
| （3）HAD102-10 | 核电厂保护系统及有关设施 |
| （4）HAD102-14 | 核电厂安全有关仪表和控制系统 |
| （5）HAD102-16 | 核动力厂基于计算机的安全重要系统软件 |
| （6）HAD103-（1-10） | 质量保证相关导则 |

• 第三层为技术标准。技术标准主要分为国标和行业标准，如 GB、EJ、NB 等。由于中国核电厂仪控系统相关标准，多是对 IEEE、IEC 等标准进行吸收、转化而来，且多有滞后及不完善之处，所以在核电 DCS 在设计中会参考国外的标准，主要包括国际标准组织颁布的规范和标准（如 IEC、ISO）；美国标准（如 ASME、IEEE）；法国标准（如 RCC 系列）等。标准选用原则如下：（1）必须遵守的（必选）：HAF/HAD/GB；（2）原设计遵循的标准（必选）：RCCP/RCCE；（3）行业广泛认可的标准（可选）：IAEA/IEC/IEEE。

## 2.3 核电 DCS 的特点

核电仪表与控制系统相关的法规和标准规定了核电 DCS 必须满足的要求，这些要求共同构成了核电 DCS 的特性，大致概括如下。

### 2.3.1 纵深防御

HAF102 明确指出：“纵深防御是防止核电厂发生事故和减轻事故后果的主要手段。纵深防御主要是通过一系列连续和独立的防御层次的结合，防止事故对人员和环境造成危害”。2016 年发布的 SSR-2/1（Safety of Nuclear Power Plants：Design）对纵深防御的五个层次作了具体定义。

• 第一层次：通过保守设计、高质量建造和运行，主要核电厂参数控制，防止异常运行和失效。

• 第二层次：通过控制和限值系统、其他监视设施等控制异常运行和失效。

• 第三层次 3a：通过保护系统、安全系统、规程等限制事故的后果，限制放射性释放，防止堆芯融化事故。考虑单一始发事件。

• 第三层次 3b：通过附加安全设施、规程等限制事故的后果，限制放射性释放，防止堆芯融化事故，考虑多重始发事件。

• 第四层次：通过补充安全设施缓解堆芯融化，管理堆芯融化事故，限制场外释放。

• 第五层次：通过场内外应急响应和干预缓解大规模放射性释放的后果。

对于核电厂仪控系统而言，它的纵深防御设计有两个方面的含义：一方面，作为支持系统，要为核电厂纵深防御各个层次的工艺系统提供监测和控制手段；另一方面，仪控系统自身也应满足纵深防御的设计理念，保证某一层次的失效能为下一层次所补偿。国际原子能机构（IAEA）在 SSG-39（Design of Instrumentation and Control Systems for Nuclear Power Plant）中，对核电厂仪控系统定义了纵深防御的四个层次：

• 第一层次：在正常运行模式下操纵电厂，保持主要电厂参数在规定范围内。

• 第二层次：自动控制设计基准事故（DBA）不超过验收准则要求，在设计基准事件后将反应堆带入并保持在安全停堆状态。

• 第三层次：自动控制设计基准事故不超过验收准则要求，在设计基准事件后将反应堆带入并保持在安全停堆状态。用于应对仪控系统共因故障与预计始发事件叠加工况的后备功能属于纵深防御 3b 层次。

• 第四层次：通过一个独立系统监测和缓解堆芯融化事故，要求独立的直流电源。

美国核管会（NRC）对于仪控系统纵深防御层次的划分更加明确具体：

• 第一层次：控制系统，非安全级系统，用于机组正常运行，防止运行偏离。

• 第二层次：紧急停堆系统，安全级系统，在出现非受控偏离时快速降低反应性。

• 第三层次：专设安全设施驱动系统，安全级系统，排除余热或保持 3 道屏障的完整性。

• 第四层次：监视和指示，包括传感器，显示装置，数据通信系统，手动控制。

## 2.3.2　安全分级

HAF102 规定：必须识别所有安全重要物项，并根据其功能和安全重要性对其进行分级。划分安全重要物项的安全重要性的方法，必须主要基于确定论，并适当辅以概率论方法。HAD102-03 根据对不同堆型大量假设事故进行分析的结果，将安全等级划分为四级。

• 安全一级：安全一级包括为防止堆芯裂变产物总量的会产生实质性影响的份额在有关的安全系统不起作用时释放到周围环境所必需的那些安全功能。

• 安全二级：安全二级包括为减轻某一事故后果所必需的那些安全功能。安全二级还包括为防止预计运行事件发展为事故工况所必需的那些安全功能。安全二级还包括那些功能失效的后果与要求执行这些功能的概率的乘积可能很大的功能。

• 安全三级：安全三级包括对安全一、二、三级功能起支持功能的所有安全功能。安全三级还包括为防止反应堆冷却剂系统以外的放射源对公众和厂区人员超过可接受限值的辐射照射所必需的安全功能，与反应堆控制有关的安全功能，以及使贮存在反应堆冷却剂系统以外的燃料保持在次临界状态或是排出贮存在反应堆冷却剂系统以外的辐照过的燃料所发出的衰变热的那些安全功能。

• 安全四级：安全四级包括未进入安全一、二、三级的那些安全功能。

HAD102-14 依据功能的重要性将仪控系统分为安全系统和安全有关系统；GB/T 15474—2010（参考 IEC61226），将核电仪控系统分为 A 类、B 类和 C 类，并提出了详细的分类标准及要求。各标准体系对仪控系统的安全分级要求如表 2-1 所示。

**表 2-1　仪控系统的安全分级要求**

<table>
<tr><th colspan="7">安全分级</th></tr>
<tr><td>RCC-E</td><td colspan="4">1E</td><td colspan="2">NC</td></tr>
<tr><td>中国</td><td colspan="2">1E（安全）级</td><td colspan="2">SR（安全相关）</td><td colspan="2">NS（非安全级）</td></tr>
<tr><td>IEC61226</td><td>A 类</td><td colspan="2">B 类</td><td colspan="2">C 类</td><td>无类别</td></tr>
</table>

## 2.3.3　设计基准

HAF102 规定：必须确定核电厂状态并主要按发生频率将其划分为有限的几类，如正常运行、预计运行事件、设计基准事故、设计扩展工况等。必须为每类状态确定准则，使得发生频率高的状态必须没有或仅有微小的放射性后果，而可能导致严重后果的状态发生频率必须很低。针对运行状态和事故工况，必须为安全重要物项规定一套相应的设计限值。GB/T 13284.1 对设计基准的确定提出了更详细的要求，其中对整定值和分析限值之间的要求如图 2-3 所示。

## 2.3.4　设计准则

HAF102 对核电厂安全系统的独立性和可靠性提出了整体要求，GB/T 13284《核电厂安全系统 第 1 部分：设计准则》进一步细化了相关设计准则，概括如下。

（1）单一故障准则

通常，即使是按照高质量标准制造出来的部件和设备，也会以一种随机的和不可预测的方式，在一个随机的和不可预测的时间无法工作。因此在设计时，需要采取措施以确保安全级数字化仪控系统中任何部分发生单一故障以及由单一故障所引起的故障时，均能实现其安全功能。目前核电厂 DCS 系统通常采用冗余性和独立性以满足系统的可靠性指标。冗余包括测点冗余、通道冗余、CPU 冗余、通信链路冗余等。

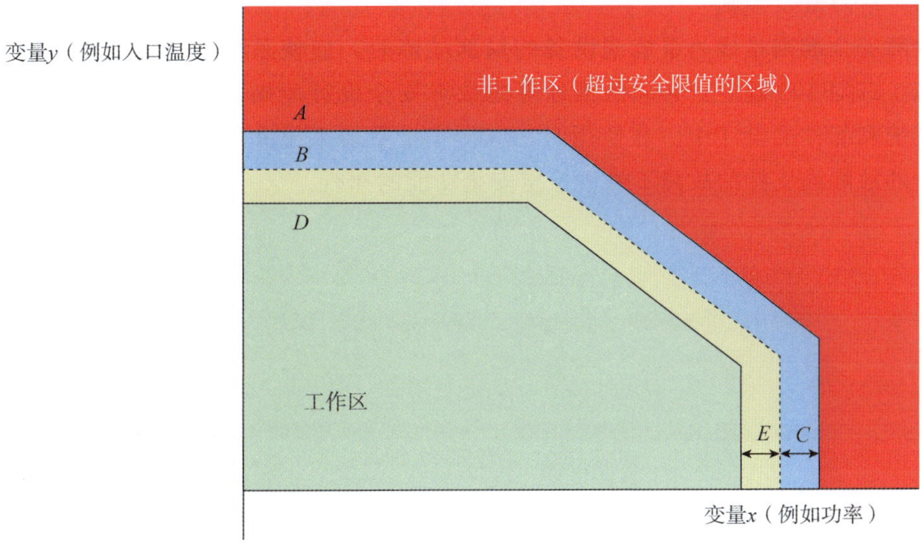


图 2-3　整定值与分析限值之间的要求

$A$—安全限值，表示安全状态的限值；B—分析限值，表示任何时候都可能存在的限制性最少的整定值；$C$—考虑校准误差、仪表准确度和瞬态超调量的容差（他可能是变量 $x$ 或变量 $y$ 或两者的函数）；$D$—保护动作整定值，设置在此值时可确保漂移不会使整定值超过整定点的允许值 $B$；$E$—考虑仪器和整定值漂移的容差（它可能是变量 $x$，或变量 $y$，或两者的函数）。

（2）独立性准则

独立性准则可以视为单一故障准则的具象化要求，主要适应于安全级数字化仪控系统内部各冗余部分之间、与设计基准事件影响之间、与其他系统之间。同时，安全通道之间或安全级数字化仪控系统与非安全级数字化仪控系统之间的数据通信不得阻碍安全功能的执行。

保证独立性的措施通常有实体分隔和电气隔离。实体分隔是通过电厂在设计时将不同的安全级系统以及非安全级系统布置于不同的房间中来实现的；电气隔离主要通过光电隔离来实现，也就是说将数据信号在安全级通过光信号传输至光电隔离器，而光电隔离器将光信号变换成电信号传输给其他系统（安全级系统或非安全级系统），从而保证了不同系统之间的独立性。

（3）共因故障准则

数字化仪控系统的应用使得计算机软件的共因故障问题突显，多样性是处理这一问题的有效方法。核电厂仪控系统通常采用“设备多样性”和“功能多样性”两种方法来消除共因故障，如 DCS 系统整体上采用安全级和非安全级两种平台完成不同系统的控制；对保护变量合理分组；采用不同原理的测量仪表；设置后备盘台等。

（4）故障安全准则

故障安全准则是指当系统或设备的局部故障时，应使系统或设备处在有利于安全的状态。HAF102 规定：必须恰当地考虑故障安全设计原则，并贯彻到核动力厂安全重要系统和部件的设计中。在使用时，应将安全重要系统和部件设计为故障安全，使其自身的故障或支持的故障不妨碍预定安全功能的执行。

# 第三章　CPR1000 数字化仪控系统概述

## 3.1　研发背景

2007 年 10 月，《国家核电发展专题规划（2005—2020）》发布（以下简称《规划》），《规划》提出，到 2020 年我国将加大核电装机容量的建设，平均每年有 3～5 台百万千瓦的核电机组上马。在这次前所未有的发展机遇面前却是我国核电 DCS 系统依赖进口的现状。为此，中广核集团根据国资委的要求及核电市场需求，筹备成立国内首家核电 DCS 公司——北京广利核系统工程有限公司。公司的目标是在吸收岭澳二期 DCS 经验的基础上，以红沿河核电项目 4 台机组、宁德核电项目 2 台机组为依托，开发国产化的核电数字化仪控平台 CPR1000 机组 DCS 系统。

2007 年科技部批准启动了中广核集团及北京和利时公司承接的 863 课题——“核电行业重大工程自动化成套控制系统”，其核心内容即是核电厂数字化仪控系统（非安全级/安全级）平台的研发。经过详细的技术论证，课题组决定采取“合作—吸收”，逐步国产化的路线，与日本三菱电机合作，安全级 DCS 系统采用三菱 MELTAC 平台，非安全级 DCS 系统采用和利时公司的 HOLLiAS 平台。

2007 年 6 月，北京广利核系统工程有限公司获得了红沿河核电项目 4 台机组、宁德核电项目 2 台机组共 6 台核电机组的非安全级数字化仪控系统的供货、集成合同，CPR1000 机组 DCS 系统逐步投用。CPR1000 机组的 DCS 系统国产化路线如图 3-1 所示。

## 3.2　纵深防御体系

CPR1000 数字化仪控系统主要由：信息显示和控制系统、控制系统以及保护系统构成，保护系统又分为紧急停堆系统和安全专设系统，满足纵深防御的要求。各系统作用如下：

- 正常运行时，信息显示和控制系统提供信息显示和人为控制功能。
- 若出现异常运行，控制系统进行调节来使电厂恢复正常运行。

- 当发生预期设计瞬态事件时，由保护系统来触发执行安全功能。
- 当发生设计基准事故时，由保护系统来触发执行安全功能。
- 当发生严重事故时，考虑严重事故措施以降低堆芯熔化和限制放射性后果。

| 项目 | LAII | A | B | D | C | E | — | — |
|---|---|---|---|---|---|---|---|---|
| 100 % | 岭澳二期 3、4号 | 红沿河 1、2号 | 宁德 1、2号 | 阳江 1、2号 | 红沿河 3、4号 | 宁德 3、4号 | 阳江 3、4号 | 阳江 5、6号 |
| DCS国产化目标 | 10 % | 60 % | 70 % | 75 % | 80 % | 80 % | 80 % | 100 % |

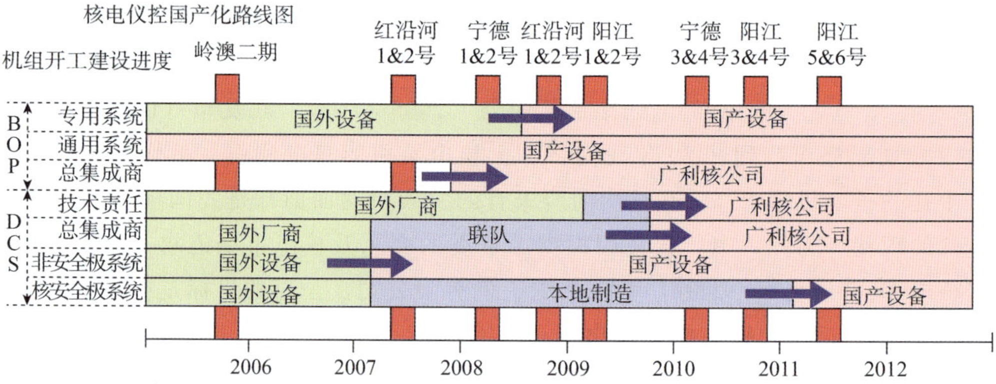


图 3-1　CPR1000 机组 DCS 系统国产化路线

## 3.3　安全分级实施

CPR1000 核电厂 DCS 系统分为安全级和非安全级（NC 级），安全级又分为 1 E 级和 SR 级。为达到和维持稳定状态在短期阶段所需执行的安全功能为 1E 级；为达到安全状态在中、长期阶段（手动操作阶段）所执行的安全功能为 SR 级；既不属于 1E 级也不属于 SR 级的功能为非安全级 NC 级。不同安全级的功能由不同安全级的仪表控制系统实现。

执行下列安全功能的仪控系统和设备属于安全级：

- 反应堆紧急停堆；
- 安全壳隔离；
- 应急堆芯冷却；
- 反应堆余热排出；
- 反应堆厂房余热排出；

• 防止放射性物质向环境释放。

不同安全级仪表控制系统在设计、制造、质量鉴定和质保方面的要求不同。1E 级仪表控制系统必须遵循 RCC-E 中的相关规定；软件的开发和质量鉴定标准采用 IEC 60880，还应满足 IEC 61513 的相关要求；SR 级仪表控制系统不必满足 1E 级的所有要求，但是需满足与系统或设备运行工况有关的专用准则；软件的开发和质量鉴定标准采用 IEC 62138，还应满足 IEC 61513 的相关要求。

## 3.4 CPR1000 设计基准

CPR1000 机组 DCS 系统整体设计基准如下所示。

• CPR1000 核电厂采用 G 模式方式运行。G 模式是指正常运行时，机组实现堆跟机运行模式。

• 在 15%～100%额定功率范围内，反应堆控制系统按自动方式工作，能承受±10%额定功率阶跃负荷变化，或±5%额定功率/分钟的线性负荷变化，不会引起停堆、蒸汽排放或稳压器泄压。手动控制可在 0～100%额定功率范围内进行。

• 汽轮机调节系统除了满足上述工况外，可从汽轮机冲转、并网、带初始负荷，直至带满负荷全过程，均能投入自动控制。

• 当汽轮机部分或全部甩负荷时，通过汽轮机旁路控制系统动作，不会引起停堆；在汽轮机跳闸情况下，蒸汽旁通排到冷凝器，反应堆可不停堆。

• 反应堆由冷态到 15%额定功率的启动过程中，采用手动控制。

• 超过 15%额定功率后投入自动控制。

• 正常停堆时，由操纵员手动使反应堆的功率降到热停堆状态以及由热停堆状态转换到冷停堆状态。

• 事故停堆时，由保护系统动作，使反应堆功率降到热停堆状态。各种安全动作是自动的，以便在预计运行事件或设计基准事故开始的一段合理的时间内，不需要操纵员的干预。此外，操纵员能够获取足够的信息以监视自动动作的效果。

• CPR1000 核电厂的核岛、常规岛和部分 BOP 采用全厂集中监测控制方式。除核电厂专用系统（如堆内核测量系统等）和部分相对独立的 BOP 厂房采用相对独立的仪表控制系统外，其余核岛和常规岛系统均采用统一的数字化控制系统（DCS）平台实现监控。

# 3.5 设计准则

## 3.5.1 单一故障准则

CPR1000 数字化仪控系统通过冗余和独立性设计，如图 3-2 所示，满足单一故障准则，具体措施如下。

① 冗余性方面

保护系统采取三层冗余措施：

• 通道冗余：紧急停堆系统采用四个保护通道，专设逻辑处理采用独立的 A、B 系列。

• 控制器冗余：每个通道配置主备冗余控制器或并行冗余控制器，主控制器故障后，备用控制器自动投用。

• 测量仪表冗余：同一参数使用多个测量仪表同时测量，测量信号送入不同的通道进行计算，当信号故障或通道故障后，自动触发逻辑退化，保证系统可靠性。

冗余的仪控系统的支持系统也采用冗余的设计，为此，四个仪表通道分别由四路相互独立的 220 V 交流不间断电源 LNA/LNB/LNC/LND 供电，逻辑处理部分 A 列由 LNG 和 LNE 同时供电、B 列由 LNH 和 LNP 同时供电。

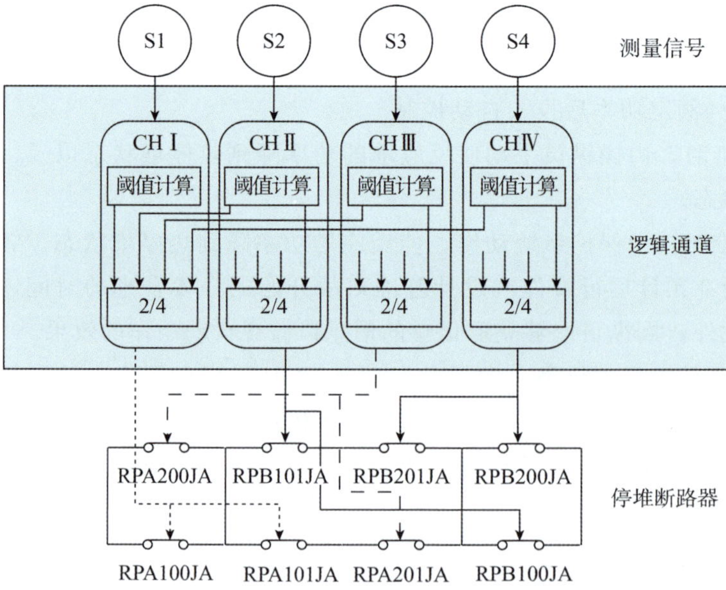


图 3-2　CPR1000 数字化仪控系统

② 独立性方面

一个冗余的子系统执行其功能不依赖于其他子系统；冗余的各个子系统布置在不同的房间，避免一个房间发生内部灾害（如火灾、水淹等）影响到其他子系统。冗余子系统之间的内部信号交换均经过电气隔离或通信隔离。

## 3.5.2　独立性准则

CPR1000 的独立性准则以满足单一故障准则为目的，详见 3.5.1 节单一故障准则。

## 3.5.3　共因故障准则

CPR1000 数字化仪控系统通过仪控系统、结构和部件的多样化设计，来降低产生共模故障的风险。

• 使用两种不同的软硬件平台，分别用于安全级、安全相关级（SR）和非安全级仪控系统功能。安全级仪控系统基于三菱电机公司（MELCO）为核电厂应用而开发的 MELTAC 平台，非安全级仪控系统基于北京广利和公司（CTEC）提供的分布式控制系统 HOLLiAS 平台。

• 采用功能多样性设计，对保护变量进行合理分组，每个事故的触发事件尽量采用不同测量原理的变量，防止共模故障造成的影响。

• 安全级平台配备多样性的 DAC 系统实现 ATWT（未能紧急停堆的预期瞬态）功能，当紧急停堆系统由于共模故障而失效时，相关功能仍能执行。

• 保留手动触发停堆和专设动作的系统级命令，该命令完全旁路数字化保护系统，通过固态逻辑或继电器进行扩展，直达每个执行机构的驱动器。

• 具备多样化的人机接口设备——基于计算机的操纵员站和后备盘台。通常情况下，电厂的信息显示和手动控制通过操纵员站进行；当操纵员站故障的情况下，则利用后备盘可以维持电厂正常运行 4 小时，并在需要时将电厂带入安全停堆状态。

## 3.5.4　故障安全准则

CPR1000 数字化仪控系统对安全系统或设备的设计满足故障安全原则。如控制棒驱动机构设计成在电源故障时，控制棒靠重力落入堆芯，使反应堆停堆；动力阀门根据需要设计成失去动力源后阀门开或关，保证系统安全。

# 3.6 控制的优先级

## 3.6.1 保护与控制的优先级

对某个执行机构而言，它可能会接受不止一个的控制命令。如上充泵，正常的时候会接受自动控制命令或手动控制的命令；当发生失水事故时，它要接受来自保护系统的命令。此时保护命令高于自动或手动控制命令。

来自紧急操作设备的控制命令与来自保护系统的自动命令一样，具有最高的安全级别。

## 3.6.2 不同控制方式的优先级

对同一个设备的控制命令可能来自不同的地方，如该命令可以来自主控制室的工作站或后备盘，或来自远程停堆站的工作站，对此，通过切换开关加以控制。

在远程停堆站设 MCR/RSS 切换开关，当该开关在 RSS 位置时，只能由远程停堆站进行控制，同时闭锁来自主控制室的任何操作（紧急停堆盘上的部分设备除外）；当该开关在 MCR 位置时，才能在主控制室进行操作。

在主控制室的后备盘上设有 KIC/BUP 的切换开关，当该开关在 KIC 位置时，由工作站进行控制；当该开关在 BUP 位置，由后备盘常规控制设备或后备盘上的 S-VDU 进行控制。后备盘上的稳压器安全阀，不受切换开关控制，始终可以由后备盘操作，同时后备盘上带调节功能的安全级硬手操不受总切换开关限制。

# 3.7 功能结构

## 3.7.1 纵向分层

根据功能，CPR1000 数字化仪控系统可纵向划分为四个处理层级：

• LEVEL 0——工艺系统接口层，本层为仪控系统与工艺系统的接口，由传感器、执行器及供电和功率放大部件等现场设备组成。其主要功能为：监测工艺系统和设备的工艺参数；根据自动化系统来的控制指令，控制工艺过程；提供/控制工艺设备电源等。

• LEVEL 1——自动控制和保护层，由不同的自动控制和保护系统及设备组成。主要功能是数据采集、信号预处理、逻辑处理、控制算法运算、产生自动控制指令、通信等。

• LEVEL 2——操作和管理信息层。操作和管理信息层是一个人机接口层，由主控室设备，远程停堆站设备和技术支持中心设备组成。主控室人机接口又包括 OPS、BUP 和 ECP 等。

• LEVEL 3——全厂技术管理层。该层主要负责整个电厂的非实时功能和信息的综合处理，通过网络接口设备接收电厂的一些必要的信息，使管理者（电厂管理、上级管理机关、国家应急中心或有关安全当局）对电厂的状况有所了解。

### 3.7.2 横向分组

横向上，CPR1000 数字化仪控系统主要分为两部分——安全级 DCS 系统和非安全级 DCS 系统。安全级控制系统采用三菱 MELTAC 系统，非安全级 DCS 系统采用和利时的 HOLLIAS MACS 6 系统，两者之间通过网关连接。安全级 DCS 和非安全级 DCS 内部又分成不同的工作站，即所谓的功能组。功能组划分的目的是尽量减少通过网络交换的数据量；同时各个功能组功能相对独立，可以方便系统的调试、安装，以及机组的启动、停机和正常的功率输出。

安全级 DCS 的工作站划分是根据控制目的进行的，具体如下：

- 反应堆保护机柜（RPC）；
- 安全专设驱动机柜（ESFAC）；
- 安全逻辑机柜（SLC）；
- 安全级操作显示单元处理机柜（SFOC）；
- 堆芯冷却监视（CCMS）；
- 安全相关系统机柜（SR）；
- 继电器柜（ARC）；
- 多样性执行机柜（DAC）；
- 反应堆功率控制机柜（RPCC）；
- 自动测试装置（AT）功能；
- 事故后监视系统（PAMS）。

非安全级 DCS 工作站是根据核电机组的工作原理，将工艺过程分为六个功能区，每个功能区下再分功能组。具体的功能分组如图 3-3 所示。

| A（auxiliary systems） | | | | | B(primary systems) | | | | C(secondary systems) | | | D(turbine-generator systems) | | | E(final heat removal systems) | F(waste process systems) |
|---|---|---|---|---|---|---|---|---|---|---|---|---|---|---|---|---|
| A1 | A2 | A3 | A4 | A5 | B1 | B2 | B3 | B4 | C1 | C2 | C3 | D1 | D2 | D3 | E | F |
| emergency power supply | normal power supply | common and Bop power supply | general services | Chilled water and HAVE systems | primary loop and core | SG and it's auxiliary systems | BNI systems | common systems（unit 9） | feed water and it's auxiliary systems | condenser and it's supply systems | auxiliary system of CI | turbine | generator | electrical systems | final heat removal | waste process |
| LAA | ADS | 9LBG | RAZ | DEG | KIR | APG | EAS | 9ASG | ABP | ATE | SHE | CET | GHE | GEV | CFI | KSN |
| LAB | LGA | 9LBK | 9SAP | DEL | RCP | ARE | ETY | 9DVN | ACO | CAR | SEK | CFR | GRH | 9GEW | CGR | 9SEL |
| LBA | LGB | 9LBL | 12SAP BNI | DVC | RIC | ASG | PTR | 9DVQ | ADG | CEX | SEN | GGR | GRV | GEX | 129CTE | SVA |
| LBB | LGC | 9LBM | 12SAR BCI | DVE | RGL | GCT CI | RCV | 9JDT | AET | CVI | SIR CI | GME | GST | GPA | RRI | TEG |
| LBC | LGD | 9LBN | SAT BCI | DVF | RPN | GCT NI | 12REA | 12JPD BNI | AGM | | SIR NI | GPV | | GSY | SEC | TEP |
| LBD | LGE | 9LBO | SBE | DVG | RPR | VVP CE | REN | 9JPT | 9AGM | | 9SKH | GRE | | | | 9TER |
| LBE | LGF | 9LCD | 9SDA | DVH | | VVP NI | 12RIS | KIS | AGR | | 9SRI | GSE | | | | TES |
| LBF | LKA | 9LCK | 9SED | DVI | | | 12RPE | 9KRS | AHP | | STR | GSS | | | | TEU |
| LBJ | LKB | 9LCL | 9SER | DVK | | | RRA | KRT | APA | | | GTH | | | | |
| LBM | LKC | 9LCM | 9SEO | DVL | | | 12RRB | 9REA | APD | | | GTR | | | | |
| LBP | LKD | 9LCI | 12SEO BNI | DVM | | | | 9REN | APU | | | | | | | |
| LCA | 12LKE | 9LCJ | 9SEO | DVN | | | | 9RIS | ARE | | | | | | | |
| LCB | LKF | 9LCR | 12SEO BCI | DVP | | | | 9RPE | SIT | | | | | | | |
| LCE | LKG | 9LKF | 9SEP | DVS | | | | 9RRB | | | | | | | | |
| LHA | LKH | 9LKI | SES CI | DVW | | | | 12RRI | | | | | | | | |
| LHB | 12LKL | 9LKJ | 9SGZ | DWS | | | | | | | | | | | | |
| LHP | 12LKL | 9LKK | 9SHY | EBA | | | | | | | | | | | | |
| LHQ | 12LKP | 9LKL | 9SRE | EVC | | | | | | | | | | | | |
| LLA | LKQ | 9LKM | 9SRE BNI | EVF | | | | | | | | | | | | |
| LLB | LKR | 9LKN BCI | | EVR | | | | | | | | | | | | |
| LLC | 12LKS | 9LKN AL | | EUH | | | | | | | | | | | | |
| LLD | 9LKT | 9LKP | | 9JDT | | | | | | | | | | | | |
| LLE | 12LKU | 9LKQ | | 12JDT CI | | | | | | | | | | | | |
| LLF | 12LKX | 9LKS | | 12JDT BNI | | | | | | | | | | | | |
| LLG | LKY | 9LKU | | 12JDT NI | | | | | | | | | | | | |
| LLH | LMA | 9LKV | | 9JPD CI | | | | | | | | | | | | |
| LLI | LMC | 9LKW | | JPI | | | | | | | | | | | | |
| LLJ | LMD | 9LKX | | JPL | | | | | | | | | | | | |
| LLM | RAM | 9LKZ | | JPP | | | | | | | | | | | | |
| LLN | | 9LLM TC | | JPT | | | | | | | | | | | | |
| LLO | | 9LLM NI | | JPV | | | | | | | | | | | | |
| LLP | | 9LLN | | KCO | | | | | | | | | | | | |
| LLR | | 9LLS | | KIC | | | | | | | | | | | | |
| LLS | | 9LLZ | | KKO | | | | | | | | | | | | |
| LLW | | 9LNF | | KOO | | | | | | | | | | | | |
| LNA | | 9LNK | | KPR | | | | | | | | | | | | |
| LNB | | 9LNL | | KRT | | | | | | | | | | | | |
| LNC | | 9LNN | | KSC | | | | | | | | | | | | |
| LND | | | | RRM | | | | | | | | | | | | |
| LNE | | | | SLT | | | | | | | | | | | | |
| LNG | | | | | | | | | | | | | | | | |
| LNH | | | | | | | | | | | | | | | | |
| LNP | | | | | | | | | | | | | | | | |

图 3-3　核电机组工艺过程功能区

1. 图中不包括与 DCS 无关的系统。2. 属于 2A 的系统(与 DCS 隔离但接收 DCS 信号的系统)的涂灰色。3. 属于 2B 的系统(与 DCS 隔离且不接收 DCS 信号的系统)的涂黑色。4. 属于序列 1 的系统(完全受 DCS 控制的系统)不涂色。

### 3.7.3 通信网络

CPR1000 数字化仪控系统纵向的层和横向的组通过通信网络连接在一起。主要分为：

（1）安全级数据通信

安全级数据通信系统主要采用数据链路（Data link）和安全级总线（Safety Bus）相结合的方式进行数据传输。数据链路为点对点的通信，通过光纤来实现电气隔离，安全级总线为 Multi-drop 总线类型。

不同通道反应堆保护机柜（RPC）之间以及各通道的反应堆保护机柜与系列中的专设安全设施驱动机柜（ESFAC）之间采用 Data link 的方式进行数据通信。在机柜内各自装有独立的光/电转换（O/E）模块用于机柜间的电气隔离。两个光/电转换模块被装在点对点 Data link 连接的两端之间以便把电信号转换为光信号，并由光纤将二者连接。由于设备之间的数据通信彼此相对独立，因此任一通信网络之间的故障不会影响其他网络的通信。

专设安全设施驱动机柜（ESFAC）、安全逻辑机柜（SLC）、安全相关机柜（SRC）、安全显示控制单元处理器机柜（S-VDU）以及堆芯冷却监测系统机柜（CC-MS）之间采用 Safety Bus 进行数据通信。在机柜内各自装有具有隔离功能的独立的通信模块，这种通信模块作为保护系统的一部分而满足保护系统的相关要求。

（2）非安全级数据通信

非安全级数据通信分为 SNET 和 MNET，SNET 用于 PSAS 处理器、控制器之间通信，分为核岛控制网（NI Control Network）和常规岛控制网（CI Control Network），基于数据令牌传送协议；MNET 用于 PSAS 与 KIC 间传输数据，基于 TCP/IP 协议。

（3）安全级与非安全级之间数据通信

安全级系统和非安全级系统之间的数据通信系统采用安全系统总线（Safety System Bus）和 HM Data Bus（基于弹性分组环技术）。Safety System Bus 与 SNET 通过 L1 网关连接，构成了 RPS 与 PSAS（通过网关）之间的接口。M Data Bus 构成了 KIC 与 RPCC 和 S-VDU 之间的接口。

RPC 与 PAMS 记录计算机柜之间也属于安全级与非安全级之间的通信，采用 Safety System Bus，通信数据采用单向传递。在 RPC 机柜内装有具有隔离功能的独立的通信模块，这种通信模块作为保护系统的一部分而满足保护系统的相关要求。

CPR1000 数字化仪控仪控系统结构如图 3-4 所示。

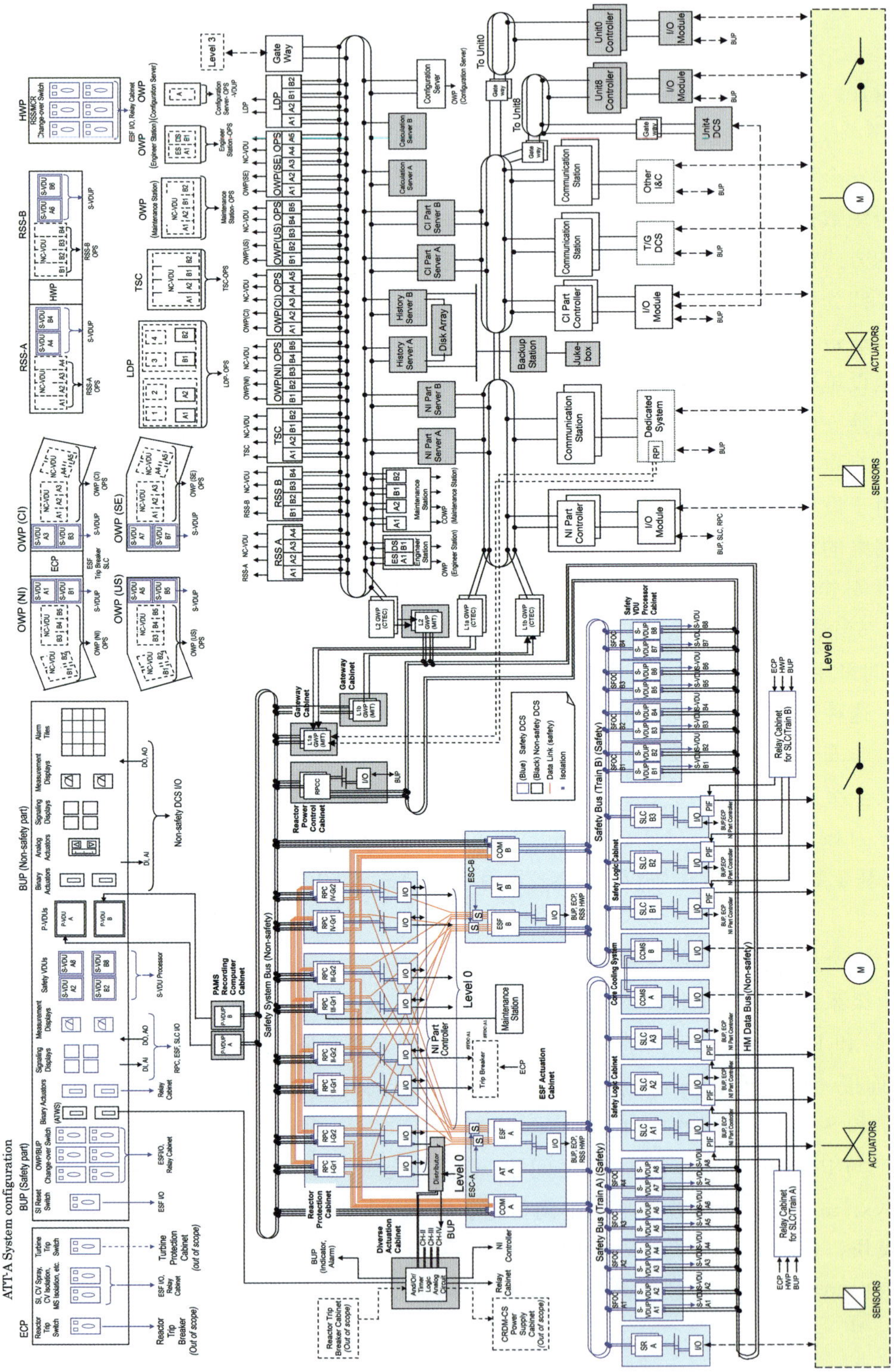


图 3-4　CPR1000 数字化仪控系统结构

# 第四章　核电厂仪表和控制系统简介

仪表和控制系统的主要目的是在稳态和瞬态功率运行（即正常运行、中等频率故障和稀有事故工况）期间，执行适当的控制和提供自动保护，防止反应堆不安全和不正常的运行，以及提供触发信号以减轻事故工况（即极限事故工况）的后果。

## 4.1　系统主要功能

（1）在正常运行、预计运行事件和事故工况下，监测电厂参数和各系统的运行状态，为操纵员安全有效地操纵核电厂提供各种必要的信息。

（2）自动地或通过操纵员手动控制将工艺系统或设备的运行参数维持在运行工况规定的限值内。保持核电厂的输出功率在所要求的范围内。

（3）在异常工况和事故工况下，触发保护动作，保护人员、反应堆和系统设备的安全，避免环境受到放射性污染。

## 4.2　系统组成

（1）保护系统

保护系统包括：过程测量敏感元件；核测量敏感元件；电子机柜。

保护系统的范围是从敏感元件一直延伸到安全驱动器输入端。

从核电厂的设计来说，保护系统主要包括：反应堆紧急停堆系统、专设安全设施驱动系统。

（2）控制系统

控制系统包括过程测量敏感元件、核测量探测器以及信号处理和驱动设备。这些敏感元件和探测器可以是本系统专用的，也可以与保护系统共用。

控制系统的自动控制装置安装在机柜中，由此发出控制信号至各个有关基本系统的控制装置。

（3）信息显示和控制系统

这一系统由配备 VDU 和打印机的信息与控制计算机、大屏幕以及后备盘上的常规指示器、记录仪、指示灯、报警装置和控制开关等组成。

# 4.3 反应堆紧急停堆系统

## 4.3.1 功能说明

当反应堆参数接近安全运行范围限值时，反应堆紧急停堆系统通过停闭反应堆自动地阻止反应堆在不安全范围内运行。安全运行范围是通过对设备的力学/水力学方面的限制以及热传输现象等多种因素的考虑来确定的。因此，反应堆紧急停堆系统持续监测与设备力学限制直接相关的过程变量，如压力、稳压器水位（以防止通过安全阀排出），还监测直接影响反应堆传热能力的变量（如流量和反应堆冷却剂温度）。还有的用于反应堆紧急停堆系统的其他参数是由多个过程变量计算得到的。在任何情况下，只要有一个直接过程变量或计算得到的变量超过整定值时，就会停闭反应堆，以避免燃料包壳的损坏或由于反应堆冷却剂系统完整性的丧失而导致放射性裂变产物释放到安全壳。

保护系统触发反应堆紧急停堆系统的保护动作，称之为反应堆紧急停堆系统。

反应堆紧急停堆系统的功能是通过反应堆停堆和汽轮机停机来限制中等频率故障（例如失去主给水流量）的后果，在这种情况下，采取校正措施后电厂能恢复运行。反应堆紧急停堆系统设施对电厂运行规定了一个限制边界区，它可确保在中等频率故障期间不超出反应堆的安全限值，并确保能承受这些事件而不致发展成为更严重的工况。

反应堆紧急停堆系统的设计要求是通过对电厂运行和事故工况的分析得出的，在事故工况时，为了防止或限制堆芯或反应堆冷却剂压力边界的损坏，必须自动快速地插入控制棒。

## 4.3.2 设计基准

（1）在任何预期瞬态或故障（Ⅱ类工况）下，偏离泡核沸腾比的最小值不得小于限值。

（2）在Ⅱ类工况下，燃料的线功率密度不得超过额定值。

（3）在各种工况下，反应堆冷却剂系统的应力限值不得超过规定的值。

（4）在稀有事故工况（Ⅲ类工况）下，放射性物质的释放不得阻止或限制公众使用禁区半径以外的区域。

(5) 在极限事故工况（Ⅳ类工况）下，放射性物质的释放不得对公众健康和安全产生过量的风险。

### 4.3.3 功能特性要求

反应堆紧急停堆系统在下述情况下自动触发反应堆停堆：

- 对预计运行瞬态（工况Ⅱ），任何时候都必须防止燃料棒损坏；
- 对稀有事件（工况Ⅲ），限制堆芯损坏；
- 对极限故障（工况Ⅳ），使堆芯产生的能量同保护反应堆冷却剂系统边界的设计措施相适应。

一旦触发反应堆停堆，反应堆紧急停堆系统就发出汽轮机跳闸信号。这可避免由于反应堆过度冷却而引入正反应性，从而避免专设安全设施驱动系统的不必要动作。

反应堆紧急停堆系统提供了手动触发反应堆停堆的功能。通过主控制室中操纵员的操作，保证手动触发反应堆停堆。

反应堆紧急停堆系统的设计除了采用冗余的通道和系列外，还采用监测多种系统变量的方法，从而提供保护系统功能的多样性。功能多样性的保护参数被分配到不同的处理器中进行处理，这是防御潜在的共模（因）故障的重要手段之一。

在保护系统的设计中，还采用了设备多样性设计、系统级手动控制设计等措施对共模故障进行防御。

## 4.4 专设安全设施驱动系统

### 4.4.1 功能说明

在发生预期的异常瞬态时，除了要求反应堆紧急停堆之外，还设有适当的仪表和控制来探测事故状态和驱动必需的专设安全设施（ESF）投入运行。发生极限事故，例如冷却剂丧失事故（LOCA）或蒸汽管道破裂事故时，需要反应堆紧急停堆，另外还需要驱动一个或多个专设安全设施，以避免或减轻堆芯和反应堆冷却剂系统（RCP）设备的损坏，并确保安全壳的完整性。为达到这些设计目的，由传感器、变送器和信号处理设备组成的专设安全设施驱动系统（ESFAS）的各种仪表通道必须提供适当与及时的触发信号。

保护系统还触发专设安全设施的保护动作，称之为“专设安全设施驱动系统”。

ESFAS 采用经过选择的电厂保护参数，判断这些参数是否超过了预先确定的安全限值。如果超过了限值，则将信号输入表征反应堆冷却剂系统或二回路系统边界破裂

（工况Ⅲ或Ⅳ）的逻辑矩阵中，一旦符合所要求的逻辑组合，系统就将驱动信号送往相应的专设安全设施。专设安全设施驱动系统满足 RCC-P 和 RCC-E 的功能要求。

### 4.4.2 设计基准

专设安全设施驱动系统用来限制稀有事故（例如一回路冷却剂从小破口的泄漏超出上充系统的正常补给能力而要求安注系统动作的事故）的后果，及减轻极限事故（包括可能有大量放射性物质释放的极限事故）的后果。

（1）自动驱动要求

专设安全设施驱动系统的基本要求是接收电厂和安全壳内各种工艺过程来的输入信号（信息），并自动地提供适时的和有效的输出信号来驱动各种设备或子系统。

（2）手动驱动要求

在控制室中，专设安全设施驱动系统设有手动触发专设安全设施系统功能的装置，该装置与自动驱动所共用的设备尽可能少。

系统的测量和逻辑部分都应用了冗余的概念。还考虑了从冗余的测量通道保护机柜直至冗余的逻辑保护机柜的分隔。冗余测量通道之间的分隔从过程探测器开始，在现场接线、安全壳贯穿件、测量机柜中保持，直到冗余的逻辑机柜。

## 4.5 功能的触发

### 4.5.1 自动触发

依靠专设安全设施驱动系统触发的具体功能有：

（1）反应堆紧急停堆（如果反应堆紧急停堆系统没能触发紧急停堆）。

（2）安全注射信号（SIS），启动安注设备。

（3）安全壳 A 阶段隔离，其功能是隔离所有对保护反应堆并不必需的管道以防止裂变产物释放到安全壳外。

（4）蒸汽管道（VVP）隔离，以防止一台以上蒸汽发生器的连续失控排放，从而防止 RCP 失控冷却。

（5）主给水管道（ARE）隔离，用于防止或缓解 RCP 过度地被冷却。

（6）安全壳压力高 4 值信号，启动喷淋。

（7）启动辅助给水系统，以排出堆芯热量。

### 4.5.2　保护动作的手动触发

（1）对所有的保护功能都设置有系统级的手动触发：除了安全壳 B 阶段隔离和安全壳喷淋以外（为防止误驱动，要求每个系列两个开关），上述保护功能的每一个系列设置有一个开关。

（2）所有与保护功能有关的设备动作都以同样的方式执行，或自动触发或手动触发。

（3）手动触发开关位于主控制室中，这样可允许操纵员采取审慎而又迅速的操作。

（4）手动和自动触发的共用设备减至最少。在手动和自动的顺序动作功能和用于保护动作的联锁是共用的地方，在控制室中还提供了部件级或通道级的触发。

（5）保护系统手动触发部分满足单一故障准则。

（6）保护系统手动触发部分不会影响自动系统满足单一故障准则的能力。

（7）保护动作的手动触发不要求两个以上操纵员的动作。

（8）一旦手动触发开始，保护动作便进行到完成。

（9）手动安全壳喷淋和安全壳 B 阶段隔离要求同时操作两个手动控制器，以使误驱动的可能性降至最低。另外，大部分的 ESF 设备（阀门、泵等）还可以从操纵员站和后备盘上分别手动驱动。因此也可作为安全壳喷淋的第二种启动方式。

（10）在紧急控制盘上设置有辅助给水启动的手动操作开关。

## 4.6　电厂控制系统

### 4.6.1　电厂控制系统的总目标

（1）当机组稳态运行时，建立并保持一回路和二回路之间的功率平衡。

（2）抑制运行的瞬态过程以避免机组紧急停堆并重建机组稳态运行。

（3）给反应堆操作人员提供监测仪表，这些仪表显示控制系统所需的全部输入和输出参数，并向操作人员提供对各系统采取手动操作的能力。

### 4.6.2　电厂控制系统功能

（1）能使核电厂承受：

• 在可能的氙限制条件下，在 15%FP～100%FP 的范围内，±10%的阶跃负荷变化（变化后的功率不超过 15%FP～100%FP）以及±5%/min 的线性负荷变化都不会引起反应堆紧急停堆、蒸汽排放和稳压器安全阀开启。

• 甩掉 100%的外电网负荷而不会引起反应堆紧急停堆，也不会引起稳压器或蒸汽管路的释放阀或安全阀开启。

• 只要凝气器和冷凝器蒸汽排放阀可用，汽轮机跳闸不会引起反应堆紧急停堆。

（2）在运行瞬态期间，产生控制信号使温度调节棒组动作，以保持反应堆冷却剂平均温度（$T_{avg}$）在程序规定的范围以内。平均温度控制系统也对稳压器水位控制和蒸汽排放系统提供相应的温度信号，如图 4-1 所示。

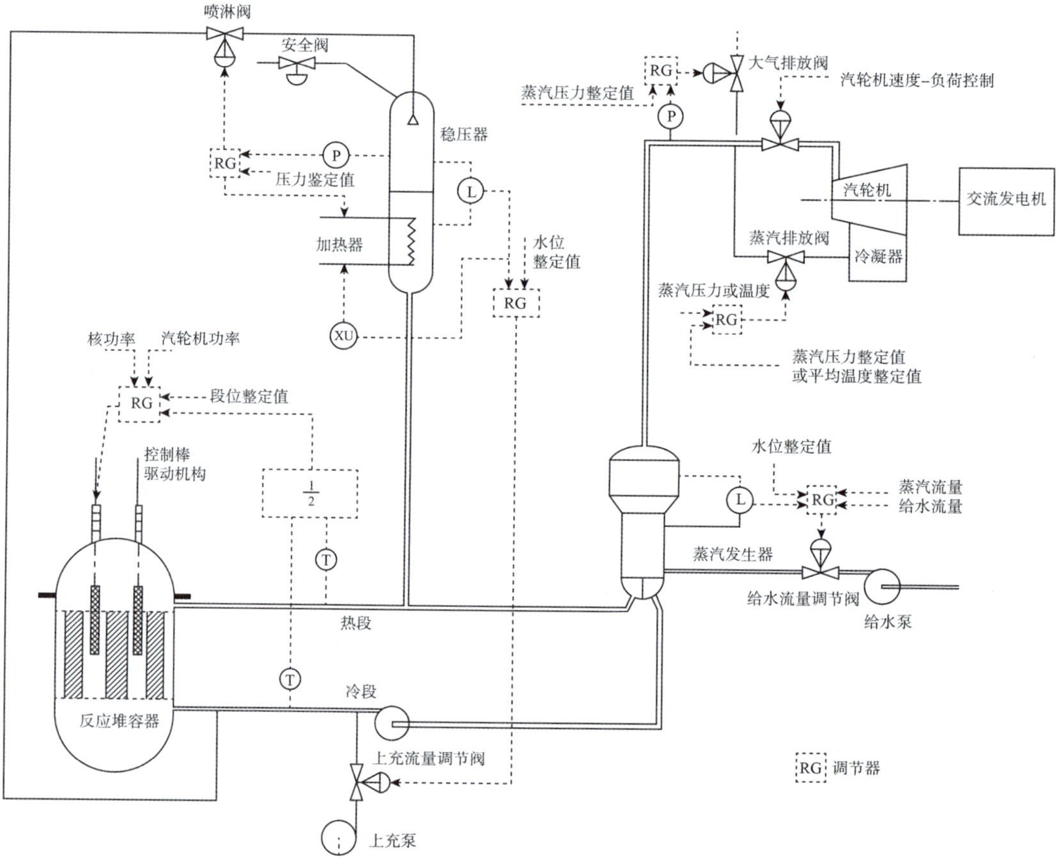


图 4-1　NSSS 控制总原理图

控制系统的用途是通过执行机构的自动运行把某些参数保持在设定值，以便：

• 使机组运行而不会达到能导致异常运行状态和/或不可接受的设备极限运行限值：通常这些运行限值先用报警信号指示出来，然后控制装置自动动作（触发蒸汽排放、打开安全阀、反应堆紧急停堆或汽轮机跳闸等）；

• 把受控参数维持在尽可能接近标准热力循环中要求的规定值，以保证最佳输出，

• 在 15%FP～100%FP 范围内允许±5%/min 的线性负荷变化，在 15%FP～

100％FP 范围内允许接受±10％的阶跃负荷变化。

控制系统也可接受来自操纵员的手动输入。

### 4.6.3 重要调节系统

涉及电厂重要控制相关的系统主要有：

- 棒控系统；
- 稳压器水位控制系统；
- 稳压器压力控制系统；
- 蒸汽发生器水位控制系统；
- 蒸汽排放系统。

## 4.7 控制和保护系统的相互作用

保护系统设计成同控制系统相互独立。

在某些应用情况下，保护系统采用硬接线的方式，通过信号隔离组件将信号传送给控制系统或其他系统。信号隔离组件作为保护系统的一部分，安装在保护系统机柜中。信号隔离组件设计成在电路的隔离输出部分（即电路的非保护侧）发生的短路、开路将不影响电路输入（保护）侧。

此外，保护系统内的状态信息、试验信息和诊断信息等数据由独立的通信模块隔离后，经过光纤通信网络和网关传送到操纵员站进行显示。这种通信模块安装在保护系统机柜中，并作为保护系统的一部分而满足保护系统的相关要求。通信模块设计成保护系统与其他系统之间的数据通信活动及通信故障的探测不会妨碍或干扰保护系统执行保护动作。

# 第五章　重要调节系统的控制原理

在核电厂中，反应堆的作用是进行核裂变，将核能转化为热能。水作为冷却剂在反应堆中吸收核裂变产生的热能，成为高温高压的水，然后沿管道进入蒸汽发生器的U形管内，将热量传给U形管外侧的汽轮机工质（水），使其变为饱和蒸汽。被冷却后的冷却剂再由主泵打回到反应堆内重新加热，如此循环往复。汽轮机工质在蒸汽发生器中被加热成蒸汽后进入汽轮机膨胀作功，将蒸汽焓降放出的热能转变为汽轮机转子旋转的机械能。汽轮机转子与发电机转子两轴刚性相连，因此汽轮机直接带动发电机发电，把机械能转换为电能。做完功后的蒸汽（乏汽）被排入冷凝器，由循环冷却水（如海水）进行冷却，凝结成水，然后由凝结水泵送入加热器预加热，再由给水泵将其输入蒸汽发生器，从而完成了汽轮机工质的封闭循环。

## 5.1　NSSS系统的设计准则

（1）NSSS系统的组成及功能

每一机组的NSSS均由一个压水反应堆（PWR）、反应堆冷却剂系统（RCP）及相关的辅助系统组成。RCP系统以三条反应堆冷却剂环路与反应堆压力容器连接，每条环路包括一台反应堆冷却剂泵和一台蒸汽发生器。一台电加热稳压器接到其中一条反应堆冷却剂环路的热段上。

高压水循环流过反应堆堆芯，带走核反应堆产生的热量。加热了的水流出反应堆压力容器，经冷却剂环路管道进入蒸汽发生器，在这里它把热量传给蒸汽发生器给水，产生汽轮发电机需用的蒸汽。当这部分水被泵打回反应堆压力容器时，该循环即完成。整个RCP系统由一些密封的部件组成，以保证所有流体被局限在这个系统内。堆芯属于多种富集度区类型。装载在不同富集度区的燃料组件富集度是不一样的，但机械结构上所有燃料组件都是一样的。

加压水封闭循环反应堆设计极大地减少了向大气释放的裂变产物的数量。在裂变产物积聚区和周围环境之间有三道屏障。它们是燃料包壳、反应堆冷却剂边界，以及安全壳系统。依靠二氧化铀芯块保持裂变产物的能力使燃料包壳破损的后果大大缓解。通过燃料包壳缺陷逃逸出的裂变产物将被包容在反应堆压力容器、冷却剂环路和辅助系统之内。这些系统或设备的破裂会把裂变产物释放到包容它们的安全壳内，反应堆安全壳被设计成能在最严重的设计事故工况下充分满足包容这些裂变产物的要求。

（2）设计准则

为了保证下列要求能得到满足特制定了一些设计准则：

① 在正常运行和预期运行事件中最小偏离泡核沸腾比不低于限值。

② 在设计超功率工况下计算出的燃料中心线最高温度比可能引起燃料中心溶化的温度值低，正常运行和预期运行事件中不会达到 $UO_2$ 的熔点。

③ 在整个燃料寿期内燃料包壳的设计能维持包壳的完整性，即应考虑预期最大辐照条件下，棒内裂变气体释放和影响燃料包壳完整性的其他因素。

④ 每一反应堆控制系统的设计都能使任何氙瞬变受到充分的抑制。

⑤ RCP 系统被设计和建造成在电厂整个预计寿命内能保持其完整性，并提供有适当的试验检查手段。

⑥ 任何可信的反应性增加引起的功率剧增都不会造成压力容器的变形或破裂损坏，也不会妨碍专设安全设施（ESF）的运行。

⑦ 燃料温度系数、慢化剂温度系数、慢化剂空泡系数和慢化剂压力系数对反应堆热功率增加的综合响应是反应性的降低。此外，对于任何运行变量的预期变化的响应，反应堆功率瞬变保持在受限制和被抑制的状态下。

# 5.2 稳压器压力控制

## 5.2.1 功能

稳压器压力控制系统通过控制稳压器电加热器、喷淋阀和卸压阀，将反应堆冷却剂系统的冷却剂压力维持在一定范围内，如图 5-1 所示。在电厂正常运行工况下，降低反应堆冷却剂的系统压力，主要靠稳压器中的喷淋来实现。RCP 的冷却剂经稳压器喷淋阀调节后喷入稳压器蒸汽空间，冷凝部分蒸汽，从而降低系统压力。如果稳压器内压力偏低，则要提高稳压器中比例电加热器的功率，必要时还必须投入备用电加热器，以增加稳压器中的蒸发量，从而提高压力。在稳态运行时，稳压器向环境散热和系统小流量喷淋引起的热量损失，由部分比例电加热器的发热来补偿。当电厂受到较大的负荷降低的瞬态扰动时，通过打开稳压器卸压阀向卸压箱排放蒸汽，以避免反应堆冷却剂系统超压。

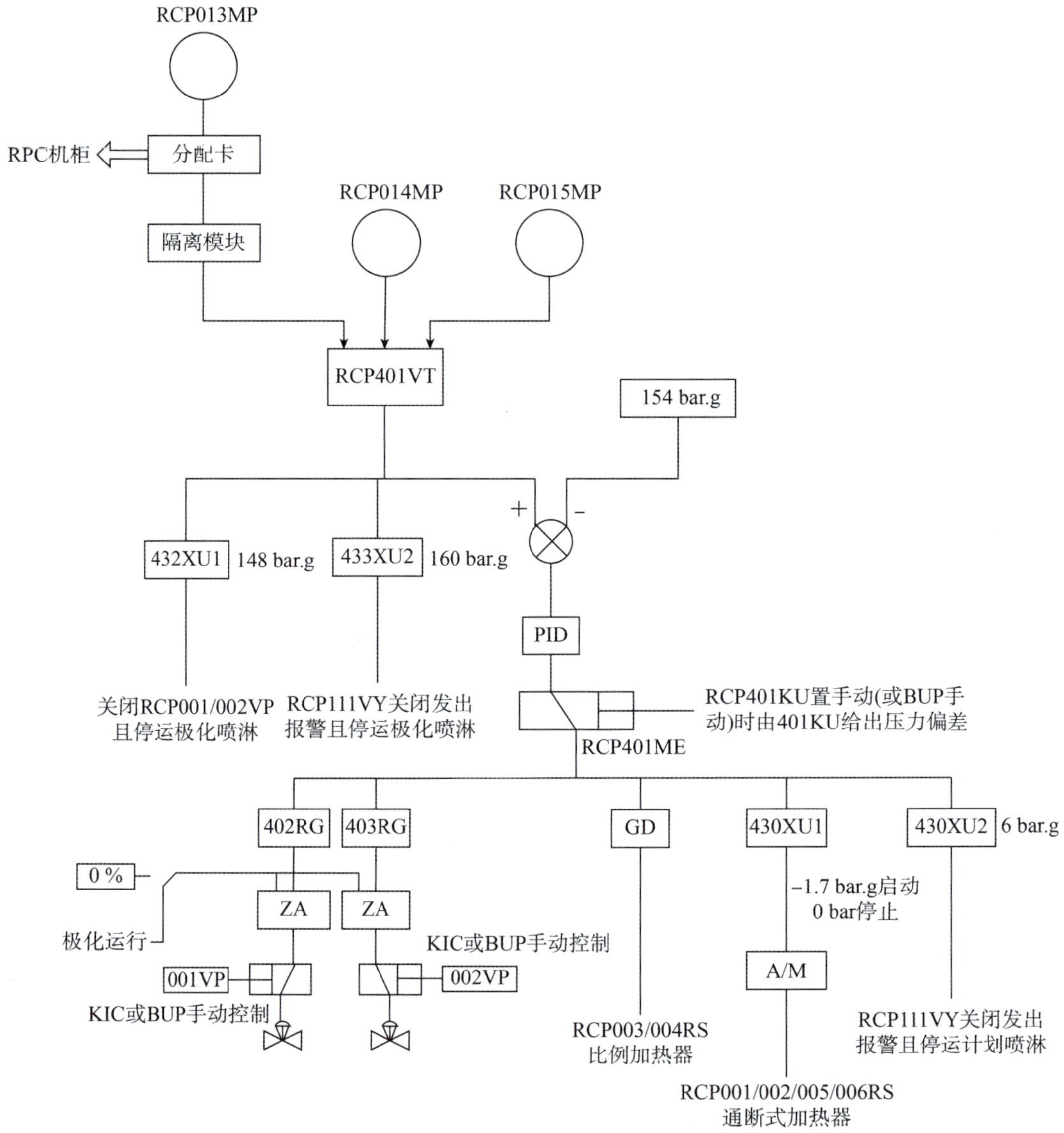


图 5-1 稳压器压力控制原理图

## 5.2.2 双相压力自动控制原理

稳压器双相压力控制的功能：在稳定运行时维持一回路压力等于其设定值，在机组启动、停运以及瞬态过程中维持一回路压力在其设定值附近可接受的范围内。功率运行工况时，一回路压力应维持在 155±1 bar.a 的范围内。

（1）执行机构

① 稳压器加热器

稳压器加热器分为比例式加热器、正常供电的通断式加热器和应急供电的通断式加热器。比例式加热器为 RCP003/004RS 两组，每组有 9 根加热器，每根功率为 24 kW，所以比例式加热器功率总共为 432 kW；正常供电的通断式加热器 RCP001、002RS 每组有 9 根加热器，总功率为 432 kW。由应急电源供电的 RCP005、006RS 每组有 12 根加热器，总功率为 586 kW，所有加热器总功率为 1440 kW。

② 稳压器正常喷淋管线

正常喷淋管线与 1 号和 2 号环路（2 号机组为 1 号和 3 号环路）主泵的出口主管道相连，设置两条喷淋管线的目的时在一台主泵失去或者一条喷淋管线出现能动故障时仍能保证正常喷淋功能的可用性。每个阀门最大流量为 72 $m^3/h$，喷淋降压速率为 0.07 MPa/min。

喷淋流量的设计原则是：当汽轮机功率以 10%FP 阶跃下降时，稳压器压力不能达到第一个安全阀开启的整定值，即 16.6 MPa.a。

主喷淋阀 RCP001VP 和 RCP002VP 设有下挡块，当它们处于关闭位置时，下挡块使阀门微开，作为连续喷淋的流道，流量为 230 L/h。

（2）压力测量值

RCP013MP/014MP/015MP 测量稳压器的汽相压力，量程为 110～180 bar.g。功率运行时，RCP013MP 经过安全级 DCS 分配卡将信号分配后通过硬接线送至 KCP 机柜，而 RCP014MP/015MP 直接通过硬接线送到 KCP 机柜，在 KCP 机柜内经 VOTER 选择，控制取用三个测量仪表的平均值。

（3）压力整定值

功率运行时，稳压器压力整定值为 155 bar.a。由 RCP013MP/014MP/015MP 经过 VOTER 平均值输出的稳压器压力 P 送入比例积分微分调节器 RCP401RG，与 155 bar.a 相比较，并将压力偏差 P-Pref 进行 PID 运算。输出信号称补偿压差，记作（P-Pref）补，用来对喷淋阀和比例电加热器实施连续控制，对通断电加热器实施断续控制。当机组在升温/冷却期间，由操纵员通过 RCP401KU 手动整定 RCP 系统的补偿压差，即（P-Pref）补，对通断电加热器实施控制以达到升温/冷却过程中对一回路压力的变化需求。

（4）一回路双相状态下的闭环控制

正常运行期间，RCP 系统闭环压力系统使用 PID 调节器：压力测量值与整定值进行比较，偏差信号送往 PID 调节器处理。积分作用保证控制系统的精确性，实现无差调节，而微分作用使得闭环控制对偏差的响应能够提前动作，起到快速响应并防止系统超调过多的作用。

稳压器双相压力闭环系统控制由操纵员通过 RCP401KU 或者通过 BUP 上 RCP401RC 来选择自动时投入，如果 RCP401KU 或者通过 BUP 上 RCP401RC 来投入切换到手动控制时，直接设置补偿压差进行控制，不再经过 PID 运算。

经过 PID 运算或者 RCP401KU 或者通过 BUP 上 RCP401RC 来投入切换到手动控制，那么输出的压差补偿信号主要作用于以下执行机构

• 比例电加热器 RCP003RS/004RS 的功率分别由函数发生器 RCP401GD 和 RCP409GD 控制，0～100％的功率对应的补偿压差为＋0.1～－0.1 MPa，在此之间随补偿压差不同而线性变化。

• 喷淋阀 RCP001VP/002VP 分别由高选单元 RCP404ZA 和 RCP405ZA 控制。高选单元从正常压力控制信号和极化信号中选一个最大值，以保证喷淋阀极化运行时的最小喷淋流量。正常压力控制信号由控制器 RCP402RG 和 RCP403RG 给出，补偿压差在 0.17～0.52 MPa 内变化时，使阀门开度按线性改变。当补偿压差≥0.52 MPa 时，阀门全开。极化信号可能为 22％，也可能为 0％。22％信号由特殊模块 RCP401MS 产生，喷淋阀极化运行时输入，否则接入 0％信号。

• 通断电加热器 RCP001RS/002RS/005RS/006RS 由阈值继电器 RCP430XU1 控制。补偿压差降到－0.17 MPa 时接通，回升到－0.1 MPa 时断开。另外阈值继电器 RCP430XU1 还控制喷淋阀的极化运行，目的也是防止稳压器压力过低（压力降低则停止极化运行）。

（5）DCS 信号输入、输出与逻辑处理过程

宁德核电采用 DCS 控制后，稳压器压力控制与原有的 M310 机组，在原理上是一致的，但是稳压器的压力控制处理过程存在较大的不同点，除了采用了智能化的 VOTER 单元后，在输入、输出了单元采用了 NM 系列的卡件，主要目的是对信号的输出与输入起到了隔离与转换的作用，而逻辑运算单元采用了 DPU 模块计算且相互冗余，确保了单一故障原则，RCP 压力控制在 DCS 中的处理过程如图 5-2 所示。

① RCP 压力输入信号处理

RCP013MP、RCP014MP、RCP015MP 测量稳压器的汽相压力，量程为 110～180 bar.g。其中 RCP013MP 既用于保护又应用于稳压器压力控制，所以 RCP013MP 的测量值信号会分为两路，一路通过安全级 DCS 分配卡直接送入 SIP Ⅲ机柜（RPC 单元）参与反应堆压力保护，另一路经过安全级 DCS 隔离卡再送入非安全级 DCS 的 33＃KCP 控制站参与稳压器压力控制。分配卡的作用是将一个测量信号转换为两路及以上信号，隔离卡主要作用是将送入 KCP 机柜的信号与安全级信号进行隔离，起到安全级信号与 KCP 信号之间的物理隔离作用。

非安全级 DCS 的 33＃KCP 控制站分为两个机柜，分别为 KCP525AR 与 KCP527AR。KCP527AR 是专门的 I/O 机柜，主要负责信号的输入与输出，通过硬接

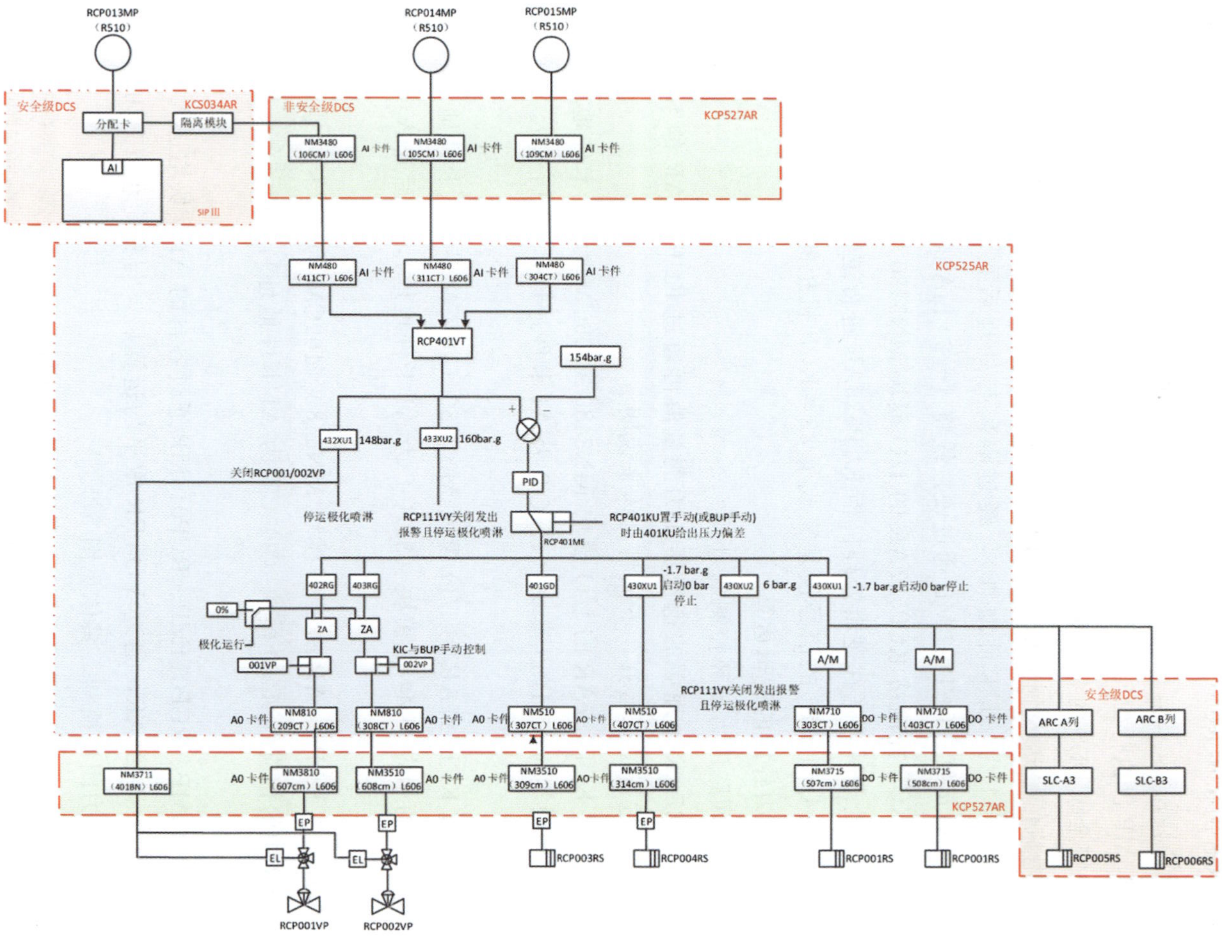


图 5-2 稳压器压力控制信号流程图

注：1. KCP525AR 与 KCP527AR 属于 33 号站；2. KCP527AR 是端子机柜负责现场设备信号输入与输出；3. KCP525AR 是逻辑运算机柜，负责接收 KCP527AR 的输入，经过逻辑运算后再输出给 KCP527AR 到具体设备。

线与现场设备相连接。KCP525AR 是将 KCP527AR 输入 KCP525AR 的信号经过转化再送给 DPU 进行逻辑处理，下面将具体说明 RCP 压力输入信号过程。

RCP013MP 经过安全级 DCS 隔离卡件后，通过硬接线将 4～20 mA 的电流信号送入到非安全级 DCS 的 33＃KCP 控制站 KCP527AR 的 I/O 模块 MN3480（106CM 为 AI 卡件地址），经过隔离与处理后再送往逻辑处理机柜 KCP525AR 进行逻辑运算。

RCP014/015MP 仅执行稳压器压力控制，不参加稳压器压力保护的功能，所以其信号直接送入非安全级 DCS 的 33＃KCP 机柜。具体过程如下：RCP014MP 通过硬接线将 4～20MA 的电流信号送入到非安全级 DCS 的 33＃KCP 控制站 KCP527AR 的 I/O 模块 MN3480（105CM 为 AI 卡件地址），经过隔离与处理后再送往逻辑处理机柜 KCP525AR 进行逻辑运算；RCP015MP 通过硬接线将 4～20 mA 的电流信号送入到非安全级 DCS 的 33＃KCP 控制站 KCP527AR 的 I/O 模块 MN3480（109CM 为 AI 卡件地址），经过隔离与处理后再送往逻辑处理机柜 KCP525AR 进行逻辑运算。

以上 RCP013/014/015MP 的信号仅是完成了 33＃KCP 机柜的信号输入处理，但是还未参与稳压器压力控制的逻辑运算。

② 在 DCS 中一回路压力闭环控制的过程

经过 33＃KCP527AR 处理后的稳压器压力测量值再通过 KCP525AR 的 I/O 模块处理后送入 DPU 中进行逻辑运算，下面将具体来说明。

RCP013MP 经过 KCP527AR 的 I/O 模块 MN3480（106CM 为 AI 卡件地址），送入到 KCP525AR 中的相应 NM480 模块（411CT 为 AI 卡件地址），最后送入 VOTER 模块。

RCP014MP 经过 KCP527AR 的 I/O 模块 MN3480（105CM 为 AI 卡件地址），送入到 KCP525AR 中的相应 NM480 模块（311CT 为 AI 卡件地址），最后送入 VOTER 模块。

RCP015MP 经过 KCP527AR 的 I/O 模块 MN3480（109CM 为 AI 卡件地址），送入到 KCP525AR 中的相应 NM480 模块（304CT 为 AI 卡件地址），最后送入 VOTER 模块。

• 此时 RCP013MP、RCP014MP、RCP015MP 通过各自的 AI 模块均送入了 33＃站的逻辑运算机柜 KCP525AR，通过 VOTER 取平均运算后，与整定值 154 bar. g 进行比较实现一回路压力闭环控制，具体见图 5-2。

③ 在 DCS 中一回路压力闭环控制的控制信号输出处理

在 KCP525AR 中完成了一回路压力控制过程的闭环运算处理后，需要将控制信号进行输出，下面将详细介绍各个控制信号的过程：

• 比例电加热器 RCP003RS/004RS 的功率分别由函数发生器 RCP401GD 和 RCP409GD 控制，0～100％的功率对应的补偿压差为＋0.1～－0.1 MPa，在此区间随补偿压差不同而线性变化。其中 RCP003RS 经过 RCP401GD 产生控制信号输出，首先经过 KCP525AR 的输出至 I/O 模块 NM510（307CT 为 AO 卡件地址），再送往 KCP527AR 的 I/O 模块 NM3510（309CM 为 AO 卡件地址），最后通过硬接线将控制信号 4～20 mA 送到 RCP003RS 的配电柜，实现加热器 0～100%的功率控制。RCP004RS 控制过程与 RCP003RS 一致，不再赘述。

喷淋阀 RCP001VP 和 RCP002VP 分别由高选单元 RCP404ZA 和 RCP405ZA 控制。高选单元从正常压力控制信号和极化信号中选一个最大值，以保证喷淋阀极化运行时的最小喷淋流量。正常压力控制信号由控制器 RCP402RG 和 RCP403RG 给出，补偿压差在 0.17～0.52 MPa 内变化时，使阀门开度按线性改变。其中 RCP001VP 的阀门控制信号经过 KCP525AR 的输出至 I/O 模块 NM810（209CT 为 AO 卡件地址），再送往 KCP527AR 的 I/O 模块 NM3810（610CM 为 AO 卡件地址），最后通过硬接线将控制信号 4～20 mA 送到 RCP001VP 阀门的电气转换器 EP，实现 0～100%的开度控制。若一回路压力低于 148 bar.g，直接将逻辑信号送往 KCP527AR 的 I/O 模块 NM3711（401BN 为 DO 卡件地址），使控制 RCP001VP 阀门的 EL 模块 48V 失电，使阀门闭锁开启并保持关闭状态。RCP002VP 控制过程与 RCP001VP 一致，不再赘述。

非安全级通断电加热器 RCP001/002RS 由阈值继电器 RCP430XU1 控制。补偿压差降到－0.17 MPa 时接通，回升到 0 MPa 时断开。其中 RCP001RS 启停的逻辑信号，首先经过 KCP525AR 输出至 I/O 模块 NM710（303CT 为 DO 卡件地址），再送往 KCP527AR 的 I/O 模块 NM3715（507CM 为 DO 卡件地址），用来通断 RCP001RS 配电柜控制信号 48 V 回路，从而实现 RCP001RS 的启停操作。RCP002RS 控制过程与 RCP001RS 一致。

• 安全级通断电加热器 RCP005/006RS 由阈值继电器 430XU1 控制。补偿压差降到－0.17 MPa 时接通，回升到 0 MPa 时断开。其中 RCP005RS 启停的逻辑信号，首先经过 DO 模块输出通过硬接线送入 ARC 机柜，然后 ARC 机柜也通过硬接线送往 SLC 机柜通断 RCP005RS 配电柜控制信号 48V 回路，实现 RCP005RS 的启停操作。RCP006RS 控制过程与 RCP005RS 一致。

(6) 采用 DCS 控制后的安全特性

① 测量仪表故障

RCP013MP、RCP014MP、RCP015MP 经过一个 VOTER（取平均），产生一回路压力实测值，输出到一回路压力控制环节，当其中一个或者几个仪表故障不可用，根据 VOTER 运算结果输出相应的值参与计算，不会让一回路压力出现失控，具体如下。

a. VOTER 处理模块说明（见图 5-3）

• 三个测量值：A1、A2、A3 分别为 3 个测量值信号，如 RCP013MP、RCP014MP、RCP015MP。

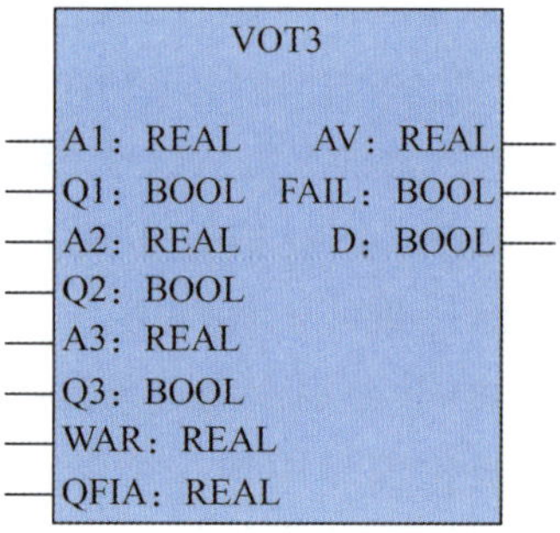


图 5-3　VOTER 处理模块

• 三个测量值质量位：Q1、Q2、Q3 分别为 3 个测量值信号的质量位，如 RCP013MP 失电。

• WAR 输入值：允许最大偏差限，通过组态实现将输入信号中偏差过大值剔除，如针对 RCP013/014/015MP，三个测量值如果有一个与其他两个偏差≥5%，则剔除该信号。

• QFIA 输入值：该值为算法失效时的输出替代值，失效时选择输出该值与否通过中间值设置，通过组态实现，如 RCP013/014/015 均失效后的替代值。

• AV 输出值：为最终的输出值。

• FAIL 输出值：输出 0 表示算法正常，输出 1 表示算法失效。

• D 输出值：输出 0 表示算法不存在故障，输出 1 表示算法存在故障。

b. VORER 模块输出处理

• 如果有 1 个仪表故障，则 VOTER 自动剔除，剩下的两个仪表取平均，不影响输出，并在 KIC 中发出相应的报警。

• 如果有两个或者以上仪表故障，则 VOTER 输出保持最后一次的有效值，并自动地将控制器切换到手动状态，并在 KIC 中发出相应的报警。

② 同一信号输入至安全级 DCS 与非安全级 DCS 的处理

对于 RCP013MP 而言，该仪表不仅参与安全级反应堆保护系统 RPC 的逻辑运算和安注 ESFAC 的逻辑运算，而且还参与非安全一回路压力控制。在安全级采用了 KJPJ-02 型分配卡，将现场仪表的 4～20 mA 信号转化成 1～5 V 的电压信号，再将一路信号输入信号分配成多路输出信号，实现了输入一个信号同时输出几个信号的作用。

为了使非安全级的设备故障不影响安全级 DCS 的逻辑运算功能，在 KJPJ-02 分配卡的下游来接了一个 MLPJ-02 隔离卡，将安全级测量信号与非安全级信号通过内部耦合电路隔离开。

③ 控制站采用不同 I/O 卡件进行输入、输出

现场各类仪表信号进入 33＃站 KCP525/527AR 之前，如 KCP013/014/015MP 通过不同的 AI 卡件进入机柜，如分别通过 MN3480（106CM 为 AI 卡件地址）、NM3480 模

块（411CT为AI卡件地址）、MN3480（105CM为AI卡件地址）这三块NM卡件送至对应的NM480卡件一起送到VOTER进行处理了，如果其中一个输入卡件故障将不会影响稳压器压力控制。

同理在33#站KCP525/527AR输出时，各个现场设备的操作指令时通过各自的I/O模块输出，保证了输出控制信号的独立性。

# 5.3　稳压器水位控制

## 5.3.1　功能

在电厂稳态运行工况和各类瞬态运行工况下，稳压器液位控制系统通过调节上充流量调节阀的开度，在0～100%的范围内自动调节上充流量，以维持稳压器液位在整定的程序液位范围内。在稳压器实测液位和整定液位之差达到某一定值（高液位偏差）时，自动投入电加热器，以便加热波动流入稳压器内的过冷水。当稳压器出现低低液位时，切断全部电加热器电源，同时关闭全部下泄孔板隔离阀和延时关闭下泄隔离阀。稳压器液位控制系统设置了在主控制室发出高、低、低低液位报警。当稳压器液位升高到高高液位时，反应堆冷却剂系统发送给反应堆保护系统紧急停堆的信号。

## 5.3.2　稳压器水位自动控制原理

正常情况在反应堆0～100%功率运行时，稳压器液位控制系统运行于自动方式，可随时切换为手动方式，将稳压器液位维持在给定的程序液位上。在反应堆正常启堆或停堆过程中，该系统也运行于自动方式，将稳压器液位维持在零负荷水平。但在稳压器汽腔尚未建立或汽腔湮灭后，该系统用手动控制。此外，电厂冷启动的过程中，稳压器液位控制也采用手动控制。自动控制原理见图5-4。

电厂负荷由零功率到满功率变化时，由于反应堆冷却剂平均温度变化引起的冷却剂体积变化的70%由稳压器来补偿，40%由化容系统来补偿（10%为设计余量）。

（1）执行机构

稳压器水位控制的执行机构是上充流量调节阀RCV046VP，此阀门为气动调节阀，失气后阀门故障全开，保证向一回路供水。阀门从全开到全关的时间要求小于10 s。

通过控制室的一个手动/自动转换开关RCM（RCV411KU或RCV411RC），可手动控制RCV046VP的开度。当该切换开关处于手动状态时，水位调节器和流量调节器的复制电路生效，水位调节器复制上充流量与下泄流量的差值，输出信号经过其后的两个比较器使流量调节器输入为零，而流量调节器直接复制RCM的手动控制信号，以保证由手动切换成自动时的平滑过渡。

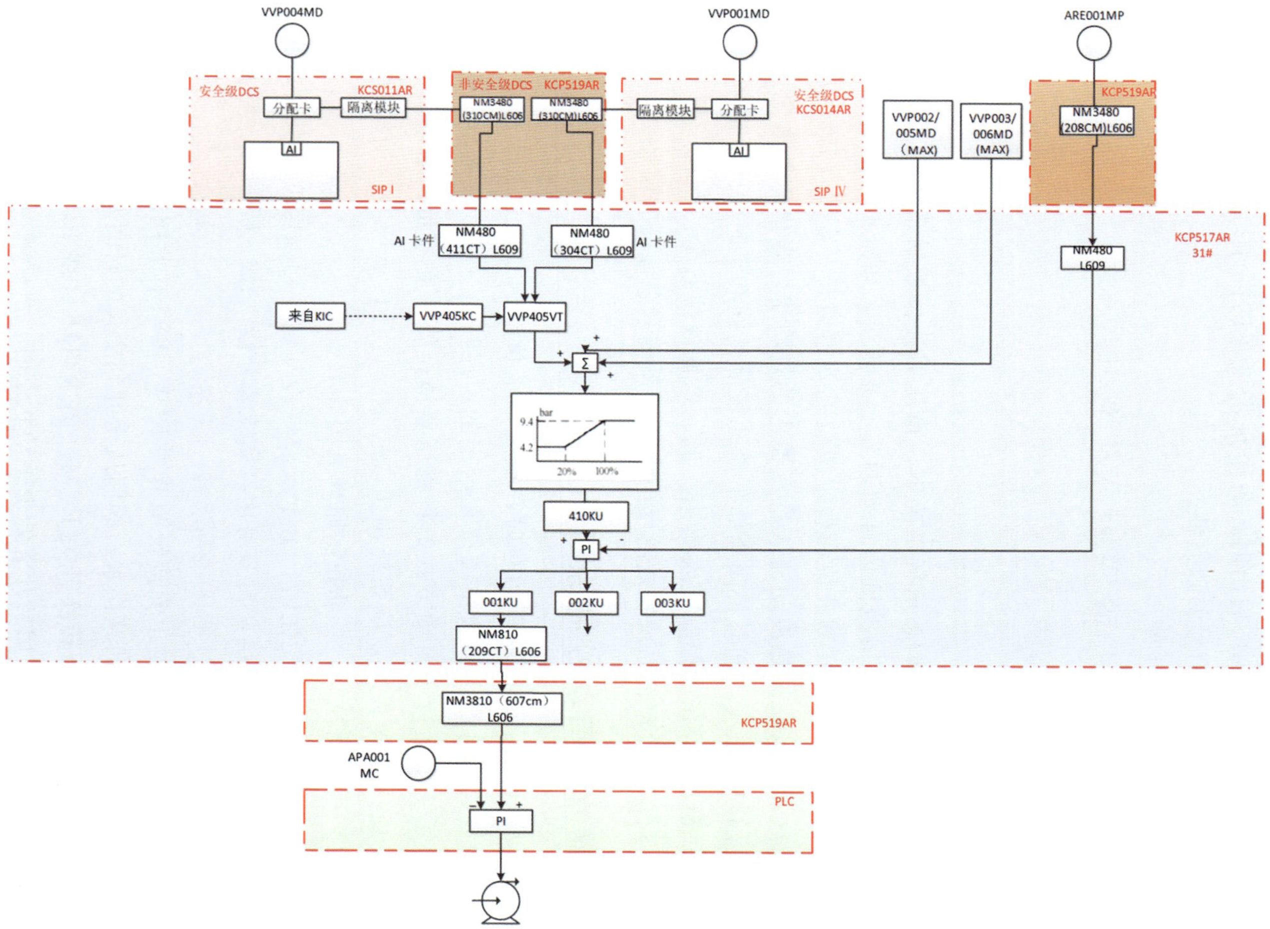


图 5-4　稳压器水位控制原理图

注：1. KCP517AR 与 KCP519AR 属于 31 号站；2. KCP519AR 是端子机柜负责现场设备信号输入与输出；3. KCP517AR 是逻辑运算机柜，负责接收 KCP519AR 的输入，经过逻辑运算后再输出给 KCP519AR 到具体设备。

（2）水位测量

稳压器共有 4 个水位测量通道，水位计 RCP007MN/RCP008MN/RCP011MN 在热态下标定用于水位控制和保护，RCP12MN 在冷态下标定，用在一回路升温、升压或降温、降压工况监测稳压器水位。RCP007MN/RCP008MN/RCP011MN 测量范围为－6～3.8 m，全量程为 9.8 m，零水位定在距高压腔引出管的 6 m 处。稳压器水位测量原理见图 5-5。

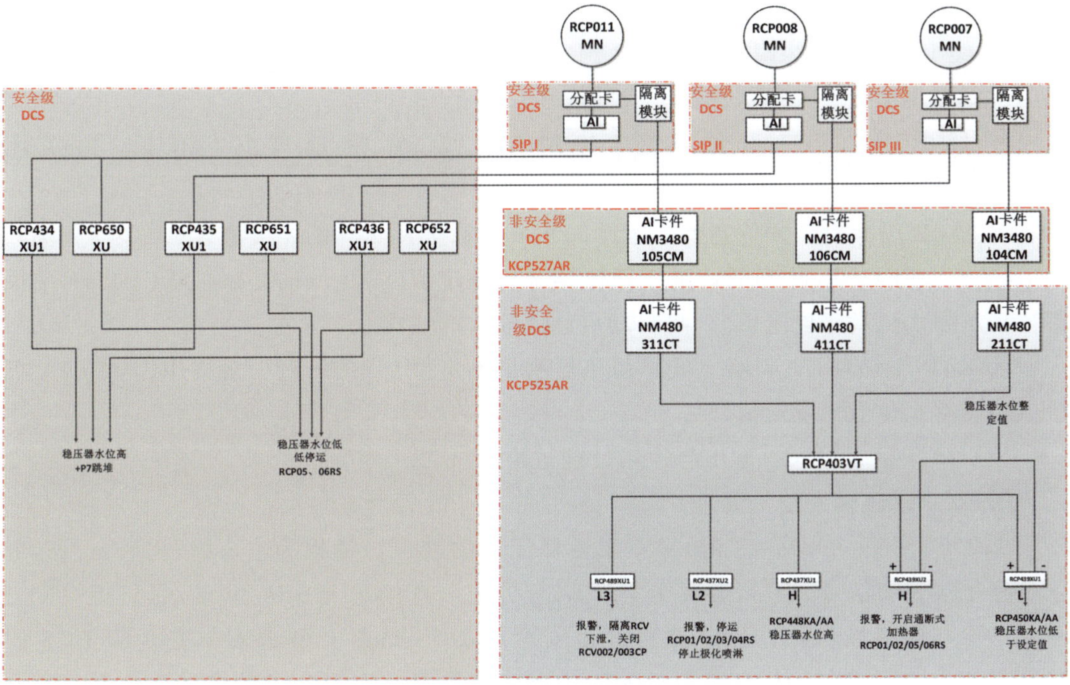


图 5-5　稳压器水位测量信号原理图

注：1. KCP525AR 与 KCP527AR 属于 33 号站；2. KCP527AR 是端子机柜负责现场设备信号输入与输出；3. KCP525AR 是逻辑运算机柜，负责接收 KCP527AR 的输入，经过逻辑运算后再输出给 KCP527AR 到具体设备。

RCP007MN、RCP008MN 和 RCP011MN 经过 RCP403VT 输出有效值当作稳压器水位调节系统的实测值，与程序整定液位相比较，根据水位偏差调节 RCV046VP 以保持稳压器水位在整定液位上。

当所有的输入信号都有效时，RCP403VT 输出为平均值。如果有两路或者更多的无效输入，其将输出最后的有效值并将水位控制切换到手动控制。输入信号无效的判断是指该信号的值与其他两路信号的值达到了 5%偏差。当判断存在一个无效的输入信号的，会产生 VOTER 报警。

（3）水位控制

RCP007MN、RCP008MN 和 RCP011MN 经安全级 DCS 分配卡，信号分别送至

KCS 和 KCP 机柜。送至 KCS 机柜部分的信号，经阈值继电器 RCP434XU1、RCP435XU1、RCP436XU1 判断后，2/3 液位计达到 2.43 m，触发稳压器 H3 液位报警，叠加 P7 信号触发反应堆停堆。经阈值继电器 RCP650XU、RCP651XU、RCP652XU 判断后，2/3 液位计达到 −4.63 m，切断通断式加热器 RCP005RS、RCP006RS 并闭锁启动。

送至 KCP 机柜部分的信号，经 RCP403VT 取平均后，送入以下阈值继电器进行阈值判断并产生相应的动作信号：

- 经 RCP437XU2 阈值判断，达到−4.63 m，切断 RCP001/002/003/004RS，闭锁喷淋阀极化运行并发出水位低 2 报警信号。
- 经 RCP489XU1 阈值判断，达到 − 5.02 m，将隔离下泄孔板，并关闭 RCV002VP 和 RCV003VP。
- 经 RCP437XU1 阈值判断，达到 0.96 m，触发 RCP448KA 报警（稳压器水位高）。
- 经 RCP439XU2 判断，高于稳压器水位整定值 0.49 m 时，触发 RCP451KA 报警（稳压器水位高于设定值），将自动启动通断式加热器。
- 经 RCP439XU1 判断，低于稳压器水位整定值 0.49 m 时，触发 RCP450KA 报警（稳压器水位低于设定值）。

（4）DCS 信号输入、输出与逻辑处理过程

① RCP 水位输入信号处理

RCP007MN、008MN、011MN 测量稳压器的液位，量程为−6.0～3.8 m。三个水位测量仪表的信号，一路通过安全级 DCS 分配卡直接送入 SIP Ⅰ/Ⅱ/Ⅲ机柜（RPC 单元）参与反应堆保护，另一路再经过安全级 DCS 隔离卡再送入非安全级 DCS 的 33＃KCP 控制站参与稳压器水位控制。分配卡的作用是将一个测量信号转换为两路及以上信号，隔离卡主要目的是将送入 KCP 机柜的信号与安全级信号进行隔离，起到安全级信号与 KCP 机柜信号物理上的隔离作用。

非安全级 DCS 的 33＃KCP 控制站分为两个机柜，分别为 KCP525AR 与 KCP527AR，KCP527AR 是专门的 I/O 机柜，主要负责信号的输入与输出，通过硬接线与现场设备相连接。KCP525AR 是将 KCP527AR 输入信号经过转化再送给 DPU 进行逻辑处理，如稳压器水位控制过程，然后将逻辑处理结果返回给 KCP527AR 输出给现场设备或者直接通过硬接线送给安全级机柜驱动现场设备，从而完成了系统的控制。

三块水位测量仪表 RCP007MN、008MN、011MN 经过安全级 DCS 隔离卡件后，通过硬接线将 4～20 mA 的电流信号送入到非安全级 DCS 的 33＃KCP 控制站 KCP527AR 的 I/O 模块 MN3480（105CM/106CM/104CM 为 AI 卡件地址），经过隔离与处理后再送往逻辑处理机柜 KCP525AR 进行逻辑运算。同样的，一回路平均温度最大的测量仪表 RCP032/035/047/050/059/062MT 信号传输过程同水位测量仪表一样，

经过安全级 DCS 隔离卡件后，通过硬接线将 4～20 mA 的电流信号送入到非安全级 DCS 的 33＃KCP 控制站 KCP527AR 的 I/O 模块 MN3480（105CM/106CM/104CM 为 AI 卡件地址），经过隔离与处理后再送往逻辑处理机柜 KCP525AR 进行逻辑运算。

产生最终功率整定信号的各类仪表信号经过安全级 DCS 隔离卡件后，通过硬接线将 4～20 mA 的电流信号送入到非安全级 DCS 的 30＃KCP 控制站，经过相应的逻辑运算后，再将信号传输到非安全级 DCS 的 33＃KCP 控制站参与稳压器水位计算。

RCV018MD 和 RCV005MD 的信号是直接送入非安 DCS 的 33＃KCP 机柜。具体过程如下：RCV018MD 通过硬接线将 4～20 mA 的电流信号送入到非安全级 DCS 的 33＃KCP 控制站 KCP527AR 的 I/O 模块 MN3480（107CM 为 AI 卡件地址），经过隔离与处理后再送往逻辑处理机柜 KCP525AR 进行逻辑运算；RCV005MD 通过硬接线将 4～20 mA 的电流信号送入到非安全级 DCS 的 33＃KCP 控制站 KCP527AR 的 I/O 模块 MN3480（106CM 为 AI 卡件地址），经过隔离与处理后再送往逻辑处理机柜 KCP525AR 进行逻辑运算。

② 在 DCS 中稳压器水位的闭环控制的过程

稳压器水位测量值、上充流量、下泄流量、一回路温度、最终功率整定值等信号通过 33＃站 KCP527AR 的 I/O 模块处理后送入 DPU 中进行逻辑运算，下面将具体来说明。

• RCP011MN 经过 KCP527AR 的 I/O 模块 MN3480（105CM 为 AI 卡件地址），送入到 KCP525AR 中的相应 NM480 模块（311CT 为 AI 卡件地址），最后送入 VOTER 模块。

• RCP008MN 经过 KCP527AR 的 I/O 模块 MN3480（106CM 为 AI 卡件地址），送入到 KCP525AR 中的相应 NM480 模块（411CT 为 AI 卡件地址），最后送入 VOTER 模块。

• RCP007MN 经过 KCP527AR 的 I/O 模块 MN3480（104CM 为 AI 卡件地址），送入到 KCP525AR 中的相应 NM480 模块（211CT 为 AI 卡件地址），最后送入 VOTER 模块。

• RCP035MT 和 RCP032MT 经过 KCP527AR 的 I/O 模块 MN3480（104CM/105CM 为 AI 卡件地址），送入到 KCP525AR 中的相应 NM480 模块（211CT/311CT 为 AI 卡件地址），再经过一个加法器取平均值后，经过一个函数发生器 RCP625GD，得到一环路的 Tavg，然后再与二三环路的平均温度经过一个选择开关 RCP481KC 和一个大选器 RCP401ZA 后，得到一回路平均温度最大值。

二回路的最终功率整定值从 30＃工作站传输至 33＃工作站，经过与一回路平均温度最大值进行比较后，作为稳压器水位控制的前馈信号参与控制。

RCV018MD 和 RCV005MD 经过 KCP527AR 的 I/O 模块 MN3480（107CM/

106CM 为 AI 卡件地址），送入到 KCP525AR 中的相应 NM480 模块（412CT/411CT 为 AI 卡件地址），最后送入到水位调节和流量调节控制回路中参与计算。

③ 在 DCS 中稳压器水位闭环控制的控制信号输出处理

在 KCP525AR 中完成了稳压器水位控制过程的闭环运算处理后，首先经过 KCP525AR 的输出至 I/O 模块 NM810（408CT 为 AO 卡件地址），再送往 KCP527AR 的 I/O 模块 NM3810（604CM 为 AO 卡件地址），再经过安全级 DCS 和非安全 DCS 之间的网关，传输到 SR 机柜，经相关的 I/O 卡件对 RCV046VP 进行控制。

（5）采用 DCS 控制后的安全特性

① VOTER 故障

RCP007MN、RCP008MN 和 RCP011MN 测量信号经隔离模块进入 KCP 机柜后，经过一个 VOTER（RCP403VT，取平均），产生稳压器水位实测值，根据 VOTER 运算结果输出相应的值参与计算，输出到稳压器水位控制环节。VOTER 的作用提高了控制的稳定性，为运行控制人员降低了操作负担。

- 如果 RCP403VT 的一个输入信号失效（仪表故障或 AI 卡件故障），则 VOTER 自动剔除，剩下的两个仪表取平均，不影响输出，并将触发一个仪控报警。
- 如果 RCP403VT 的两个或三个输入信号无效（仪表故障或 AI 卡件故障），则 VOTER 输出保持最后一次的有效值，并将触发一个工艺报警 RCP730KA，如有必要操纵员应将控制器切换到手动控制。

② 仪表故障

RCP007MN、RCP008MN 和 RCP011MN 测量仪表本身故障，将影响到稳压器水位所参与的控制和保护功能。操纵员可通过 RCP002YCD 画面上的仪表显示值快速识别出是故障仪表。由于 VOTER 的作用，仪表故障所引起的稳压器水位变化通常是缓慢的，操纵员可使用 IRRC001 程序，将稳压器水位切换到手动控制，并通知专业人员进行故障仪表的修复和相关保护通过的旁通处理。

③ 传输通道故障

若仪表本身无故障，而是信号传输通道的 AI/AO 卡件或其他模块故障，则有以下几种可能：

- 若故障点在逻辑运算机柜（KCP525AR）KIC 显示点之前的通道发生故障，其现象同仪表故障类似，操纵员可通过 RCP002YCD 画面上的仪表显示值快速识别出是故障仪表，并通知专业人员排查故障点。
- 若故障点在逻辑运算机柜（KCP525AR）KIC 显示点之后的通道发生故障，操纵员通过 RCP002YCD 画面所看到显示值将是正常的，无法甄别出故障仪表，如果 VOTER 无法进行剔除，将影响到水位控制。
- 若故障点在 AO 卡件（KCP525AR NM810 408CT 或 KCP527AR NM3810

604CM)，则 RCV411KU 或 RCV411RC 将无法实现手动控制，控制系统将拒动。

若是传输通道故障（卡件故障），操纵员可通过以下方式进行初步甄别：

- RCP007MN：RPC 侧卡件故障，通过“RCP007MN”判断；在 KCP 侧故障，通过“RCP007MN01”可以确认。
- RCP008MN：RPC 侧卡件故障，通过“RCP008MN”判断；在 KCP 侧故障，通过“RCP008MN01”可以确认。
- RCP009MN：RPC 侧卡件故障，通过“RCP009MN”判断；在 KCP 侧故障，通过“RCP009MN01”可以确认。

## 5.4　蒸汽发生器水位控制

### 5.4.1　功能

设置蒸汽发生器水位调节系统的目的，就是为了维持蒸汽发生器二次侧的水位在需求的整定值上。是由水位调节系统与给水泵转速调节系统共同完成。

### 5.4.2　蒸汽发生器水位调节原理

高负荷时，控制系统为三冲量的水位控制系统，水位整定值是汽轮机负荷信号与蒸汽排放信号之和的函数。该系统连续比较给水流量、蒸汽流量、实测水位和整定水位等信号后、由流量调节器调节主调节阀的开度。

低负荷时，蒸汽流量和给水流量的信号是不可用的，水位控制系统变为两冲量的控制系统，采用蒸汽发生器水位信号和总的蒸汽流量信号。总的蒸汽流量信号由窄量程汽轮机进气压力与反应蒸汽排放流量的信号之和表征，通过旁路调节阀调节。

该系统可在全负荷范围内实现自动控制，并自动进行“高”“低”负荷之间的切换。水位控制系统可在任何时候切换到手动控制，并且是优先的。蒸汽发生器水位调节原理如图 5-6 所示。

（1）执行机构

蒸汽发生器水位调节是通过调节并联安装在蒸汽发生器入口处给水管路上的两个调节阀的开度来实现。主管线上的主给水调节阀用于高负荷运行工况下的水位调节，旁路管线上的旁路调节阀则是应用于低负荷及启、停阶段的运行工况。

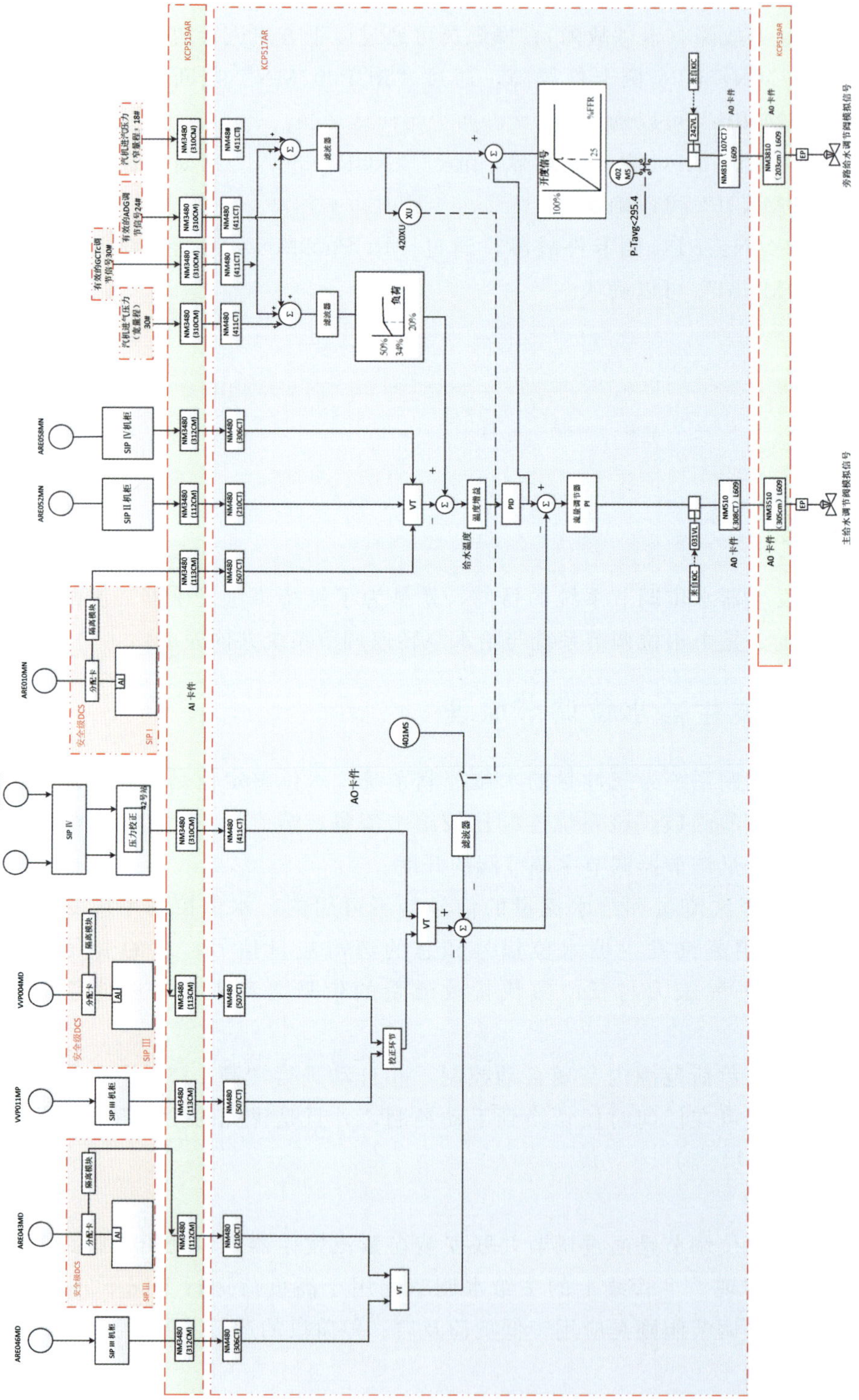


图 5-6　蒸汽发生器水位调节原理图

主给水调节阀和旁路调节阀均为气动调节阀，阀门关闭时间≤5 s。每个水调节阀配置有两个电磁阀，一个接收来自A列的信号，另一个接收来自B列的信号，A、B列信号的性质是相同的。任一单独信号的出现使得其中一个电磁阀断电，从而将主给水调节阀的仪用压缩空气直接排放大气，调节阀快速关闭。

（2）水位测量

每台蒸汽发生器共有5个水位测量通道，其中四个窄量程，一个宽量程。

以＃1SG为例：四个窄量程水位中的三个（ARE010MN、ARE052MN、ARE055MN）应用于水位调节回路，经过VOTER表决器（ARE104VT）输出作为实测值。

当所有的输入信号都有效时，ARE104VT输出为平均值。如果有两路或者更多的无效输入，其将输出最后的有效值并将水位控制切换到手动控制。输入信号无效的判断是指该信号的值与其他两路信号的值达到了5%偏差。当判断存在一个无效的输入信号的，会产生VOTER报警。

（3）DCS信号输入、输出与逻辑处理过程

宁德核电采用DCS控制后，SG水位控制与原有的M310机组，在原理上是一致的（见图5-6），但是SG水位控制处理过程存在较大的不同点，除了采用了智能化的VOTER单元，在输入、输出单元还采用了NM系列的卡件，主要目的是对信号的输入输出起到了隔离与转换的作用，而逻辑运算单元采用了DPU模块计算且相互冗余，确保了单一故障原则，SG水位控制在DCS中的处理过程见图5-6。

① 主蒸汽流量输入信号和主给水流量输入信号处理

VVP001MD～VVP006MD用于主蒸汽流量信号测量，VVP004MD、VVP001MD为＃1SG主蒸汽管线的蒸汽流量仪表，VVP005MD、VVP002MD为＃2SG蒸汽流量测量仪表，VVP006MD、VVP003MD为＃3SG蒸汽流量测量仪表。以一环路测量管线为例：VVP004MD既用于保护又用于控制，所以VVP004MD测量值会分为两路，一路通过安全级DCS分配卡直接送入SIP Ⅲ机柜（RPC单元）参与SG汽水失配保护，另一路经过安全级DCS隔离卡送入非安全级DCS的31＃KCP控制站参与APA转速控制和SG水位控制。分配卡的作用是将一个测量信号转换为两路及以上信号，隔离卡主要目的是将送入KCP的信号与安全级信号进行隔离，起到安全级信号与KCP信号物理上的隔离作用。另外主蒸汽流量信号VVP004MD的蒸汽压力校正环节是在31＃KCP控制站进行的，主蒸汽流量信号VVP001MD的蒸汽压力校正环节是在42＃KCP控制站进行的，而蒸汽流量取大选择是在31＃KCP控制站进行的。

非安全级DCS的31＃KCP控制站分为两个机柜，分别为KCP517AR与KCP519AR，KCP519AR是专门的I/O机柜（也叫作端子机柜），主要负责现场信号的输入与输出，通过硬接线与现场设备相连接，起到信号隔离和耦合作用。KCP517AR是逻辑运算机柜，将KCP519AR接收的现场输入信号经过转化后送给DPU进行逻辑

运算处理，再将逻辑处理结果返回给 KCP519AR 输出给现场设备，从而完成了系统的控制，如 ARE 大小阀控制 SG 水位过程。

VVP004MD 经过安全级 DCS 隔离卡件后，通过硬接线将 4～20 mA 的电流信号送入到非安全级 DCS 的 31＃KCP 控制站 KCP517AR 的 I/O 模块 MN3480（113CM 为 AI 卡件地址），经过隔离与处理后并进行逻辑运算，并且在逻辑处理机柜进行了取大选择。注：VVP001MD 信号传递和处理与 VVP004MD 相似。

ARE043MD 经过安全级 DCS 隔离卡件后，通过硬接线将 4～20 mA 的电流信号送入到非安全级 DCS 的 31＃KCP 控制站 KCP517AR 的 I/O 模块 MN3480（112CM 为 AI 卡件地址），经过隔离与处理后并进行逻辑运算。在逻辑处理机柜进行了取小选择。注：ARE046MD 信号传递和处理与 ARE043MD 相似。

取大选择后的主蒸汽流量信号与取小选择后的主给水流量信号进行比较产生了汽水偏差信号，最后送往下一水位控制处理环节。

② SG 水位测量输入信号和二回路负荷输入信号处理

以 1＃SG 为例，ARE010MN 经过安全级 DCS 隔离卡件后，通过硬接线将 4～20 mA 的电流信号送入到非安全级 DCS 的 31＃KCP 控制站 KCP519AR 的 I/O 模块 MN3480（113CM 为 AI 卡件地址），ARE052MN 和 ARE058MN 也进入到 31＃KCP 控制站 KCP519AR 的 I/O 模块 MN3480（地址分别为 112CM 和 312CM），然后通过 KCP517AR 中相应的卡件送入 DPU 中。通过 VOTER 取平均运算后，与二回路负荷整定的蒸汽发生器水位进行比较后，算出水位偏差并进行温度校正环节，而整定出给水流量与之前的汽水流量偏差进行比较，进而去控制 ARE 大小阀门的开度。

③ 在 KCP517AR 中逻辑运算结果输出处理

在 KCP517AR 中完成了 SG 水位控制过程的闭环运算处理后，需要将控制信号进行输出，下面将详细介绍各个控制信号的过程：

• 水位测量值与负荷整定出的给水流量偏差与蒸汽流量和给水流量偏差经过 PID 调节器的比例积分环节后，结果输出至 I/O 模块 NM510（308CT 为 AO 卡件地址），再送往 KCP519AR 的 I/O 模块 NM3510（305CM 为 AO 卡件地址），最后通过硬接线将控制信号 4～20 mA 送到 ARE031VL 的配电柜，实现阀门开度控制在 0～100％。

• 水位与负荷整定出的给水流量偏差与蒸汽流量和给水流量偏差经过 PID 调节器的比例积分环节后，结果输出至 I/O 模块 NM810（107CT 为 AO 卡件地址），再送往 KCP519AR 的 I/O 模块 NM3810（203CM 为 AO 卡件地址），最后通过硬接线将控制信号 4～20 mA 送到 ARE242VL 的配电柜，实现阀门开度控制在 0～100％。

• 2＃SG 水位控制在 32＃KCP 控制站完成，3＃SG 水位控制在 33＃KCP 控制站完成。

（4）采用 DCS 控制后的安全特性

① 同一信号输入至安全级 DCS 与非安全级 DCS 的处理

对于 ARE010MN/ARE052MN/ARE058MN 而言，这些仪表不仅参与安全级反应堆保护系统 RPC 的逻辑运算和安注 ESFAC 的逻辑运算，而且还参与非安全级的一回路压力控制。在安全级采用了 KJPJ-02 型分配卡，将现场仪表的 4～20 mA 信号进行模拟转化成 1～5 V 的电压信号，再将一路输入信号分配成多路输出信号，实现了输入一个信号同时输出几个信号的作用。

为了使非安全级的设备故障不影响安全级 DCS 的逻辑运算功能，在 KJPJ-02 分配卡送往非安 DCS 的下游来接了一个 MLPJ-02 隔离卡，将安全级测量信号与非安全级信号通过内部耦合电路隔离开。

② 控制站采用不同 I/O 卡件进行输入、输出

3 台 SG 的水位保护分别在 31＃、32＃、33＃中实现，以 1＃SG 为例，在进入 31＃站 KCP517/519AR 之前，ARE010MN/ARE052MN/ARE058MN 通过不同的 AI 卡件进入机柜，如分别通过 NM3480（113CM 为 AI 卡件地址）、NM3480 模块（112CM 为 AI 卡件地址）、NM3480（312CM 为 AI 卡件地址）这三块 NM 卡件送至对应的 NM480 卡件一起送到 VOTER 进行处理了，如果其中一个输入卡件故障将不会影响 SG 水位控制。

同理在 31＃站 KCP517/519AR 输出时，各个现场设备的操作指令也时通过各自的 I/O 模块输出，保证了输出信号独立性。

除此之外，图 5-6 中的汽轮机进汽压力 GRE022/023/024MP 的原理和以上水位测量及控制原理类似，不再讲述。

③ 经过 MAX 或者 MIN 模块的测量仪表故障处理

以 ARE043/046MD 为例：

• 当正常运行的一块仪表故障后并产生质量位，MIN 模块会自动切换到另一块仪表进行控制。

• 当正常运行的仪表向上漂移并超过另一块仪表显示值，MIN 模块会自动切换到无故障仪表；当正常运行的仪表下漂，有可能会产生汽水偏差信号报警或者水位偏差报警，提醒操纵员寻找故障点，而后进行手动切换。

• MIN 或者 MAX 选择器为软逻辑设计，不存在本身故障的可能性。

## 5.4.3　给水泵转速调节原理

通过改变给水调节阀门的开度以改变给水流量从而达到控制水位的目的，但是由于三台蒸汽发生器的给水母管是共用的，调节单个给水流量调节阀会影响供给其余两台蒸汽发生器的给水流量，造成耦合效应。为了避免这种相互间的不良影响，避免给水调节阀的频繁动作，通过设置给水泵转速调节系统，维持调节阀的压降恒定不变，

从而使得给水阀的压降在正常的负荷变化范围内（0～100%FP）维持近似恒定，从而优化给水调节阀的工作条件，如图 5-7 所示。

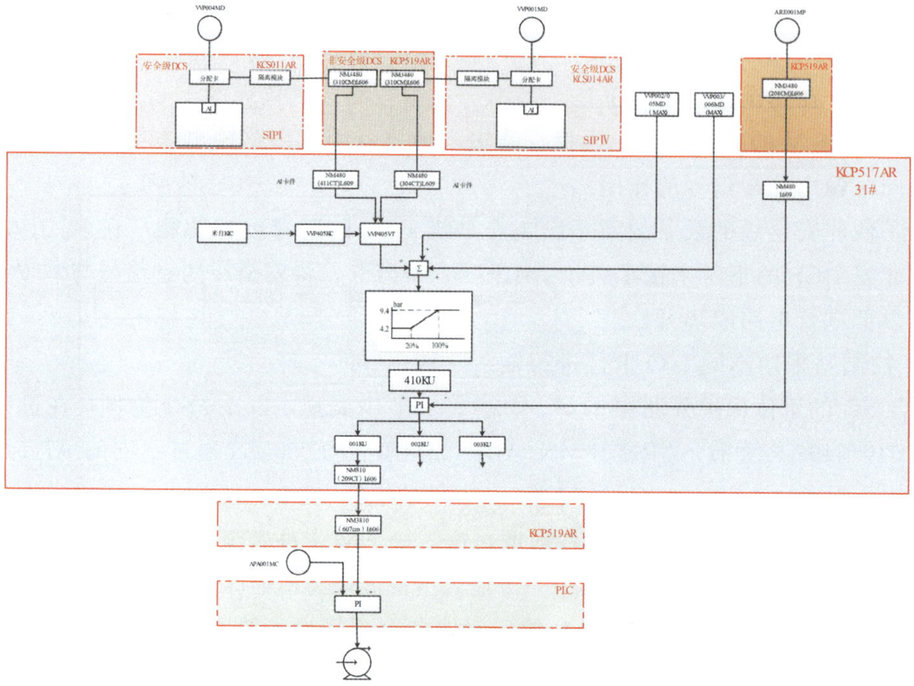


图 5-7　给水泵转速调节原理图

注：1. KCP517AR 与 KCP519AR 属于 31 号站；2. KCP519AR 是端子机柜负责现场设备信号输入与输出；3. KCP517AR 是逻辑运算机柜，负责接收 KCP519AR 的输入，经过逻辑运算后再输出给 KCP517AR 到具体设备。

（1）执行机构

通过手动或者自动调节主给水泵的转速，使得给水母管和蒸汽母管之间的压差跟踪随负荷变化的程序整定值，从而维持调节阀的压降恒定不变。每台给水泵都配有一台转速调节器。

APA 调速系统由电源系统、SLC500/S7-200 PLC、PannelView550 液晶操作显示屏、勺管位置控制器 VEHS（Voith Electro Hydraulic Positioning Controller）、BRAUN 转速及反转探头、BALLUFF 勺管位置传感器等部分组成。

（2）控制原理

APA 转速控制、VEHS 控制器结构见图 5-8、图 5-9。

① SLC500 控制器实现 APA 转速的闭环调节。在机组正常运行时，由 SLC500 实现 APA 泵的转速控制，转速控制范围为 3950～5090 r/min。

② S7-200 手动控制器实现 APA 转速的手动控制，即实现转速的开环控制，该控制器主要在泵启停阶段使用，转速控制范围为 0～5090 r/min。

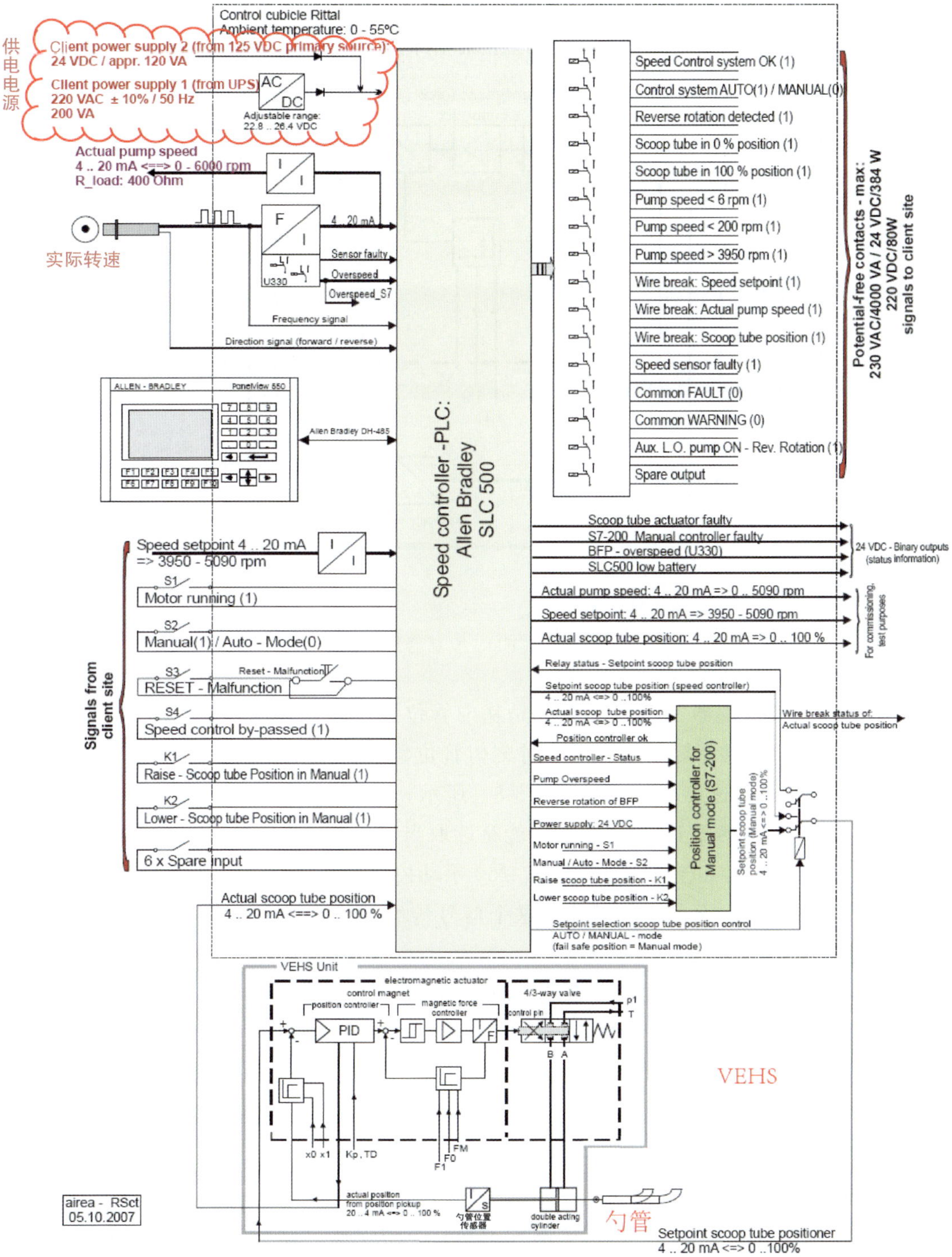


图 5-8　APA 转速控制结构图

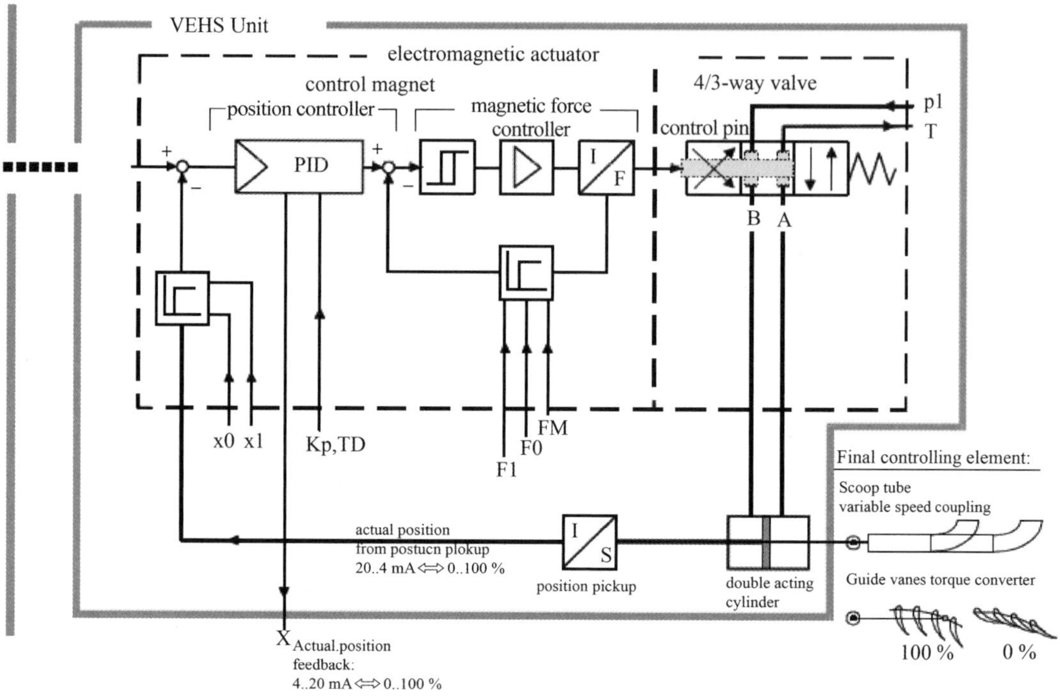


图 5-9　VEHS 控制器结构图

③ 勺管位置控制器 VEHS 的功能是从勺管位置传感器读取勺管当前的实际位置，然后通过 PID 控制器计算后给出下一时刻勺管位置的设定值，从而实现勺管位置的闭环调节，如 APA 转速控制结构图（图 5-8）所示。

④ 勺管位置传感器 BALLUF 的功能是读取当前勺管的实际位置，并把这个实际位置分别反馈给 SLC500 自动控制器及 S7-200 手动控制器。

⑤ 转速探头读取泵的实际转速，这个信号传给 SLC500 控制器后，用以参与转速控制的闭环调节。

（3）APA 泵转速控制器的设定值来源。

① 自动控制器 SLC500 的转速设定值由 APA002KU 给出

• 在 APA002KU 为自动状态时，转速设定值来源于 ARE410KU 给出的转速整定值；

• 当 APA002KU 在手动状态时，由操作员给出 APA 转速的设定值，即设定值可以由操作员手动设定。

② 手动控制器 S7-200 的转速设定值由 APA201RR 给出。

• APA201RR 的手自动切换实现 SLC500 与 S7-200 之间的切换，主要通过就地机柜内的继电器实现。

• APA201RR 的 Raise/Lower 按键实现操作员手动调节 S7-200 控制器的设定值。

(4) DCS信号输入、输出与逻辑处理过程

宁德核电采用DCS控制后，APA转速控制的具体原理参见给水泵调节原理图(图5-7)。VVP001MD、004MD为#1SG主蒸汽管线的蒸汽流量仪表，VVP002MD、005MD为#2SG蒸汽流量测量仪表，VVP003MD、006MD为#3SG蒸汽流量测量仪表。以一环路测量管线为例：VVP004MD既用于保护又用于控制，所以VVP004MD测量值会分为两路，一路通过安全级DCS分配卡直接送入SIP Ⅲ机柜(RPC单元)参与SG汽水失配保护，另一路再经过安全级DCS隔离卡再送入非安全级DCS的31#KCP控制站参与APA转速控制和SG水位控制。分配卡的作用是将一个测量信号进行转换为两路信号，隔离卡主要目的是将送入KCP的信号与安全级信号进行隔离，起到安全级信号与KCP信号物理上的隔离作用。

非安全级DCS的31#KCP控制站分为两个机柜，分别为KCP517AR与KCP519AR，KCP519AR是专门的I/O机柜(也叫做端子机柜)，主要负责现场信号的输入与输出，通过硬接线与现场设备相连接，起到信号隔离和耦合作用。KCP517AR是逻辑运算机柜，将KCP519AR接收的现场输入信号经过转化后送给DPU进行逻辑运算处理，再将逻辑处理结果返回给KCP519AR输出给现场设备或者直接通过硬接线送给安全级机柜驱动现场设备，从而完成了系统的控制，如APA转速控制过程。

VVP004MD和VVP001MD在KCP517AR内取大后，然后再与2、3环路的大选流量进行相加，通过硬接线将4～20 mA的电流信号送入到非安全级DCS的31#KCP控制站KCP519AR的I/O模块MN1480(106CM为AI卡件地址)，经过隔离与处理后再送往逻辑处理机柜KCP517AR进行逻辑运算。而后送往APA就地PLC逻辑控制机柜进行控制APA转速。

(5) 采用DCS控制后的安全特性

APA转速控制模块仪表故障处理：

- 某一VVP流量表故障，只需手动通过VVP405VT或者其他VT切换故障流量表到正常流量表即可；
- 当410KU上游的某一其他环节出现问题可通过410KU手动控制；
- 当ARE001MP故障需要将三台APA泵均需要切到手动转速控制；
- 当某一台泵的KU下游卡件故障或者实测转速故障，需要停运该台泵，并切换到备用泵运行。

# 5.5 反应堆功率控制

## 5.5.1 功能

反应堆功率控制系统是一个开环控制系统，由两个基本相同的回路组成：一个是

控制回路；一个是监测回路。它根据一个基本功率刻度曲线给出的负荷功率同功率控制棒棒位间的函数关系，来控制功率棒的棒位，从而控制反应堆功率。

## 5.5.2 反应堆功率调节原理

RPCC 接受来自 GRE 的二回路负荷设定信号，二回路负荷设定信号通过函数转换产生的对应参考棒位控制信号，参考棒位与 G 棒当前棒位进行偏差运算确定 G 棒的动作方向和棒速指令。如图 5-10 所示，参考棒位和当前棒位的偏差信号如小于－0.5 则产生插棒信号，如 $T_{ref}-T_{avg}>1.67$ ℃则禁止插棒；如偏差大于 0.5 则产生提棒信号；参考棒位和当前棒位的偏差信号的绝对值与二回路的功率折算的死区信号进行偏差运算后将新的偏差转换为棒速信号，详见图 5-11。

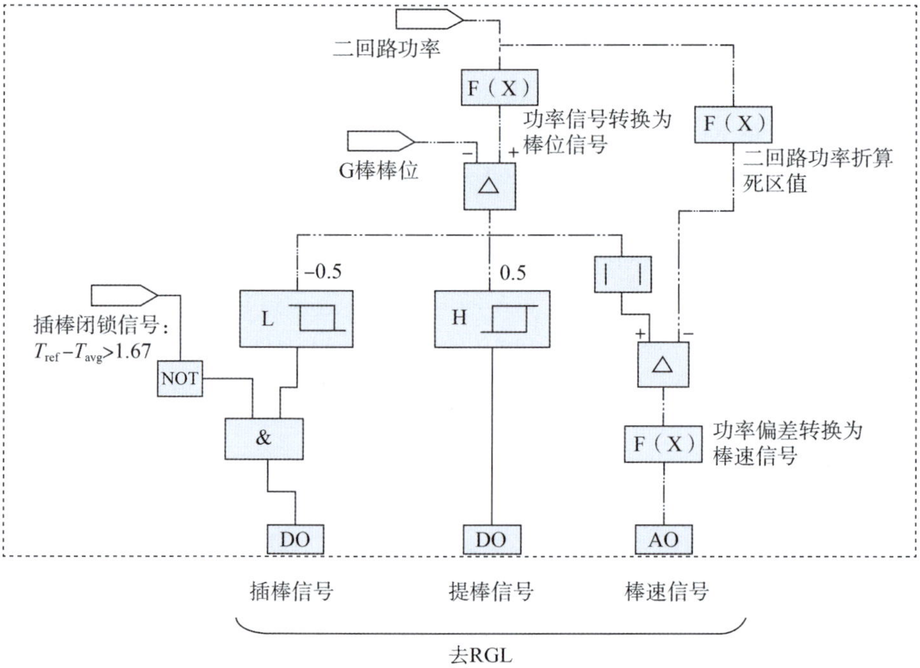


图 5-10 反应堆功率控制原理简图

(1) 执行机构

堆芯共有 61 束控制棒组件（RCCAs）。为了维持堆芯的对称性，61 个 RCCAs 被分成 16 个子棒组，如图 5-12 所示。一般每个子棒组由 4 个 RCCAs 组成。在反应堆整个寿期，子棒组是作为一个整体运行的。仅仅一个子棒组 SA2 有例外，它仅仅由一个 RCCA 组成，位于反应堆的最中央。通常两个子棒组为一个棒组，共 9 个棒组。有一些棒组仅仅有一个子棒组组成，如 SC、G1。棒组和子棒组的划分，以及 RCCA 的布局通过堆芯图来定义。在电厂的运行中，棒组的提/插顺序是预先定义好的，目的是为了防止堆芯内不对称的中子通量分布。当出现微小的功率偏差时，将由仪控设备实现精细控制。

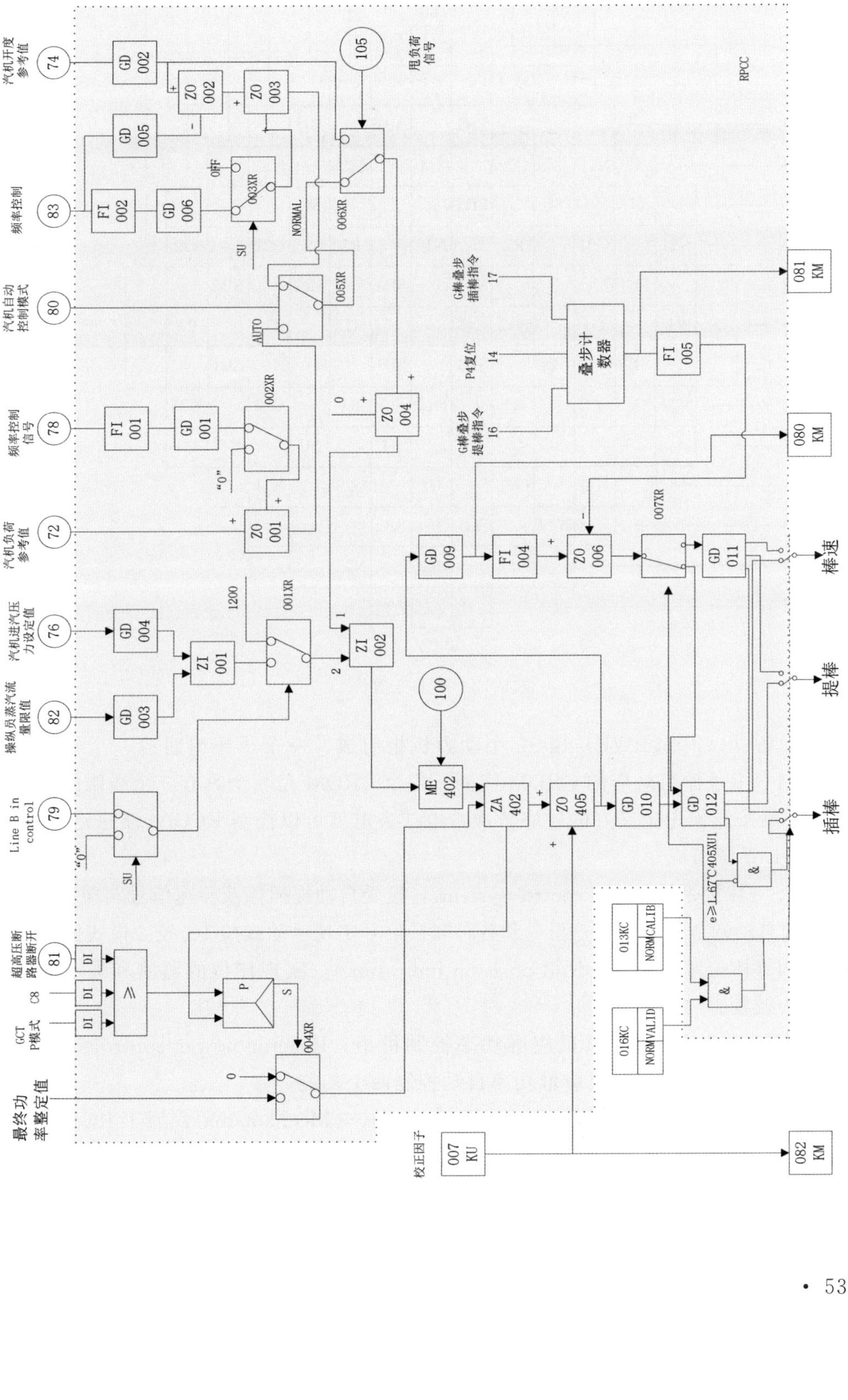


图 5-11　反应堆功率控制原理图

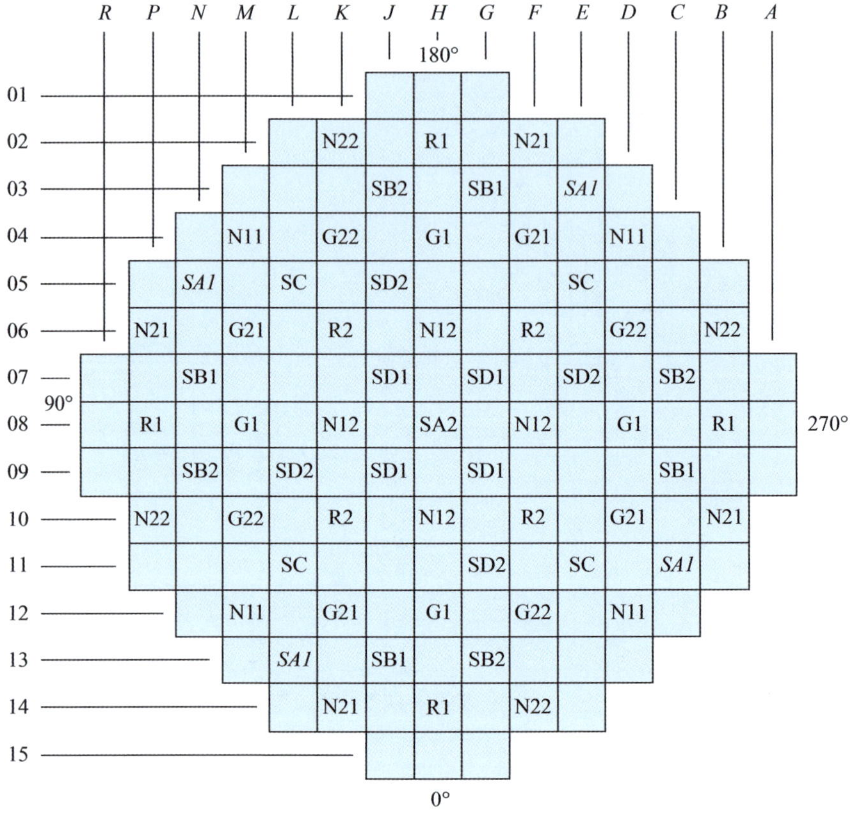


图 5-12 堆芯布置图

动力设备（以下称 PWE）由 16 个动力机柜组成，一个子棒组对应一个机柜。每个机柜控制一个子棒组对应的 CRDM 线圈。每个 CRDM 是一个具有 3 个线圈的电磁机构。3 个线圈按照预先定义好的顺序依次带电或失电就可以控制 RCCAs 步进运动。

① RGL 系统组成

• RCS（棒控系统，Rod control system）：接受自动提插棒及棒速信号实现反应堆温度和功率的自动调节；接受主控指令和各种联锁信号实现手动或校 1、校 2 模式控制。

• RPI（棒位监测系统，Rod position indication）：实现棒位的监测和失步等各种报警信号的触发。

• RCC（也叫 RPCC）（反应堆功率控制机柜，Reactor power control cabinet）：包括反应堆温度自动控制和反应堆功率自动控制两个功能。

• CRDM（控制棒驱动机构，Control Rod Drive Mechanisms）：属于 RGL 系统的执行机构。

② 信号在 RGL 系统中的处理

RPCC 信号来到 RGL 系统中之后主要在 RCS 系统中进行处理。RCS 由 CLE 和

PWE 组成，其中 CLE 主要用于根据外部动棒命令（movement order）、外部允许信号、棒位联锁和功率棒叠步程序，管理堆内子棒组的运动。PWE 的功能是产生电流给 CRDM 线圈。根据来自 CLE 的动棒指令（movement command），一方面产生连续的电流使 SG 线圈励磁，保持 RCCAs 在合适的位置；另一方面产生合适的电流序列到 CRDMs 各个线圈，使 RCCAs 移动。

CLE 机柜接受机柜外部来自 RPCC 等的动棒指令、外部允许信号以及棒位联锁信号，根据程序既定的功率棒叠步程序，产生动棒指令并将之传递给动力设备（PWE）。接受到动棒指令后，PWE 机柜中的 Cycler 作为一个逻辑处理单元，接受来自 CLE 机柜的子棒组动棒指令，产生电流定值（逻辑量）时序，用来产生电流定值信号给 3 个动力机架，进而分配到相应子棒组的 SG 线圈、MG 线圈和 LC 线圈，通过时序组合完成控制棒的提升和下插。当动棒指令缺失时，Cycler 将产生定值，使 SG 持续励磁保持 RCCAs 不动。自我检测和电流监视功能使得当发现导致掉棒风险的故障出现时，触发“双夹持”功能。在这种情况下，相关的 PWE 使 SG 和 MG 线圈同时带电，避免掉棒停堆。

(2) DCS 信号输入、输出与逻辑处理过程

反应堆功率控制系统接收来自汽轮机调节系统的 G 模式接口信号及其他一些控制信号，RGL 功率控制的运算是在 RPCC 中实现的。RPCC 系统的输入信号分为逻辑量与模拟量信号，如图 5-13 所示。

① 逻辑量输入信号

RPCC 的逻辑量输入信号如图 5-13 所示，包括：

- GCT-c 的 P 模式输入信号；
- 汽轮机跳闸 C8 信号；
- 超高压断路器分闸信号；
- 负荷速降信号；
- Line B in control 信号；
- 汽轮机自动控制模式。

GCT-c 的 P 模式信号、汽轮机跳闸 C8 信号以及超高压断路器分闸信号经过或门选择，进而决定 RPCC 中最终功率整定值的选择；负荷速降，其中 C21/C22/C3/C4 信号由 RPCC 内部生产，另一路负荷速降信号：

- 功率大于 50%FP，一台 APA 跳闸，备用泵未能自动启动；
- MSR 一级或者二级隔离，对应的 GSS102/202BA 或者 GSS101/201BA 液位高高；
- 在 BUP 盘上 GRE402CC 手动甩负荷信号；
- KIC 上手动减负荷信号。

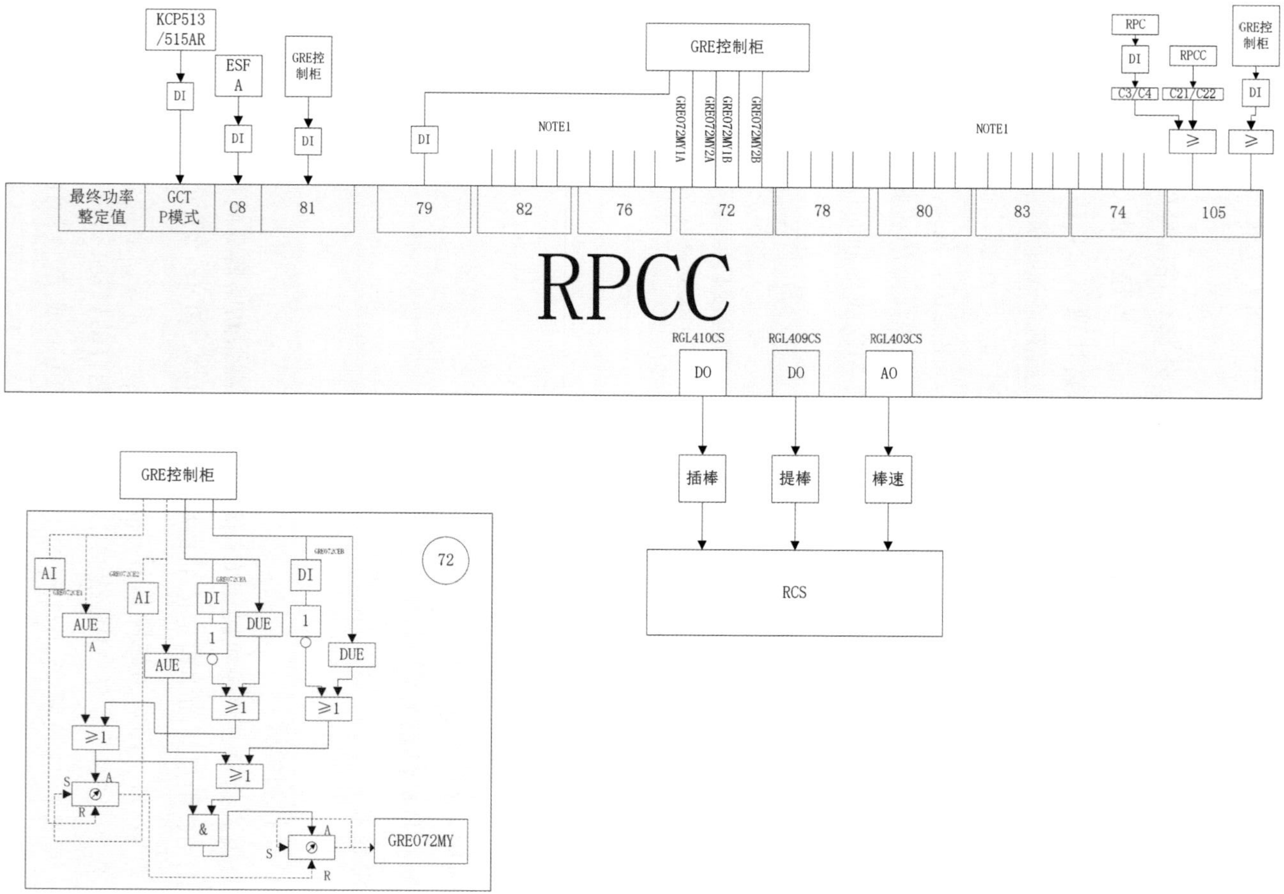


图 5-13　RPCC 与 RGL 系统接口图

NOTE1—模拟量输入信号 74、76 、78、80、82、83 信号的输入特点与左图 72 类似，本图未全部画出；72—汽机负荷参考值；74—汽轮机开度参考值；76—汽轮机进气压力设定值；78—频率控制信号；79—LINE B in control 信号；80—汽轮机启动控制模式；81—超高压断路器断开信号；82—操纵员蒸汽流量限值；83—频率控制；105—甩负荷信号以上信号来自 GRE 系统，经过 DI 卡件输入 RPCC 系统，进而控制功率棒动作。

其实所有负荷速降信号都会送到 GRE 系统，在 GRE 系统经过运算（确定降负荷的速率与幅值）后再送到 RPCC 中，参与功率棒的控制，保持一回路与二回路的匹配。

② 模拟量输入信号

RPCC 的模拟输入信号如图 5-13 所示。

- 72：汽轮机负荷参考值；
- 74：汽轮机开度参考值；
- 76：汽轮机进气压力设定值；
- 78：频率控制信号；
- 82：操纵员蒸汽流量限值；
- 83：频率控制。

以“72：汽轮机负荷参考值”信号为例介绍模拟量进入 RPCC 的处理过程。

如图 5-13 左下所示，“72：汽轮机负荷参考值”信号由 GRE 系统控制柜输入，输入信号在进入 RPCC 前被分为 A/B 列，A 列信号为模拟量信号 GRE072MY1A，GRE072MY2A；B 列信号为逻辑量信号 GRE072MY1B，GRE072MY2B；四路信号分别经过相应 AI（GRE072CE1，GRE072CE2）与 DI（GRE072CEA，GRE072CEB）卡件输入 RPCC，信号对应关系如表 5-1 示。在 RPCC 中经过图 5-13 左下运算后，一路在 KIC 中显示，一路作为二回路负荷参与 G 棒棒位整定的二回路负荷的之一参与 G 棒控制。

**表 5-1　汽轮机负荷参考值**

| 信号输入 | GRE | | | |
|---|---|---|---|---|
| | 模拟量 | | 逻辑量 | |
| 信号名称 | GRE072MY1A | GRE072MY2A | GRE072MY1B | GRE072MY2B |
| 卡件名称 | GRE072CE1 | GRE072CE2 | GRE072CEA | GRE072CEB |
| 信号输出 | GRE072MY | 参与 G 棒控制 | | |
| | RGL508KM | KIC 中显示 | | |

③ RPCC 输出信号

如图 5-13 中所示，RPCC 的信号输出到 RGL 系统的有提棒、插棒信号为逻辑量信号；棒速信号为模拟量信号。

（3）采用 DCS 后功率控制特点

① 逻辑量信号故障

GCT-c 的 P 模式、汽轮机 C8 信号、超压断路器分闸信号以及负荷速降信号对 RGL 系统影响主要有以下几种情况：

• 机组正常功率运行期间，以上信号的输入信号如果发生故障丢失，如 DI 卡件失电故障，由于正常功率运行期间以上信号输入 RPCC 的就是 0，所以对 RGL 系统运行无影响，机组可能会产生响应的仪控报警，此时主控无需采取立即行动，执行报警卡通知专业处理。

• 机组在并网后 GCT-c 仍在在 P 模式，GCT 有开度情况下，如果 GCT-c 在 P 模式至 RPCC 的 DI 卡件故障或者失电，会导致最终功率整定值输入项信号改变，导致 G 棒控制的整定信号发生改变，将会导致 G 棒与 R 棒以及 ARE 与 PZR 液位的波动，此时需要将控制系统置于手动控制，恢复当前功率对应的整定值；其他几个信号 DI 卡件失电对 G 棒控制无影响。

• 在机组并网后 GCT-c 在 P 模式，GCT 无开度情况下，以上逻辑信号 DI 卡件如果失电，对机组运行无影，不会对 G 棒以及其他控制信号产生影响。

• Line B in control 信号的 DI 卡件如发生失电故障，将可能导致操纵员蒸汽流量限值与汽轮机进汽压力设定值无法起作用，可能导致一回路超功率，此时需要对一回路热功率加强关注，即时降功率防止超功率。

• 在功率运行阶段如果以上信号因输入到 RPCC 的 DI 卡件误发 1 信号，可能会对机组产生影响：

——负荷速降信号（GRE 系统来的速降信号），将会直接导致 RPCC 控制 G 棒的输入信号由汽轮机负荷参考值切换到汽轮机开度参考值，正常不会对 G 棒产生影响，但如果两者存在偏差可能会导致 G 棒产生波动，此种情况可能需要将 G 棒置于手动控制；

——针对 GCT-c 的 P 模式、C8 信号以及超高压断路器三个逻辑信号，如果输入到 RPCC 对应的 DI 卡件误发 1 信号，在功率正常运行阶段对 G 棒控制无影响，维持功率运行，响应仪控报警处理；

——Line B in control 信号的 DI 卡件误发 1 信号，将会导致参与 G 棒控制的二回路信号，从操纵员蒸汽流量限值，汽轮机进气压力设定值与汽轮机负荷参考值或者汽轮机开度参考值中取小选择，可能导致 G 棒误动作。此时汽轮机负荷不产生其他动作，保持负荷稳定，及时根据报警通知专业处理。

•“80：汽轮机自动控制”信号，启用于汽轮机手自动模式的选择，其信号自 GRE 系统经四路送至 RPCC 系统，如图 5-14 所示，用于确定汽轮机运行是自动模式还是手动模式。正常运行期间汽轮机为自动控制模式，四个逻辑信号同时故障概率较低，按照逻辑需要其中三个同时故障才会导致汽轮机模式切换，如果因卡件故障导致汽轮机模式切换，由于汽轮机自动模式与手动模式输入到 G 棒控制的参数可能存在偏差，因此可能导致 G 棒误动作，但此时由于二回路实际负荷未变，仅需降 G 棒手动，调节一二回路平衡即可。

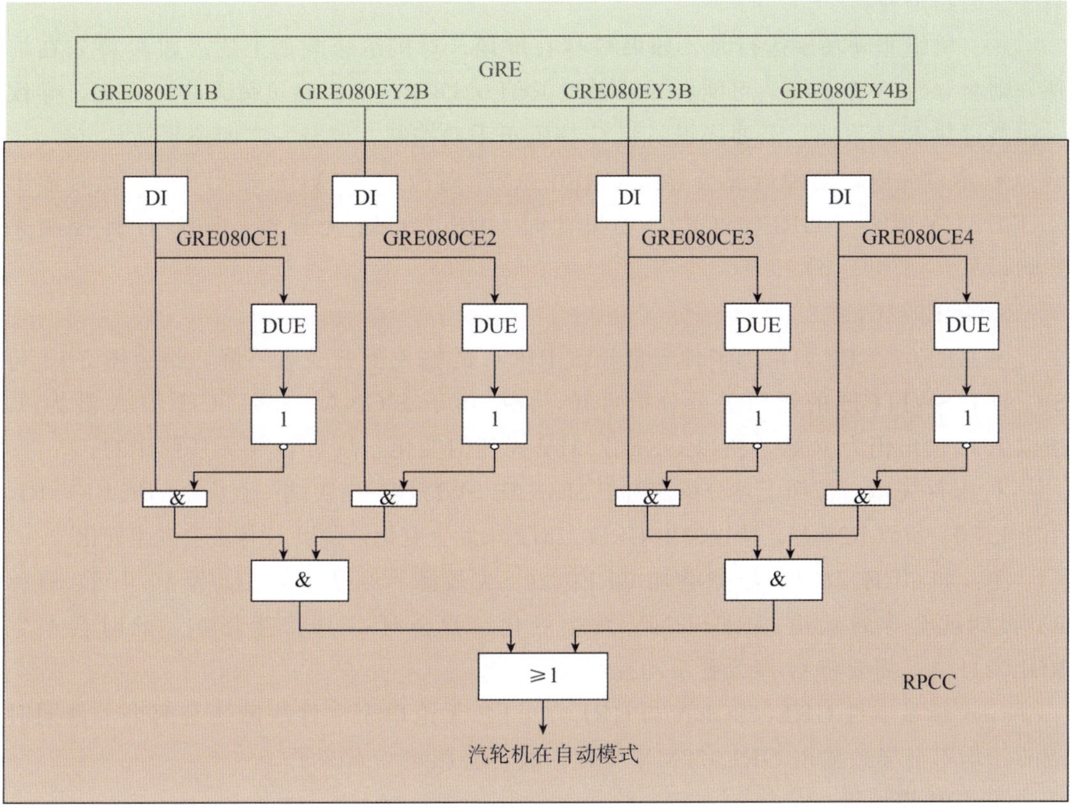


图 5-14　汽轮机自动手动模式选择

② 模拟量信号故障

下面以 GRE072MY 信号各卡件异常时的影响以及干预措施为例进行说明（以下分析仅考虑单一故障）。

a. GRE072CE1

• 卡件异常导致 GRE072CE1 的输出下降或者直接到 0，根据图 5-13 左下方示意可知，此种情况会直接导致 GRE072MY 的输出下降或者直接到 0，导致 G 棒的整定棒位直接到达 0 功率棒位，会导致 RGL021KA 触发，G 棒自动向 0 功率目标棒位下插，而二回路负荷维持不变，导致一回路严重过冷，在 C12 信号出现后，将会导致 C22 出现，机组甩负荷；针对该故障处理方式为将 G 棒手动控制，调节一二回路平衡，维持负荷稳定，并通知专业处理。

• 卡件异常导致 GRE072CE1 的输出上升：

——机组满功率时由于 G 棒已经到达堆顶，所以对功率棒无实质性影响，可能会导致 RGL021KA 触发，二回路功率无实际变化，但如果此时机组降功率，可能导致 G 棒无法跟随，严重时可能导致 C12 触发，此时需要维持功率稳定或者 G 棒手动控制调节一二回路平衡；

——机组非满功率运行时，如果 G 棒在堆顶，对机组影响如上述；如 G 棒未在堆顶，则会导致 G 棒上提，可能会导致触发 RGL021KA，二回路负荷无实际变化，导致一回路过热 R 棒下插，需要操纵员将 G 棒置于手动控制，调节一二回路平衡；

• 卡件失电，此种情况会导致 GRE072CE1 对应的 A AUE 输出为 1，此时输出 GRE072MY 取决于 GRE072CE2，如果此时 GRE072CE2 无异常，那么 G 棒控制无影响；

b. GRE072CE2

• GRE072CE2 如果因卡件异常导致 RPCC 的输入上升或者下降，结合图 5-13 与 SIGNAL SWITCH 的逻辑关系分析可知，此时由于 SIGNAL SWITCH 的 A 端为 0，所以 K 端输出仍为 R 端，所以 GRE072MY 无任何变化，故对 G 棒无任何影响；

• 卡件失电，按照上述分析，由于 SIGNAL SWITCH 的 A 端一直为 0，所以 K=R1，由于 L=0，所以 R2=M，所以输出 GRE072MY 未发生变化，所以 G 棒不会发生变化。

注：如 GRE072CE2 故障叠加 GRE072CEA 故障，则会导致 A1 为 1，导致 S1=K，此时就会导致输出 GRE072MY 发生变化，就会对 G 棒产生影响，此时会产生 RGL021KA，需要将 G 棒放置手动控制。

c. 逻辑量卡件 GRE072CEA 与 GRE072CEB 无论单个卡件故障还是两个卡件同时故障，均不会导致输出 GRE072MY 变化，故不会影响 G 棒动作。

③ 其他模拟量

其他模拟信号处理方式与“72：汽轮机负荷参考值”类似，在此不再赘述。下面将其他几个模拟输入以表格形式进行总结，具体内容请结合图 5-11、图 5-13 自行分析。

a. 74 汽轮机开度参考值

汽轮机开度参考值正常运行时未投入，在图 5-11 中的 105 信号（汽轮机负荷速降）触发，RGL006XR（选择器）会将二回路负荷由“72 汽轮机负荷参考值”切换至“74 汽轮机开度参考值”，决定 G 棒整定棒位的生产。所以在正常运行期间，无汽轮机负荷速降信号，仅“74 汽轮机开度参考值”相关卡件异常对机组运行无任何影响（见表 5-2）。

**表 5-2 汽轮机开度参考值**

| 信号输入 | GRE | | | |
|---|---|---|---|---|
| | 模拟量 | | 逻辑量 | |
| 信号名称 | GRE074MY1A | GRE074MY2A | GRE074MY1B | GRE074MY2B |
| 卡件名称 | GRE074CE1 | GRE074CE2 | GRE074CEA | GRE074CEB |
| 信号输出 | GRE074MY | 汽轮机负荷速降期间参与 G 棒控制 | | |
| | RGL511KM | KIC 中显示 | | |

续表

| 信号输入 | GRE | |
|---|---|---|
| | 模拟量 | 逻辑量 |
| 卡件输出异常上升 | 在汽轮机负荷速降信号触发后，其对 G 棒影响与控制方式与 GRE072MY 一致，无负荷速降信号，汽轮机开度参考值不起作用，对 G 棒控制无影响 | |
| 信号输出异常下降 | | |
| 卡件失电 | | |

b. 76 汽轮机进气压力设定值

汽轮机进气压力设定值正常运行时是不投入运行的，如图 5-11 中所示，汽轮机进气压力设定值（表 5-3）与“82 操纵员蒸汽流量限值”两者仅经 RGL001ZI 先择后送到选择器 RGL001XR，但是选择器 RGL001XR 正常情况下选择设定值 1200，仅在信号 79 Line B incontrol 生效后，RGL001XR 才会选择汽轮机进汽压力设定值与操纵员蒸汽流量限值经 RGL001ZI 的输出值，所以机组正常稳定运行期间，其单个卡件故障对机组运行无影响。

**表 5-3　汽轮机进气压力设定值**

| 信号输入 | GRE | | | |
|---|---|---|---|---|
| | 模拟量 | | 逻辑量 | |
| 信号名称 | GRE076MY1A | GRE076MY2A | GRE076MY1B | GRE076MY2B |
| 卡件名称 | GRE076CE1 | GRE076CE2 | GRE076CEA | GRE076CEB |
| 信号输出 | GRE076MY | 在 Line B control 信号生效与操纵员蒸汽流量信号的小选者参再经 RGL002ZI 参与 G 棒控制 | | |
| | RGL507KM | KIC 中显示 | | |
| 卡件输出异常上升 | 因信号经过 RGL001ZI 选择，信号异常上升即时 Line B control 信号投入对机组运行也无实质影响 | | | |
| 信号输出异常下降 | 单纯一个卡件异常下降对 G 棒控制无影响，结合 line B control 信号，如果信号低于二回路负荷信号可能导致 G 棒下插，需要将 G 棒手动控制 | 无影响 | 无影响 | 无影响 |
| 卡件失电 | 无影响，自动切至 GRE076MY2A | 无影响 | | |

c. 82 操纵员蒸汽流量限值

其相关影响同信号“76 汽轮机进气压力设定值”，在此不再赘述。

d. 78 频率控制信号

机组正常运行 G 棒在堆顶情况如果卡件输出异常上升，对机组实际运行无实际影响，对于 G 棒不再堆顶情况，可能导致 G 棒异常提升，由于二回路负荷无实际变化，R 棒下插，需要将 G 棒手动控制；如初始存在频率控制信号存在，卡件输出异常下降，此时可能导致 G 棒异常下插，可能出现 RGL021KA，实际电功率无变化，需 G 棒手动控制。详见表 5-4。

**表 5-4 频率控制信号**

<table>
<tr><td rowspan="2">信号输入</td><td colspan="4">GRE</td></tr>
<tr><td colspan="2">模拟量</td><td colspan="2">逻辑量</td></tr>
<tr><td>信号名称</td><td>GRE078MY1A</td><td>GRE078MY2A</td><td>GRE078MY1B</td><td>GRE078MY2B</td></tr>
<tr><td>卡件名称</td><td>GRE078CE1</td><td>GRE078CE2</td><td>GRE078CEA</td><td>GRE078CEB</td></tr>
<tr><td rowspan="2">信号输出</td><td>GRE078MY</td><td colspan="3">与汽轮机负荷参考值相加参与 G 棒控制</td></tr>
<tr><td>RGL509KM</td><td colspan="3">KIC 中显示</td></tr>
<tr><td>卡件输出异常上升</td><td>GRE078MY 实际输出增加，可能导致 RGL021KA 出现，G 棒在堆顶运行无实质性影响；对于 G 棒未在堆顶情况会导致 G 棒自动提升，RGL021KA 会出现，二回路实际负荷无变化，需要 G 棒手动控制</td><td>无影响</td><td>无影响</td><td>无影响</td></tr>
<tr><td>信号输出异常下降</td><td>如初始存在频率控制信号存在，此时可能导致 G 棒异常下插，可能出现 RGL021KA，实际电功率无变化</td><td>无影响</td><td>无影响</td><td>无影响</td></tr>
<tr><td>卡件失电</td><td>无影响，自动切至 GRE078MY2A</td><td>无影响</td><td>无影响</td><td>无影响</td></tr>
</table>

e. 83 频率控制

该信号功能与“78 频率控制信号”类似，只是该模拟量在汽轮机非自动方式时起作用，不再赘述。

④ RPCC 输出信号

a. 提棒信号

• RGL409CS 故障导致信号一直触发，此时可导致 G 棒持续上提，直至 615 步停止，降功率 G 棒不跟随，发现异常需要手动控制；

• RGL409CS 故障为 0，可能导致提棒命令无法发出，升功率 G 棒不跟随，需手动控制 G 棒；

b. 插棒信号

• RGL410CS 故障导致信号一直触发，此时可导致 G 棒持续下插，直至 0 功率棒位停止，升率 G 棒不跟随，发现异常需要手动控制；

• RGL410CS 故障为 0，可能导致插棒命令无法发出，降功率 G 棒不跟随，需手动控制 G 棒。

c. 棒速信号

RGL403CS 故障可能导致功率棒的提升或者下插控制的棒速发生变化，导致一二回路无法自动匹配，此时需要维持功率稳定。

# 5.6 反应堆温度控制

## 5.6.1 功能

平均温度控制系统通过测量一回路平均温度，与平均温度整定值比较后，经调节器产生调节信号，驱动 R 棒组，改变反应堆的反应性，从而维持一、二回路功率的匹配，使一回路平均温度等于其整定值，如图 5-15 所示。

对于小的温度偏差，R 棒组低速运行，引入少量的反应性，实现更精细的反应堆冷却剂平均温度控制；对于大的温度偏差，R 棒组可以快速运行，满足反应堆冷却剂平均温度控制的需要。R 棒组最小棒速为 8 步/min，最大棒速为 72 步/min。

温度棒具有较大的棒价值，根据堆芯温度测量值与目标值之间的差别，RPCC 可变棒速驱动程序输出的可变棒速范围为最小 8 步/min，最大 72 步/min，实现温度棒在低速运动时引入微小的反应性变化，以便以很小的温度死区对反应堆冷却剂平均温度进行精细调节；而在高速运动时快速调节堆芯温度，防止堆芯过冷或过热。

## 5.6.2 反应堆平均温度调节原理

（1）执行机构

RGL 分别由棒控子系统和棒位指示监测子系统以及控制棒组件组成。控制棒采用中子吸收截面大的材料制成。常用的材料为银-铟-镉，其含量分别为 80%-15%-5%。

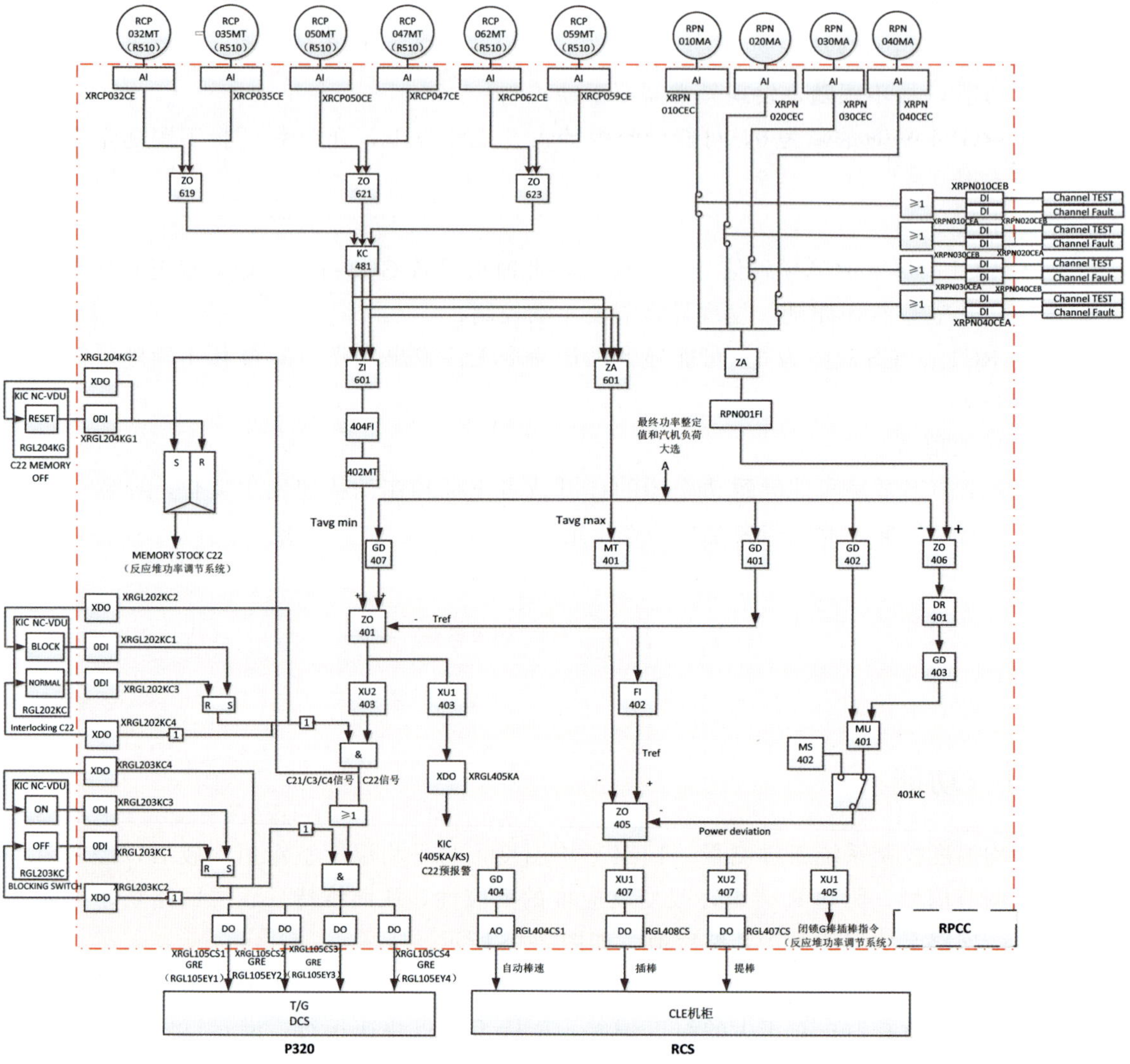


图 5-15　平均温度控制系统原理图

一般都采用束棒的形式，即在燃料组件中的导向管内插入一束控制棒，也称控制棒组件。它是由传动杆带动的 24 根中子吸收体组成。24 根吸收体可以在燃料组件中的导向管内移动。R 棒为黑棒，24 根中子吸收体全是银-铟-镉材料。

控制棒驱动机构（CRDM）是一种步进式的提升机构，用来使控制棒组件在堆芯内提起、插入或保持在适当的位置，以实现反应性的控制。每个控制棒组件都由单独的控制棒驱动机构操作，因此共有 61 个驱动机构。

控制棒驱动机构由销爪组件、驱动杆、压力外壳、操作线圈和单棒位置指示线圈组成。在失去电源时（例如紧急停堆），控制棒靠重力落入堆芯。控制棒从最高位置自由下落到最低位置（包括缓冲段）的时间最长为 3.2 s，下落至缓冲段允许的最长时间为 2.15 s。

棒位测量是通过棒位测量探头 CPB10 对棒位的感应来完成测量的，CPB10 是钢筒式探头，贯串控制棒的全部行程。其内部布有线圈，线圈分为初级线圈（primary）、次级线圈（secondary）、辅助线圈（auxiliary）。

（2）最终功率整定值

汽轮机旁路系统运行时，汽轮机进汽压力信号不能代表二回路总负荷。在这种情况下，人为设置一个功率数值，它就称为最终功率整定值。设置了最终功率整定值之后，反应堆即产生一个大于汽轮机负荷的功率，以便汽轮机负荷增加时快速跟踪。

如果超高压断路器断开或汽轮机脱扣之前汽轮机负荷大于等于 30%FP，最终功率整定值设置为 30%FP；当超高压断路器断开或汽轮机脱扣之前汽轮机负荷小于 30%FP，最终功率整定值设置为当时的汽轮机负荷值；当汽轮机旁路系统置压力模式时，最终功率整定值即为压力整定值所对应的功率。

最终功率整定值信号一路直接输往汽轮机旁路系统，一路经加法模块和隔离模块转换为模拟电流信号输往反应堆功率调节系统，如图 5-16 所示。

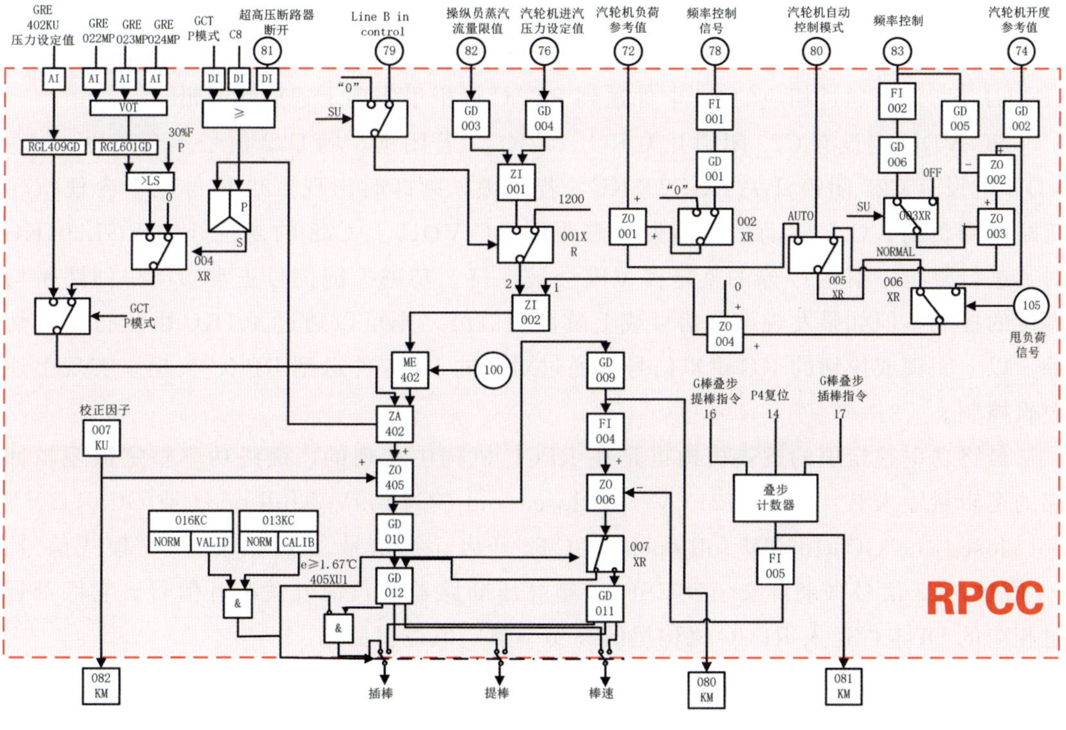


图 5-16 最终功率整定值生成原理图

（3）DCS 信号输入、输出与逻辑处理过程

宁德核电采用 DCS 控制后，一回路平均温度控制与原有的 M310 机组，在原理上

是一致的（见图 5-16），但是一回路平均温度控制处理过程存在较大的不同点，除了采用了智能化的 VOTER 单元后，通过 CPR1000 的 DCS 结构布置将 RPCC 机柜、RGL 机柜信号传递联系起来，实现 R 棒手自动控制。在输入、输出单元采用了 NM 系列的卡件，主要目的是对信号的输出与输入起到了隔离与转换的作用，而逻辑运算单元采用了 DPU 模块计算且相互冗余，确保了单一故障原则，一回路平均温度控制在 DCS 中的处理过程总图如下所示：

① DCS 信号输入

RCP032MT/035MT 测量一回路一环路平均温度，RCP050MT/047MT 测量一回路二环路平均温度，RCP062MT/059MT 测量一回路三环路平均温度。量程为 275～345 ℃。这些温度传感器通过 RPCC 机柜里的 AI 卡件送到 RPCC 机柜里实现上述逻辑控制。

除此之外，RPN010/020/030/040MA 也通过相应的 AI 卡件送到 RPCC 机柜里。正常情况下，一回路功率 $P_1$ 是四个功率量程核仪表测得的核功率中的最大值。在某个功率量程仪表故障的情况下为了避免对平均温度自动控制的影响，可以通过在对应功率量程机柜上置“TEST”位将该故障的功率量程仪表剔除。同时，功率量程机柜如触发“FAULT”信号，也会将该故障的功率量程仪表剔除。这些“TEST”位和“FAULT”信号通过相应的 DI 卡件送到 RPCC 机柜里实现上述剔除逻辑。

NC-VDU 上设有 C22 闭锁开关 RGL202KC，若闭锁，则 C22 信号不会产生；NC-VDU 上设有 C22 闭锁开关 RGL203KC，若闭锁，则即时出现 C22 信号也不会使汽轮机断续降负荷；C22 驱动信号消失后需要用 NC-VDU 上 C22 的复位开关 RGL204KG 对其进行复位，不然 G 棒的整定棒位则会被保持；功率失配信号正常参与一回路平均温度的控制，但如果发现该路信号或上游仪表故障，则可以通过 401KC 由运行手动切除。以上闭锁或投切的 KC 逻辑信号都通过对应的 DI 卡件送到 RPCC 机柜里实现上述逻辑控制。

最终功率整定值的逻辑机构也是在 RPCC 机构中实现的。最终功率整定值逻辑回路的逻辑量输入有：“GCT121VV not closed and GCT109VV full open 或 GCT117VV not closed and GCT105VV full open” GCTc 开启运行信号、GCTc 的 P/T 模式信号、P4 信号、C8 信号（来自安全级 ESF）、超高压断路器及负荷开关断开信号。它们都通过相应的 DI 卡件送入 RPCC 机构里的终功率整定值逻辑回路。

最终功率整定值逻辑回路的模拟量输入有：汽轮机进汽压力信号 GRE022/023/024MP 以及 GCTc 整定值信号。它们都通过相应的 AI 卡件送入 RPCC 机构里的终功率整定值逻辑回路。

② DCS 信号输出

这些控制信号经过 RPCC 机柜的处理后形成 R 棒的自动提插棒信号和自动棒速信

号，其中 R 棒的自动提插棒信号通过相应的 DO 卡件输出到 RGL 的 CLE 机柜，R 棒的自动棒速信号通过相应的 AO 卡件输出到 RGL 的 CLE 机柜。最终通过 RGL 的 PWE 机柜将 R 棒的动棒指令输送到 CRDM。

除了形成 R 棒的动棒指令给 CRDM 之外，在 RPCC 中还会形成除了 C22 之外还有 C3、C4、C21 的来自核岛的汽轮机甩负荷信号，它通过对应的 DO 卡件送到 T/G DCS 中。

（4）采用 DCS 控制后的安全特性

二回路功率、一回路平均温度最大值、一回路实际功率最大值等参数送到 PRCC 中。二回路功率在 RPCC 中经过函数运算生成一回路对应温度的整定值 $T_{ref}$，一二回路功率偏差经过函数处理转换为一二回路功率偏差对应的温度偏差，一回路温度的整定值减去一回路平均温度最大值 $T_{avgmax}$ 减去一二回路功率偏差修正后的温度得到总的温度偏差 $e$，用于 R 棒的控制。

计算出的总的温度偏差在 RPCC 中分别与 RGL407XU1（低阈值继电器），RGL407XU2（高阈值继电器）进行与之比较，计算结果分别经 DO 卡件 RGL408CS，RGL407CS 产生下插与提升信号，送到 RCS（棒控系统），进而通过 CRDM（控制棒驱动机构）驱动 R 棒动作，其信号处理过程如图 5-17 所示。

由图 5-17 可知，温度调节棒在自动模式逻辑信号的输出（R 棒的上提信号与下插信号），均是通过 DO（数字量输出）卡件（RGL407/408CS）送到 RCS 系统，再驱动 R 棒动作，如果 DO 卡件故障将会对一回路温度自动控制产生严重影响，它将导致 R 棒不能按照正常逻辑引入或正或负反应性，或使 ATWT（丧失正常给水的 ATWT）设计假设失效，若干预控制不及时，严重时可能导致机组甩负荷甚至反应堆停堆或者堆芯超温超压安全阀动作。

注：R 棒的手动信号不经过该 DO 卡件；R 棒手动信号直接送到 RCS。

（5）逻辑输出卡件故障

根据 DCS 机组的经验反馈，R 棒的 DO 卡件可能出现失电，卡件长时间运行导致银离子迁移误发“1”信号或者“1”信号无法触发而是始终保持在“0”状态。下面以 RGL408CS 的 DO 卡件为例，RGL408CS 为 RPCC 中一回路温度控制，温度偏差 $e$ 经过阈值继电器 RGL407XU1 阈值比较后输出向下插棒信号的卡件（如图 5-17 所示），具体分析如下。

① RGL408CS 卡件失电

a. 失电现象

- 卡件失电，主控会触发 KCS 相关故障报警与相关仪控报警；
- 根据机组卡件失电后的模式，将会导致 RGL408CS 的输出一直为“0”，R 棒在温度偏差 $e$ 大于－0.83 ℃以后，R 棒未能自动下插；

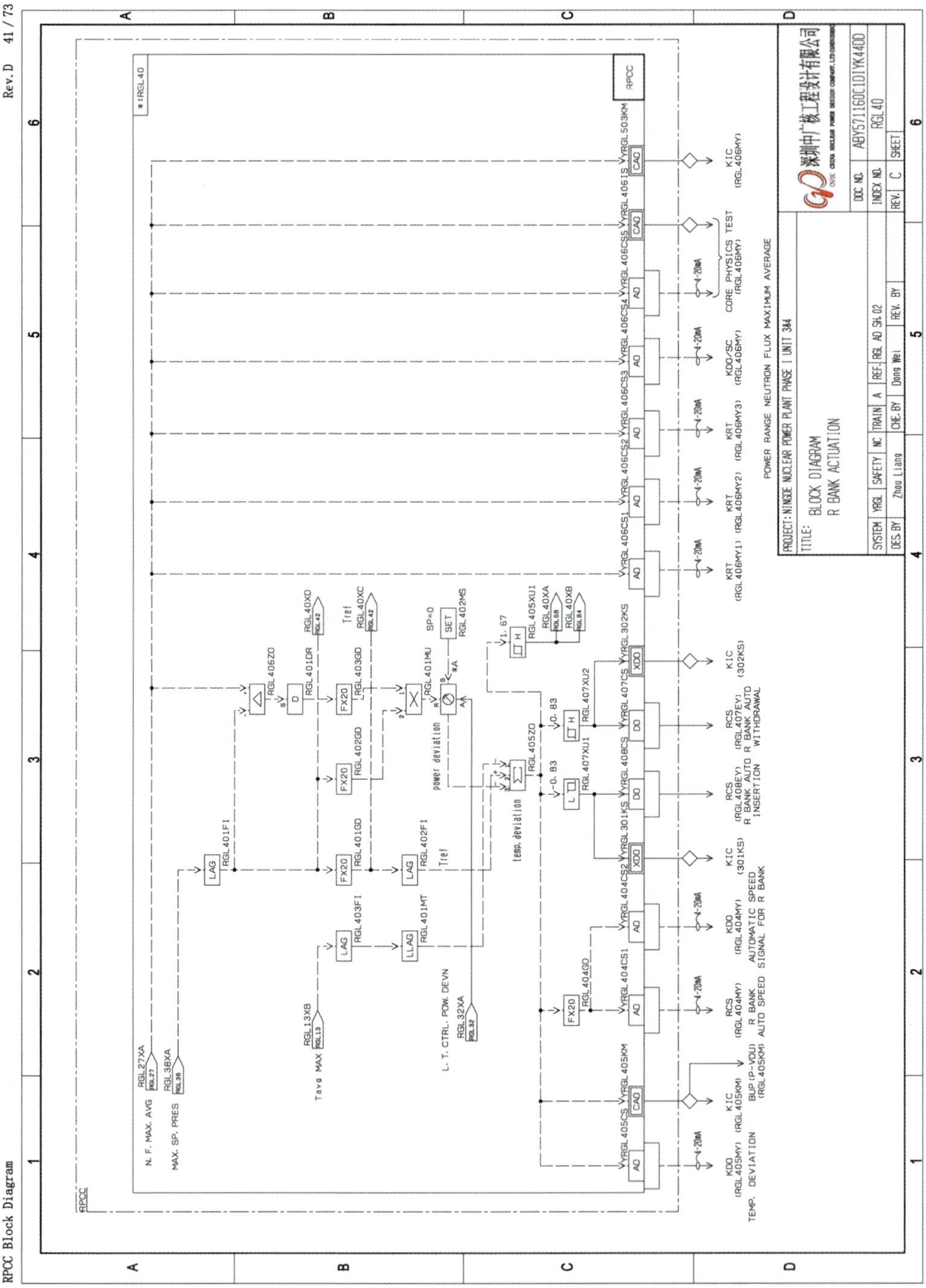


图 5-17 一回路温度调节信号处理原理图

• 一回路实际温度 RGL403KM 大于 RGL404KM，且温度偏差可能持续增加；

• 一回路温度上升，导致一回路压力上升，一回路喷淋阀可能开启；

• 在未通过稀释或者降功率匹配情况下机组可能出现 RGL407KA（一回路平均温度高）；

• R 棒可以手动下插；

• R 棒可以自动提升。

b. 影响分析

• R 棒无法自动下插；

• 无法及时通过 R 棒自动下插来降低堆芯温度，导致堆芯过热，导致轴向功率偏差向左移动；

• 一回路温度上升，导致一回路压力上升，存在超运行技术规范（152.9～157.1 bar.a）风险；

• 若过热加剧，主控未及时采取措施，严重时可能触发 C3 或者 C4 信号，导致机组甩负荷；

• 由于 RGL408CS 失电导致 R 棒不能自动下插，不满足 ATWT（丧失正常给水的 ATWT）的设计假设，所在在发生丧失正常给水的 ATWT 时可能导致一回路超压。

c. 建议干预措施

• 首先需要保持机组参数稳定，暂停会导致负荷变化的操作，不要提升二回路负荷；

• 其次，如前描述 RGL408CS 为输出为数字量信号，信号送达 RCS 进而送至 CRDM 驱动 R 棒，其仅对 R 棒自动提升信号起作用，不影响手动插棒信号，此时最直接有效的措施就是将 R 棒手动，通过手动下插 R 棒来降低一回路温度（当然硼化也可）；

• 若机组在负荷变化过程中，机组存在校正因子，可考虑减少校正因子用功率棒暂时补偿 R 棒，但需要关注轴向功率偏差；

• 通知仪控立即更换故障的卡件。

② RGL408CS 因卡件故障误发“1”信号

a. 卡件故障输出“1”的现象

• 机组稳定工况即使温度偏差 $e$ 为 0，R 棒也会自动下插；

• 一回路温度、压力持续下降，稳压器通断时加热器无法补偿压力；

• RGL013/014QM 开始时随着 R 棒的真实下插而减小，但温度偏差 $e$ 大于 +0.83 ℃以后，RGL013/014QM 由于接到逻辑提棒信号，插棒与提棒信号存在，RGL013/014QM 保持不变，为一条直线；

• 由于 R 棒下插信号优先，在偏差 $e$ 大于 +0.83 ℃后，实际棒位也未真实上提，而是持续下插，故 RGL027/030MM（R 棒实测棒位）显示持续不断减小；

• 同样由于 R 棒下插信号优先，在偏差 $e$ 大于＋0.83 ℃后，实际棒位也未真实上提，而是持续下插，所以会看到 RGL405KM（温度偏差 $e$）并未呈现“锯齿状”，而是持续增加；

• R 棒下插信号一直存在，但温度偏差 $e$ 达到＋0.83 ℃时 R 不会上提，但逻辑计算棒位（RGL013/014QM）会计算提升棒位，随着时间持续导致 R 棒动态失步报警 RGL023KA 触发，如未及时干预还会出现 RGL019KA，进而出现 RGL406KA（平均温度低报警）、RGL405KA（C22 预报警）、RCP445KA（稳压器压力低）等严重报警；

• 如持续未干预将会触发 RGL521KA（C22 信号），导致机组甩负荷，由于 R 棒持续下插，将为导致一回路温度会持续降低，最终将会因一回路压力 L3＋P7 导致反应堆跳堆；

• 在 R 棒对应画面 RGL003YCD 上 RGL070/071/011/719KS 灯可能会点亮，R 棒棒位柱状图持续向下与 RGL013/014QM 数据偏差逐渐扩大。

b. 影响分析

• 如上述现象可知，在 RGL408CS 故障触发 1 后，直接影响是导致 R 棒持续下插，如未干预将会导致 C22 触发，导致机组甩负荷；

• 由于逻辑计算棒位与实际棒位不一致（低于需求值），导致触发控制棒失步报警（RGL023KA）与 R 棒故障报警（RGL019KA）；

• R 棒由于下插优先，导致一回路核功率快速下降，一回路温度下降，温度下降又导致温度下降，C22 甩负荷信号无法补偿一回路温度下降，导致一回路压力低低低＋P7 触发反应堆自动停堆，若叠加操纵员误操作，可能导致一回路压力低 4，导致安注触发。

c. 建议干预措施

• 在确认 R 棒失步报警后，按照报警卡将 R 棒手动控制；

• 若干预不及时 R 棒持续下插，可能导致 C22 信号触发，机组甩负荷，此时人需要及时将 R 棒手动控制，否则 R 棒会持续下插直至 C12 出现，C22 甩负荷信号无法补偿一回路核功率下降速率，会导致一回路保护动作，而触发停堆；

• 在 R 棒手动后，机组参数恶化的直接原因解决，在确认故障前可以降功率维持一二回路平衡；在确认故障后可以手动提升 R 棒，恢复一二回路平衡；

• 在确认故障后，将 R 棒手动控制后，可通知仪控协助将 RGL013/014QM 修改未与实际棒位一致，消除 RGL023/019KA；

• 主控通过 R 棒的 MM 来监视 R 棒实际棒位；

• 要求仪控立即排除卡件故障。

③ RGL408CS 因卡件始终保持“0”信号

RGL408CS 因卡件故障，如通讯故障将导致 RGL408CS 持续输出未“0”，主控可能有 KCP 相关仪控故障报警，其他现象、影响以及干预措施与 RGL408CS 卡件失电故障基本一致，不再赘述。

# 5.7　汽轮机旁路排放控制

## 5.7.1　汽轮机旁路向凝汽器排放

（1）功能

当反应堆功率与汽轮机负荷不一致时，汽轮机旁路排放系统通过把多余的蒸汽排向冷凝器、除氧器和大气为反应堆提供一个“人为”的负荷，从而避免核蒸汽供应系统（NSSS）中温度和压力超过保护阈值，确保电厂的安全。

① 允许电厂承受突然负荷减少（可达到 100%外电网负荷）而不会引起反应堆紧急停堆，也不会引起稳压器或蒸汽发生器释放阀或安全阀开启。手动切换到厂用电负荷运行时，也能防止稳压器安全阀开启。

② 在一定条件下，允许汽轮机跳闸而不会发生反应堆紧急停堆。

③ 允许反应堆承受超过 10%额定功率的负荷阶跃下降和超过每分钟 5%额定功率的负荷线性下降。

④ 当反应堆紧急停堆时：

- 防止过度的反应堆冷却剂升温以及蒸汽发生器释放阀和安全阀的开启。
- 使反应堆冷却剂系统导出储能和余热，并将 $T_{avg}$ 带至零负荷温度。
- 允许手动控制将电厂从热停堆工况冷却到余热导出系统投入的工作点。
- 允许在汽轮机启动之前将二回路系统加热以及在控制棒手动控制功率范围内（0～15%），使汽轮机加载。

（2）汽轮机旁路排放系统（GCTc）调节原理

如图 5-18 所示，蒸汽排放控制是根据测量温度进行的。如果参考温度 $T_{ref}$（根据汽轮机进汽室压力测量值）与平均温度 $T_{avg}$（高选值且经过超前/滞后补偿）的差值超过预定的数值，而联锁条件也得到满足，则有一个信号去启动蒸汽排放，以保持反应堆冷却剂温度在限制范围之内，直到达到新的平衡工况。

① 执行机构

GCTc 共有 15 个排放控制阀，类型为球阀。分为 4 组：

- 第 1 组 3 个阀门（GCT113VV、GCT117VV、GCT121VV），排放容量为 18.2%额定流量，排向冷凝器；
- 第 2 组 3 个阀门（GCT115VV、GCT119VV、GCT123VV），排放容量为

18.2%额定流量，排向冷凝器；

• 第 3 组 6 个阀门（GCT114VV、GCT116VV、GCT118VV、GCT120VV、GCT122VV、GCT124VV），排放容量为 36.6%额定容量，排向冷凝器；

• 第 4 组 3 个阀门（ADG003VV、ADG005VV、ADG007VV），排放容量为 12.5%额定容量，排向除氧器。

排放控制阀在气路上设有三个三通的电磁阀 S1、S2、S3。其中电磁阀 S2、S3 上设有两路冗余的允许开启信号，只有当两路允许信号存在时，三通电磁阀的 1→3 通（3→2 不通），阀门才能开启。这时调制信号经电/气转换控制器把开度电信号转换为成比例的气压信号进入气动执行机构控制排放阀开度。当有快开信号时，S1 的 2→3 通（1→3 不通），将电/气转换控制器旁路，压缩空气直接进入气动执行机构使排放阀快速开启。当允许开启信号不存在时，电磁阀 S2、S3 的 3→2 通（1→3 不通），排放控制阀驱动机构失压，阀门关闭，这时即时有阀门开启信号也不能打开阀门，如图 5-19 所示。

② GCT 的控制模式

a. 压力模式：

此模式用于维持蒸汽集管压力接近于给定的手动预定值，控制回路是比例积分回路。此通道利用蒸汽母管压力控制器（手动选择）控制排放到冷凝器的蒸汽流量以导出余热。该控制器控制第 1 和第 2 组蒸汽排放阀。这些阀门也就是用于汽轮机跳闸、反应堆紧急停堆后的初始瞬态过程的那些阀门。

b. 温度模式：

此模式用一回路平均温度实测值与其整定值之差及最终功率整定值和汽轮机负荷偏差作为信号，使 GCTc 各组排放阀门在一二回路负荷不匹配时自动开启。为了防止在小的负荷扰动时蒸汽排放动作，设置了一套独立的甩负荷检测功能。该功能可以检测出汽轮机负荷的下降速率。汽轮机负荷是利用汽轮机冲击室压力测得的。当甩负荷的速率超过定值时，即相当于大于 10%的阶跃负荷降低或持续的 5%/min 的线性负荷降低，则蒸汽排放阀前 2 组解除联锁；当大于 50%的阶跃负荷降低，全部排放阀解除联锁。该模式用于高负荷（机组功率＞15%FP）且反应堆处于自动控制状态。

③ DCS 信号输入、输出与逻辑处理过程

宁德核电采用 DCS 控制后，汽轮机旁路排放系统（GCTc）控制与原有的 M310 机组，在原理上是一致的，但是信号的处理过程存在较大的不同点，除了采用了智能化的 VOTER 单元后，通过 CPR1000 的 DCS 结构布置将 KCS 机柜、KCP 机柜信号传递联系起来，实现了 KCS 安全级信号参与 KCP 非安级机柜进行控制逻辑运算。在汽机旁路排放系统（GCTc）控制逻辑 KCP 机柜与就地设备输入、输出部分采用了 NM 系列的卡件，主要目的是对就地信号的输出与输入起到了隔离与转换的作用，汽机旁路排放系统（GCTc）控制在 DCS 中的处理过程总图如下所示：

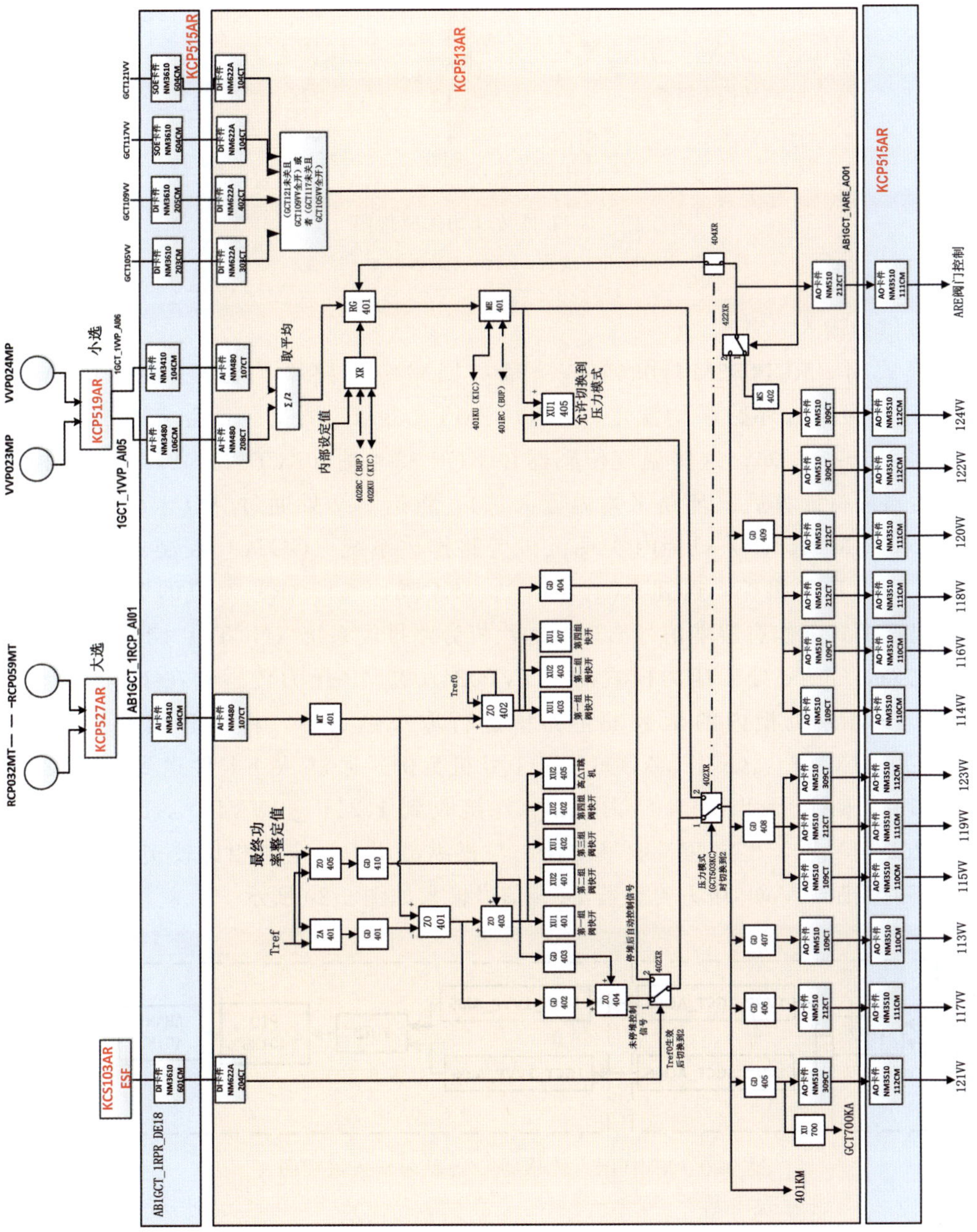


图 5-18　汽轮机旁路排放系统(GCTc)原理图

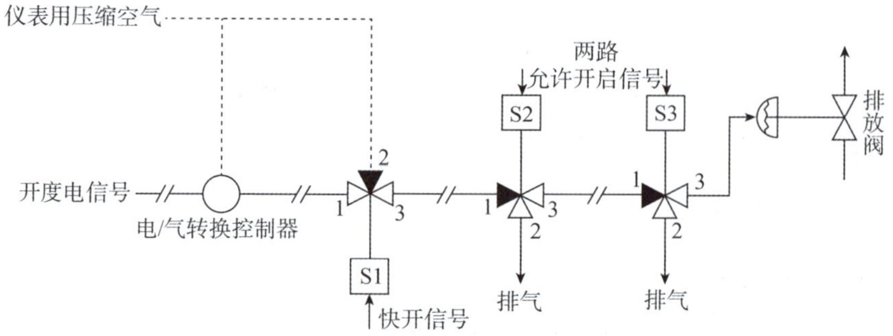


图 5-19　GCT 排放阀动作原理图

注：S1 激磁时 2-3 接通；S2、S3 激磁时 1-3 接通。

a. DCS 信号输入

温度模式时，RCP032MT/035MT 测量一回路一环路平均温度，RCP050MT/047MT 测量一回路二环路平均温度，RCP062MT/059MT 测量一回路三环路平均温度，量程为 275～345 ℃。这些温度传感器在 KCP 33＃站（KCP525/527AR）机柜内的函数发生器进行计算后（环路平均温度大选），将运算结果通过 AO 卡件送到 KCP 30＃站（KCP513/515AR）机柜内实现汽机旁路排放系统（GCTc）控制。P4 信号通过 KCS103AR（ESF 机柜）送到 KCP 30＃站（KCP513/515AR）对应的 DI 卡件，从而实现在温度模式下如有停堆信号出现时的汽机旁路排放系统（GCTc）控制。

除此之外，GCTc 处于压力模式时，VVP024/025MP 压力传感器在 KCP 31＃站（KCP517/519AR）机柜内的函数发生器中进行取小选运算，将运算结果 1VVP _ 1GCT _ AO05/1VVP _ 1GCT _ AO06（以 1 号机为例）通过 AO 卡件送到 KCP 30＃站（KCP513/515AR）。当 30＃站内 AI 卡件接收到 1GCT _ 1VVP _ AI05/1GCT _ 1VVP _ AI05 信号后，再将两者取平均值，与操纵员压力设定值相比较实现 GCTc 在压力模式下的控制，VVP 压力传感器 DCS 信号输入如图 5-20 所示。

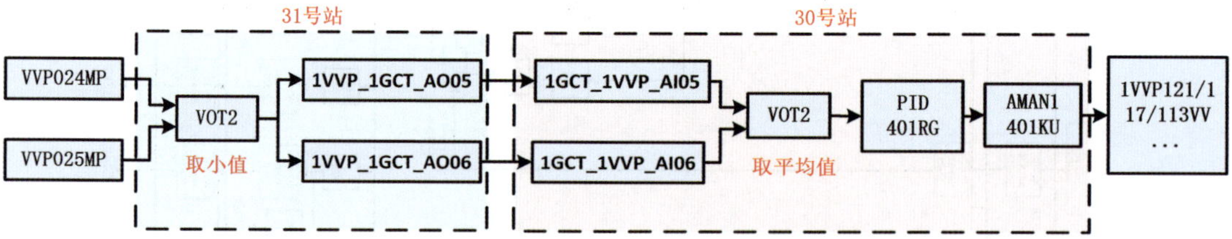


图 5-20　VVP 压力传感器 DCS 信号输入流程图

阀位信号“GCT121VV not closed and GCT109VV full open 或 GCT117VV not closed and GCT105VV full open”通过 KCP 30＃站（KCP513/515AR）机柜相应的 DI 卡件输入并完成逻辑运算，负责将 GCTc 的阀门需求开度信号输送到 ARE 的水位调节控制中。

b. DCS 信号输出

这些控制信号分为两部分，其中快开信号通过 DO 卡件，调制开启信号通过 AI 卡件送至阀门进行阀门的开度控制。其中 ΔT 大于 3 ℃的不可用信号 GCTc 通过 DO 卡件送至 RPC 机柜参与反应堆的保护。

④ 采用 DCS 控制后的安全特性

a. GCTc 控制处于压力模式

压力模式用于维持蒸汽集管压力接近于给定的手动预定值，控制回路是比例积分回路。此通道用于低负荷手动控制棒期间或蒸汽排放开启情况下，以及低负荷长期运行及堆的启动和停闭（此时 RRA 系统已退出）。

• 仪表输入故障

正常运行时，由 VVP024/025MP 经过一个 VOTER 选择器（有 min、signal 1 or signal 2 三个位置，正常在 min 位置，通过 VVP458KC 进行切换）后经过输入卡件，与操纵员在 402KU 中的设定值进行比较，通过控制器 401RG 控制 GCTc 阀门的开度来控制一回路负荷。通过图 5-20 可以发现，当 VVP024/025MP 一个仪表发生测量值向上漂移故障时，对控制系统无影响；当一个仪表发生测量值向下漂移故障时，此低信号被选中，参与 GCTc 压力模式下的控制，表现在控制系统上为实际压力低于整定值，如果 GCTc 阀门之前有开度，则将关小甚至关闭 GCTc 阀门，此时一回路热量无法导出，VVP 实际压力将升高，可能升高到 GCTa 阀门开启定值，这将需要操纵员立即根据故障处理程序要求处理故障，剔除故障通道仪表。

• 机柜输入、输出卡件故障

输入卡件故障也可能产生上述仪表测量值向下漂移的现象，1GCT _ 1VVP _ AI05/1GCT _ 1VVP _ AI06 分别通过 NM3480（106CM）与 NM3410（104CM）输入卡件进入 31＃站，上述任一卡件出现故障均可导致输入值偏低，经过 VOT2 取平均后的值低于 VVP024/025MP 实测值，但是仪表 VVP024/025MP 在 DCS 中仍然显示正常，这就给操纵员的判断和故障处理带来困难，操纵员需要根据现象手动控制 GCTc 的开度来平衡一二回路。

如果输出卡件故障，输出卡件输出对应的阀门执行装置（电气转换控制器），如果该阀门对应的输出卡件故障，则会直接影响到 GCTc 对应阀门的开度控制，可能使阀门开启或者关闭。故障类型类似于输入卡件故障，从仪表上不能判断故障原因，此时需要操纵员根据机组状态来进行故障的判断和机组的控制。

b. GCT 控制处于温度模式

温度模式下 GCTc 开启信号正比于反应堆冷却剂实测温度与由汽机负荷而整定的冷却剂参考温度之差，此回路用于自控运行（如甩负荷、甩到厂用电、汽机脱扣、反应堆紧急停堆）。该模式下，GCTc 的开启有闭锁信号（C7A/C7B），单个仪表或信号故障对 GCTc 的控制没有影响。

如果输出卡件故障，由于阀门有闭锁信号，在阀门关闭情况下，输出卡件故障不会使阀门故障开启。但是，一旦闭锁信号消除，需要 GCTc 阀门开启时，如果输出卡件故障，可能导致阀门无法开启，将会使一回路严重过热，操纵员可根据闭锁信号及开启信号与阀门开启状态是否一致来进行综合判断。

## 5.7.2 汽轮机旁路向大气排放

（1）功能

当向冷凝器排放系统不可用时，汽轮机旁路排放系统（GCTa）才向大气排放。

① 允许将反应堆冷却剂系统冷却至余热导出系统可以投入运行的工作点。

② 控制蒸汽发生器压力在零负荷压力并保持 $T_{avg}$ 接近于热停堆值。

③ 避免蒸汽发生器安全阀的开启，以及使得在瞬态中已打开的安全阀易于关闭。

（2）GCTa 控制设计原理

大气排放阀是根据主蒸汽管线压力测量值与整定值的偏差信号经调节器进行控制。压力整定值在主控室由操纵员可以手动给定，也可由调节器内部设定，此时压力整定值为 7.85 MPa.a。其原理见图 5-21。

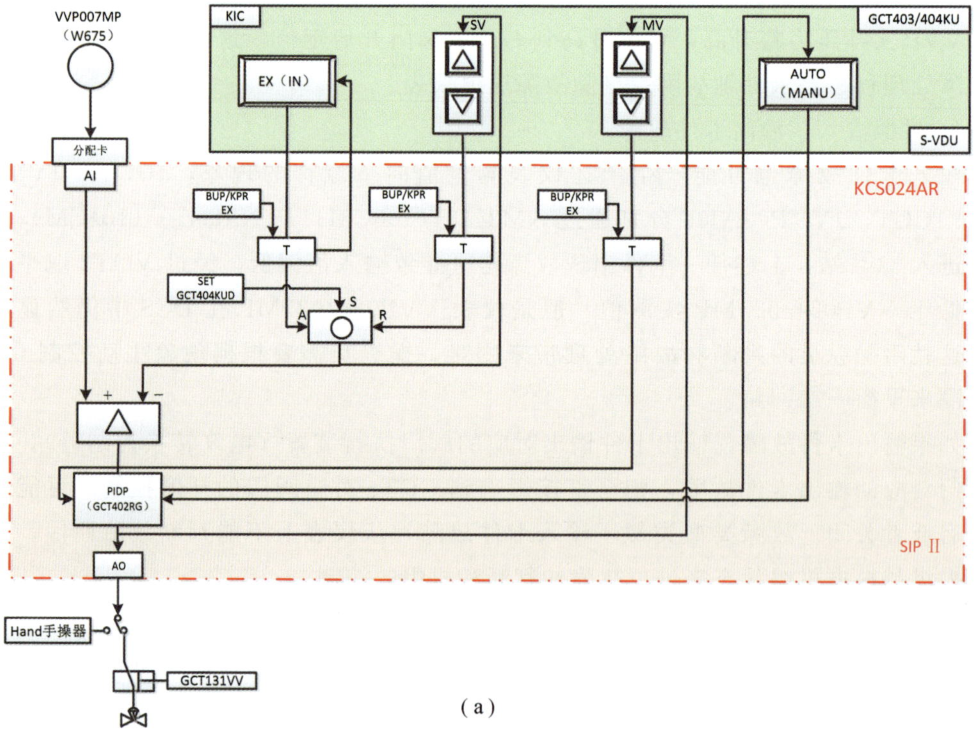


（a）

图 5-21　汽轮机旁路排放系统（GCTa）原理图

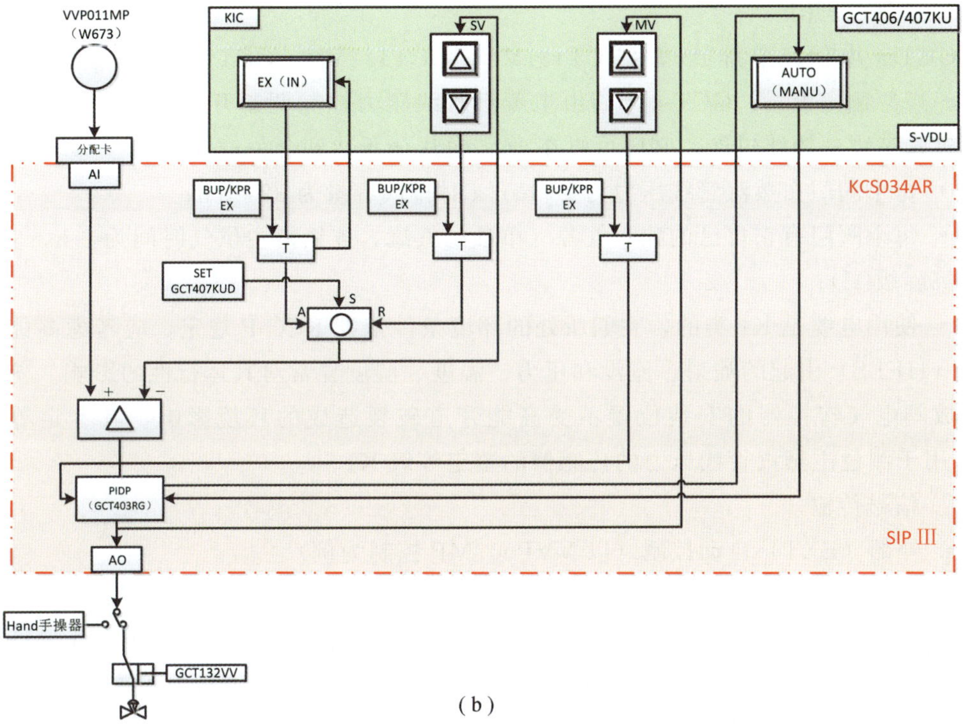


(b)

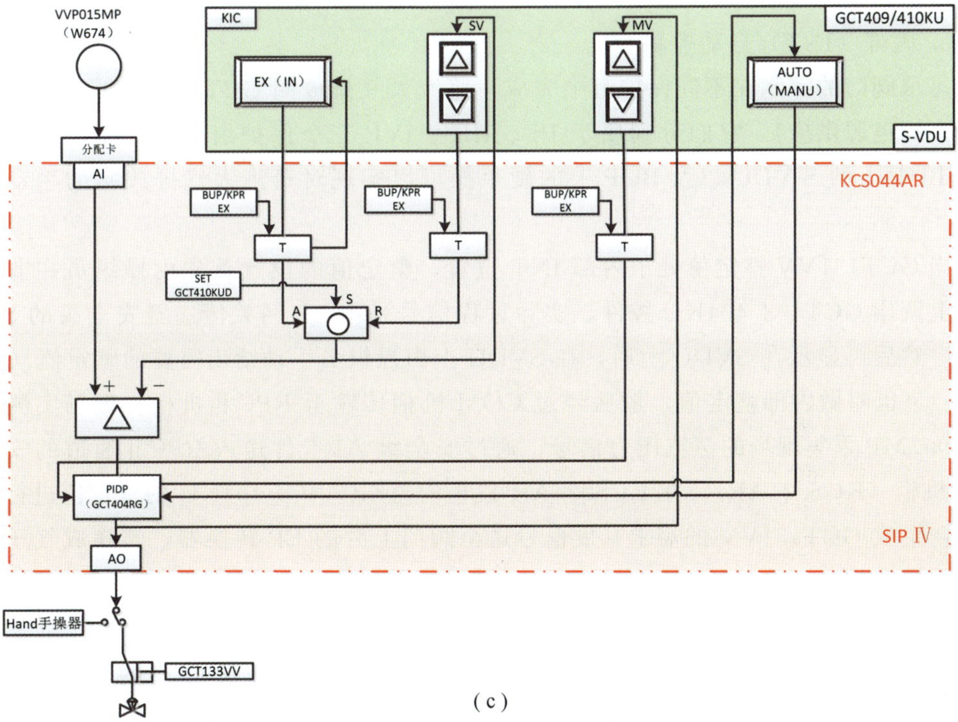


(c)

图 5-21　汽轮机旁路排放系统（GCTa）原理图（续）

（3）执行机构

GCT-a 共有三个排放阀（GCT131VV、GCT132VV、GCT133VV）排放容量为 10%～15%额定流量。GCT-a 阀门由主蒸汽管线压力控制调制开启，为防止阀门关闭时间过长造成一回路过冷，阀门可以在 10 s 内从全开达到全关位置。

• 每个阀门在蒸汽管线压力为 76 bar. a 时排放容量为 324 t/h；

• 每个阀门有它自己的独立气源（单独的气罐，连续自主供气时间为 6 h，安全 3 级，抗震级 1I）；

• 使用电缆是 K1 类的，它们所处的环境条件依据 RCC-P 规定，应考虑高能管道破裂（HELB）引起的喷射、淹没和压力、温度、湿度异常对其运行性的影响。蒸汽大气排放阀电气转换器的安装位置不受高能管道破裂造成的环境影响，其鉴定等级为 K3，用于测量主蒸汽管线压力的传感器的鉴定等级 K1。

① 信号传输

a. 外部（EXT）自动控制（以 VVP007MP 控制为例）

当 GCT131VV 处于自动控制时，整定值处于外部 EXT 位置，定值为 78.5 bar. a，由 GCT403/404KU 整定。VVP007MP 采集现场的蒸汽压力信号，经过 I/O 卡件送入 RPC II 机柜，与 GCT403/404KU 整定的值进行比较运算，生成 GCT131VV 的需求开度信号送至阀门的 EP 转换器，转换为气压信号驱动阀门动作。

b. 内部（INT）自动控制

每个阀门的控制在不同保护组中完成，蒸汽大气排放阀 GCT131VV～133VV（均有独立的电源供应），它们分别属于 IIP、IIIP、IVP 三个保护组进行控制，而且通过 KIC/BUP 上的 S-VDU 以及 BUP 上的硬手操可以实现对蒸汽大气排放阀的手动控制功能。

当 GCT131VV 整定值处于内部 INT 位置，整定值的设置首先由操纵员在非安级 KIC 上调出 GCT403/404KU 控件，实际过程信号是由 L2 网关传递至安全级的 SFOC 机柜，然后再显示在 SVDU 上后，在 SVDU 上由操纵员手动给出需要的整定值（如 70 bar. g），也叫做内部整定值，最后经过 COM 机柜传输至 RPCⅡ机柜。现场实测值如 VVP007MP 采集现场的蒸汽压力信号，通过安全级 AI 卡件送入 RPCⅡ通道的安全级 KCS 机柜（KCS024AR），在 KCS024AR 机柜内与 GCT403/404KU 的整定值进行比较运算，生成 GCT131VV 的需求开度信号送至阀门上游的 EP 转换器，转换成气压信号驱动阀门动作。

c. 手动控制

当 GCT131VV 需要手动控制时，首先由操纵员在非安级别的 KIC 上调出 GCT403/404KU 控件，实际过程信号是由 L2 网关传递至安全级的 SFOC 机柜，然后再显示在 SVDU 上后，在 SVDU 上由操纵员操作 GCT403/404KU 控件将 GCT131VV

置于手动，此时阀门的 EP 转换器不再接收来自就地仪表与上游整定值产生的偏差信号，而是直接接收操纵员在 SVDU 上的手动设定开度信号。

② 仪表故障时的控制（以 VVP007MP 控制为例）

a. 仪表失电故障

当模拟量仪表发生失电后，触发 AUE 质量位信号，该质量位信号直接传输至 GCT403/404KU 控件的 AUTO/MANU 模块，将 GCT131VV 强制置于手动，此时阀门的 EP 转换器不再接收来自就地仪表与上游整定值产生的偏差信号，而是直接接收操纵员在 SVDU 上的手动设定开度信号。

b. 仪表零点漂移

当仪表零点漂移后，虚假的蒸汽压力信号如 VVP007MP 通过安全级 AI 卡件送至 RPCⅡ通道的安全级 KCS 机柜（KCS024AR），与 GCT403/404KU 的整定值进行比较运算，生成 GCT131VV 的需求开度信号送至阀门的 EP 转换器，再转换成气压信号驱动阀门动作，由于是虚假的蒸汽压力信号，导致生成 GCT131VV 的需求开度信号错误，此时需要将阀门至于手动控制。手动控制的信号传输详见上述信号传输章节。

c. 仪表零点漂移

BUP 盘上的 Hand 手操器作为一种多样化的手段，在设计上了考虑了 DCS 机柜发生共模故障时的情况，其控制信号直接用硬接线送往阀门的电气转换器。当 RPC 机柜发生失电故障时，可通过手操器本身的切换开关将 GCTa 阀门切换至 Hand 手操器控制，RPC 的控制输出被旁路，此时由 Hand 手操器手操器来控制阀门的实际开度。Hand 手操器的控制切换不受 KIC/BUP 切换的影响，不论机组处于 KIC 操作模式还是 BUP 操作模式，均可切换至 Hand 手操器控制，但若机组处于 RSS 操作模式时，则无法切换至 Hand 手操器操作。原理图见图 5-22。Hand 手操器的操作方法与原理介绍请见本书 6.7.5 节。

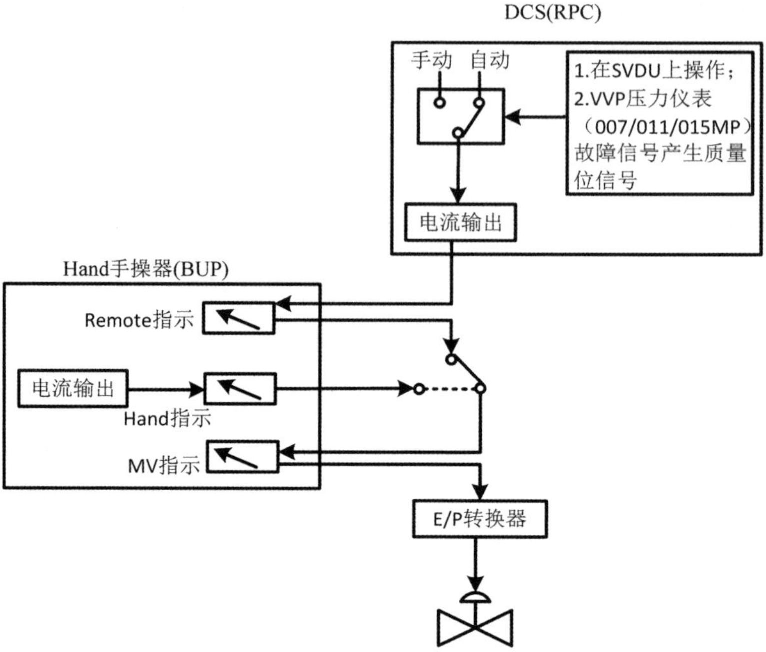


图 5-22 RPC 机柜与 Hand 手操器切换示意图

# 第六章　典型故障及瞬态下 DCS 的控制与响应

## 6.1　DCS 实现保护旁通功能

在电厂功率运行期间，需提供定期试验、校准、维修等功能，此时需要参数旁通或通道旁通，通过合适的表决逻辑退化等措施，确保不影响电厂的正常运行，从而保证电厂的可靠性和可用性。基于法规 IEEE603—1998 要求，在其第 6.7 节中指出当处于维修旁通状态时，安全系统必须保持完成其安全功能的能力，在维修旁通期间，监测指令设施必须继续满足该标准 5.1 节（单一故障准则）和 6.3 节（安全级系统与其他系统影响）的要求。例外的情况是，一部分不能满足 5.1 节和 6.3 节的要求，需证明它有可接受的设备运行可靠性（为了维修旁通而允许退出运行的时间足够短，对整个监测指令设施的可用性没有明显的有害影响）。

M310 机组使用的模拟 RPR 已成功服役几十年，但其老化改造问题显得尤其突出。系统的诊断覆盖率对系统可靠性的贡献很大。而数字化系统（DCS）的逻辑退化在满足可靠度变小、诊断覆盖率很大时会降低系统的风险。结果表明：数字化系统优于模拟系统。下面将介绍采用数字化仪控系统（DCS）后保护旁通功能是如何实现的。

### 6.1.1　MELTAC-NPlus R3 平台保护总体结构

宁德核电项目安全级 DCS 采用日本三菱 MELTAC-NPlus R3 平台，其总体结构如图 6-1 所示，主要由 RPC（Reactor Protection Cabinet）、ESFAC（Engineered Safety Features Actuation Cabinet）、SLC（Safety Logic Cabinet）和 SFOC（Safety VDU Processor Cabinet 等机柜组成。RPC 包括 4 个冗余通道（CHⅠ～CHⅣ），其输出分别对应 8 个停堆断路器，满足单一故障准则，每个通道包括两个子组，每个子组采用冗余的 CPU 结构，冗余的 CPU 之间为主备工作方式。每个通道接收现场来的安全级信号，并进行阈值计算，并将反应堆停堆的阈值计算结果通过 Data-Link 传送给其他 3 个通道；每个通道根据其自身和从其他通道接收的阈值计算结果进行 2/4 表决逻辑计算，根据计算结果驱动相应的停堆断路器；每个通道还将 ESF 驱动功能的阈值计算和逻辑处理结果通过 Data-Link 传送给专设安全设施驱动机柜。ESFAC 和 SLC 机柜均由两重的冗余序列（TrainA 和 TrainB）组成，每列采用并行冗余的 CPU 结构。ESFAC 中的专设驱动子系统接受 RPC 机柜来的计算结果，执行 2/4 表决逻辑计算，并输出系统级专设驱动信号给 SLC 机柜；SLC 接受 ESFAC 的系统级专设驱动指令、ECP 的驱动指令、S-VDU 和后备盘的手动驱动指令，并实现对各路驱动指令的优选后，输出到各设备的驱动指令，如启、停泵与风机，开、关阀门等。

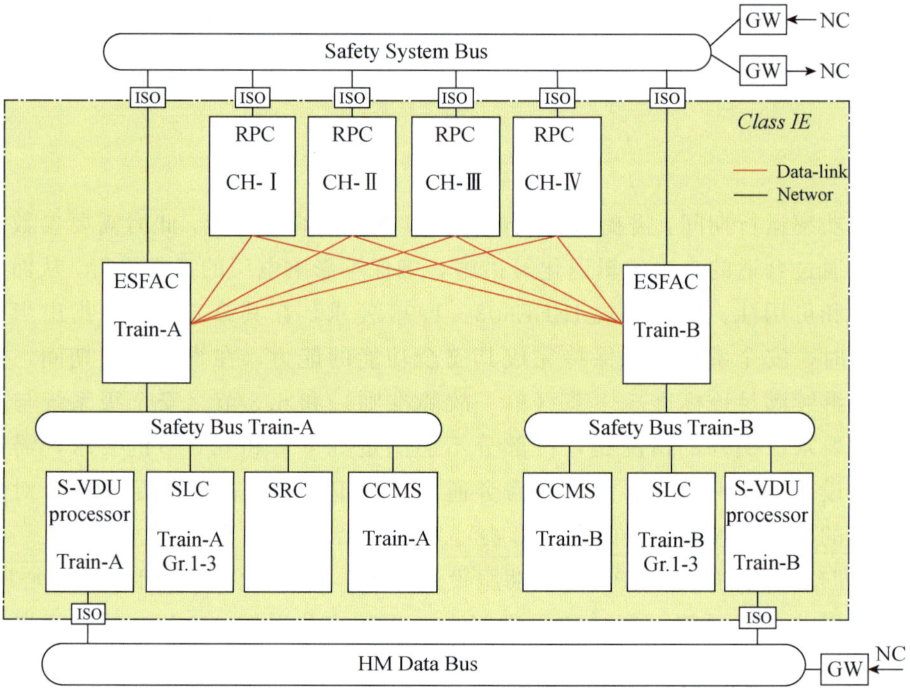


图 6-1　MELTAC-Nplus R3 结构图

## 6.1.2　基于三菱 MELTAC-N 平台保护系统旁通设计方案

（1）参数旁通设计

参数旁通主要应用于单个保护参数仪表在线维修（手动参数旁通）以及传感器信号无效（自动参数旁通），所有参与反应堆停堆保护或者专设安全设施动作的模拟量采集信号都相应地设置了参数旁通按钮，由核电厂仪控人员设置。如果一个参数同时在一个通道内 2 个子组采集，那么 2 个子组都需要设置参数旁通逻辑。RPC 机柜上设置了一系列参数旁通的按钮和状态指示灯，在主控 KIC 画面 RPR019YCD 上也有对应的参数旁通状态画面，当进行参数旁通时在 RPC 机柜以及 KIC 画面中均有对应的指示灯点亮。

参数旁通后会将逻辑信息送到 RPC 本通道与其他通道参与表决与逻辑退化运算，按照一定的逻辑退化方式进行退化，图 6-2 给出了参数旁通原理。

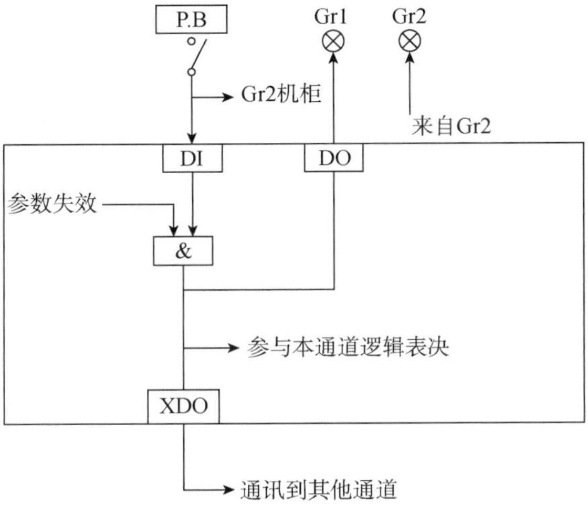


图 6-2　参数旁通原理图

（2）典型逻辑退化设计

宁德核电厂参数旁通后的典型逻辑退化方式有以下几种，下面将逐一进行说明。设单位时间内，非安全故障率（拒动率）为 $q$（$T$），安全故障概率（误动率）为 $p$（$T$）。

① 二取一逻辑退化

可以分 2 种情况。

a. 由二取一退化为一取一触发，如表 6-1 所示，如参数故障后二取一保护逻辑的误动率较高，该逻辑退化方式降低了误动率。比如源量程中子通量率高为二取一逻辑，当一个源量程出现故障后，由仪控人员置于“TEST”位或者“FAULT”位时，二取一逻辑退化为一取一触发，即由另外一个源量程仪表负责保护触发。

**表 6-1　二取一逻辑退化-1**

| | 表决逻辑（产生动作） | 误动率 | 拒动率 |
|---|---|---|---|
| 正常（2 个有效输入） | 1/2 | $2p$（$T$） | $q^2$（$T$） |
| 1 个无效输入 | 1/1 | $p$（$T$） | $q$（$T$） |
| 2 个无效输入 | 直接触发动作 | — | — |

b. 二取一逻辑退化为一取一触发无效，如表 6-2 所示，该退化方式仅用于 P6 信号。由于 P6 信号产生会闭锁源量程通量率高引起的跳堆保护，所以尽可能避免 P6 信号的产生，当两个输入信号均无效时，表决逻辑输出为无效，使反应堆偏安全状态。

表 6-2　二取一逻辑退化-2

| | 表决逻辑（产生动作） | 误动率 | 拒动率 |
|---|---|---|---|
| 正常（2 个有效输入） | 1/2 | $2p\ (T)$ | $q^2\ (T)$ |
| 1 个无效输入 | 1/1 | $2p\ (T)$ | $q\ (T)$ |
| 2 个无效输入 | 无效 | — | — |

② 三取二逻辑退化

可以分为 2 种情况。

a. 当 2 个或者 3 个输入信号无效时，直接触发动作，如表 6-3 所示。当输入信号无效则认为逻辑触发输入为 1，该退化方式趋于安全，降低了拒动率，同时也提高了误动率，比如超温、超功率 $\Delta I$ 保护。

表 6-3　三取二逻辑退化-1

| | 表决逻辑（产生动作） | 误动率 | 拒动率 |
|---|---|---|---|
| 正常（3 个有效输入） | 2/3 | $3p^2\ (T)$ | $3q^2\ (T)$ |
| 1 个无效输入 | 1/2 | $2p\ (T)$ | $q^2\ (T)$ |
| 2 个无效输入 | 直接触发动作 | — | — |

b. 当 2 个或者 3 个信号失效时，表决逻辑无效，如表 6-4 所示。该退化方式适用于 P 允许信号，如 P10 信号，由于 P10 信号产生允许闭锁中间量程高阈值停堆保护以及功率量程低阈值停堆保护，所以会“避免”P10 信号的产生，当 2 个以上输入无效时，表决逻辑则会输出无效。

表 6-4　三取二逻辑退化-2

| | 表决逻辑（产生动作） | 误动率 | 拒动率 |
|---|---|---|---|
| 正常（3 个有效输入） | 2/3 | $3p^2\ (T)$ | $3q^2\ (T)$ |
| 1 个无效输入 | 1/2 | $2p\ (T)$ | $q^2\ (T)$ |
| 2 个无效输入 | 无效 | — | — |
| 3 个无效输入 | 无效 | — | — |

③ 四取二逻辑退化

当 3 个或者 4 个输入信号无效时，直接触发保护动作，如表 6-5 所示，该退化方式使反应堆偏于安全状态，保证误动率和拒动率较合理退化，比如功率量程中子通量率高跳堆逻辑。

**表 6-5　四取二逻辑退化**

| | 表决逻辑（产生动作） | 误动率 | 拒动率 |
|---|---|---|---|
| 正常（4 个有效输入） | 2/4 | $6p^2(T)$ | $4q^2(T)$ |
| 1 个无效输入 | 2/3 | $3p^2(T)$ | $3q^2(T)$ |
| 2 个无效输入 | 1/2 | $2p(T)$ | $q^2(T)$ |
| 3 个无效输入 | 直接触发动作 | — | — |
| 4 个无效输入 | 直接触发动作 | — | — |

④ 特殊逻辑退化

除了一般的 1/2、2/3、2/4 逻辑退化，还存在以下两种特殊的逻辑退化，原因是保护设计特殊，下面做具体介绍。

a. 蒸汽发生器水位低＋汽水失配保护逻辑退化

以 1 号蒸汽发生器为例，该保护正常触发方式为：ARE055/058MN 以 1/2 触发，经过 VVP010/013MP 修正后的蒸汽流量 VVP004/001MD 与给水流量 ARE046/043MD 之差达到 775 t/h 以上 1/2 触发，上述两个逻辑触发经过一个逻辑与门触发反应堆保护触发。

当 ARE055/058MN 其中一个信号无效时逻辑退化为直接触发，如图 6-3 所示。VVP010MP/VVP004MD/ARE046MD 只要一个信号无效时，为了使反应堆偏安全，就认为计算不准确，为了防止拒动，设计成只要一个输入信号故障时逻辑触发，因为 VVP013MP/VVP001MD/ARE043MD 是 1/2 触发，逻辑退化成直接触发。

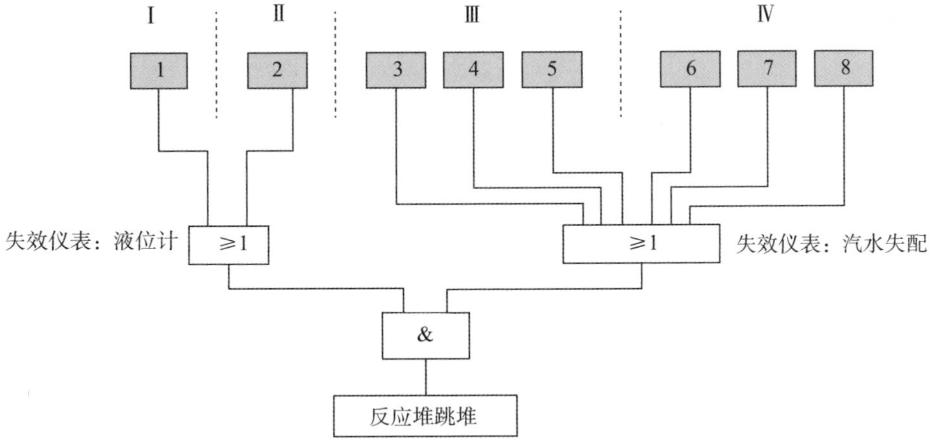


图 6-3　特殊逻辑退化事件一

b. 蒸汽发生器蒸汽流量高高保护逻辑退化

蒸汽流量高高保护正常触发方式为：一环路蒸汽流量 VVP001MD/GRE024MP 代

表的汽轮机负荷差值超过 20%与 VVP004MD/GRE023MP 代表的汽轮机负荷差值超过 20%经过 1/2 逻辑触发（表示该环路蒸汽流量超过汽轮机所需蒸汽流量 20%），二环路蒸汽流量 VVP002MD/GRE024MP 代表的汽轮机负荷差值超过 20%与 VVP005MD/GRE023MP 代表的汽轮机负荷差值超过 20%经过 1/2 逻辑触发，三环路蒸汽流量 VVP003MD/GRE024MP 代表的汽轮机负荷差值超过 20%与 VVP006MD/GRE023MP 代表的汽轮机负荷差值超过 20%经过 1/2 逻辑触发，最终 3 个环路经过 2/3 的逻辑表决触发。

以 1 号蒸汽发生器为例，当 VVP001/004MD 其中一个信号无效时逻辑退化为直接触发，如图 6-4 所示。由于 GRE023/024MP 同时与三个环路的蒸汽流量相比较，如 GRE023MP 同时与 VVP004/VVP005/VVP006MD 比较，那么该逻辑退化的结果就是只要 GRE023/024MP 故障后，为了使反应堆偏安全，降低拒动率，逻辑退化成直接触发。

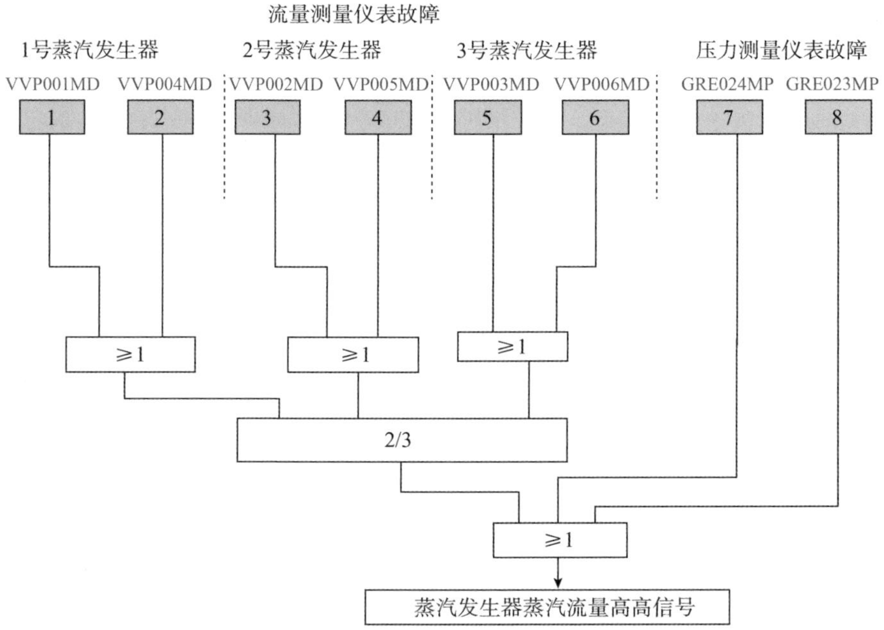


图 6-4　特殊逻辑退化事件二

（3）通道旁通设计

通道旁通主要应用于定期试验（手动通道旁通）、通信故障或电源故障（自动旁通）。

RPC 机柜每个通道的机柜上都设置了一个通道旁通按钮和旁通指示灯，在主控 KIC 画面上 RPR019YCD 也有相应的指示灯。每个通道内 2 个子组共用一个“其他通道参数旁通”指示灯，只要其他通道中任一通道旁通，该指示灯就会点亮。

① 通道旁通对于 RPC 的影响

通道手动旁通或通信故障时，会将此信号送到其他通道和 ESFAC，并按典型退化逻辑进行退化。下面着重说明停堆断路器的旁通。各通道对应的停堆断路器状态如表6-6所示，通道Ⅰ被旁通后，2、3、4通道中的表决逻辑2/4都将退化成2/3，但通道1的RTB（停堆断路器）将始终处于强制闭合状态，此后若通道Ⅱ被旁通，则通道Ⅲ、Ⅳ的表决逻辑进一步退化成1/2，通道Ⅱ对应的RTB强制打开，也就是部分停堆状态，此时有报警送主控室，若通道Ⅲ再被旁通，则通道Ⅲ对应的RTB打开，直接触发停堆，反应堆跳闸（N：NORMAL；B：Break；T：TRIP；F：Force Closure）。

**表 6-6 通道旁通时停堆短路器状态**

| 通道旁通 | | | | | | |
|---|---|---|---|---|---|---|
| | ⅠP | ⅡP | ⅢP | ⅣP | RTB 表决 | 备注 |
| 正常 | N | N | N | N | 2/4 | |
| 1P 旁通 | FC | N | N | N | 2/3 | 旁路指示送 KIC 显示 |
| ⅡP 旁通 | FC | B | N | N | 1/2 | 多路旁通报警送 KIC 显示 |
| ⅢP 旁通 | FC | B | B | N | TRIP | |
| ⅣP 旁通 | FC | B | B | B | TRIP | |

② 通道旁通对于 ESFAC 的影响

ESFAC 采集 RPC4 个通道来的逻辑运算结果，以及各通道旁通或通信故障情况。在 ESFAC 机柜执行2/4的逻辑表决，提高专设安全设施的可靠性，避免专设安全设施的误动作。由于其信号均由4个 RPC 机柜送入到 ESFAC 机柜，那么逻辑退化按照2/4的类型进行退化，这里将不再赘述。

## 6.2 DCS 智能卡件

安全级 DCS 采用的是三菱 MELTAC-N plus R3 型的 DCS，主要用于反应堆保护和安全专设的驱动。其中使用的 IO 卡件配备的是三菱的智能型 IO 卡件（智能型 IO 也是 MELTAC-N plus R3 型 DCS 的重要特征），用以采集现场来的1E级热工参数、设备的状态；向设备输出控制指令，驱动现场设备动作；通过 DO 和 AO 卡件驱动主控室的报警和显示装置。

### 6.2.1 MELTAC 平台智能卡件

宁德核电中用于将现场设备的状态、温度、压力等工况通过 DCS 显示给操纵员，而实现现场设备与 DCS 的接口就是 IO 模块。IO 模块：用于将现场设备的状态、温度、压力等工况通过 DCS 显示给操纵员，而实现采集最直接的 DCS 设备普通 IO 模块通常只具有信号调理，AD 或 DA 转换等简单的功能。而智能 IO 模块还具有 CPU，故障诊断及滤波功能等。安全级 DCS 中的 IO 模块为智能模块。

（1）安全级 DCS 中卡件的配置

安全级 DCS 控制机柜中设备的配置原理如图 6-5 所示。

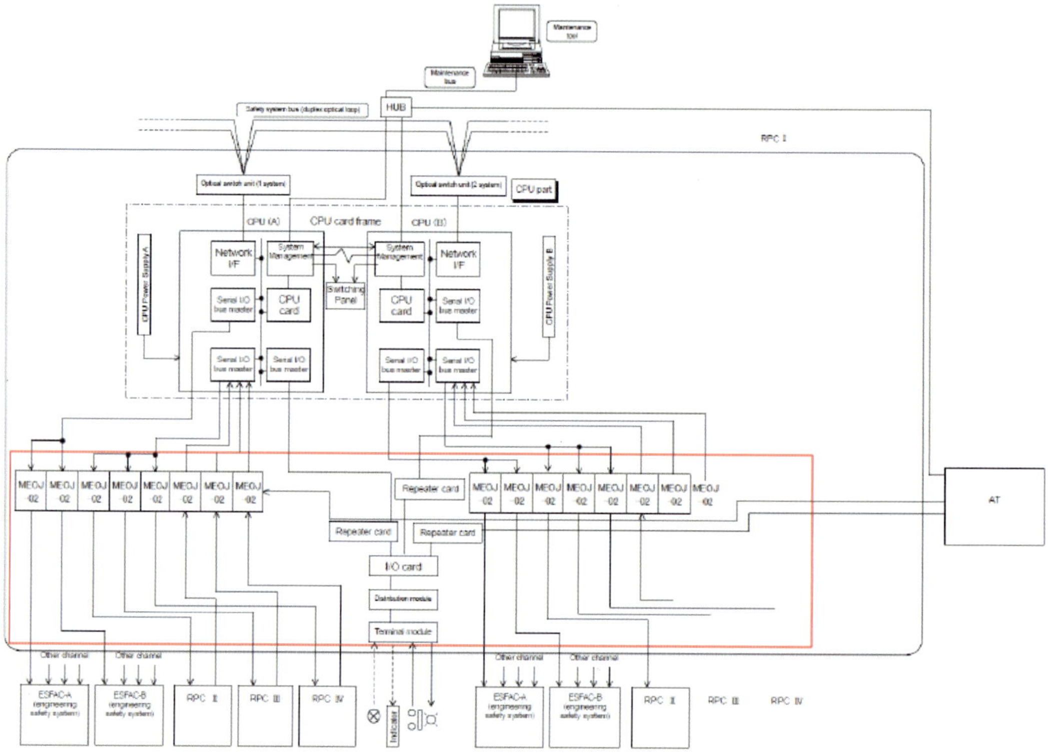


图 6-5　安全级 DCS 控制机柜中设备的配置原理

根据上图实际的接线和原理图可知 DCS 采集信号的流程为：变送器或开关→DCS 接线终端→信号分配卡→IO 模块→Repeater 卡→总线管理卡（Bus MAster）→CPU 卡。图中的红框部分标出了 IO 卡件在整个控制机柜的层次及起到的用途，它起到现场信号与 CPU 之间的接口作用。

（2）智能卡件通信方式

三菱智能 IO 模块采用 RS-485 总线（MODBUS 通信协议）与主控单元通信，完成数据采集和控制功能。智能 IO 模块只需接受主控单元的控制命令，即可独立完成量程和通道选择、A/D 和 D/A 转换、数字滤波、标度变换、故障诊断等功能，大大提高了可靠性和整体性能，而且有效减小了主控单元的负荷。在整个回路中，采用 RS-485 总线通信的设备包括：IO 模块与 Repeater 卡的通信、Repeater 卡与总线管理卡（Bus MAster）的通信、Bus MAster 与 CPU 之间的通信。另外在模拟量智能 IO 卡的前面板上还有一个通信接口，该通信接口采用的是 RS-232 的通信协议，用于对卡件上的单片机进行逻辑编程，以实现数字滤波、标度变换、故障诊断等功能。

(3) 智能卡件故障的定义

通信故障处理：在智能 IO 模块中，当通信故障时，模块将处于 FAILmode。而通信故障造成的 FAIL mode 定义为：当接收的数据不能正确执行同时未发生循环冗余校验（CRC）错误时，模块将被切换到 FAIL mode；当接收的数据不能正确执行但是发生了循环冗余校验（CRC）错误时，模块将保持处于 FAIL mode。在模块上有 LINE 灯，当模块通信正常时为绿灯，故障时亮红灯。

开关量信号的故障：在开关量信号的通信中，针对单个开关量本身，采用 2 位 2 进制数表示，比如用 01 或 10 表示一个开关的状态，当出现 00 或 11 时表示该信号非法（不真实）。

数字输入模块：在正常运行时，当数字输入模块接收到的数据为非法数据时，模块将输出前一个采样周期正确的数据，并将模块置于 FAIL mode（故障模式）。在模块上电启动时，数据未能及时采集，输入开关量的状态将被定义为 OFF 状态。在模块前面的 ERR 指示灯变亮，表示二位二进制数有故障发生。

数字输出模块：当接收到非法数据被定义为 CPU 侧的故障，而不定义为智能模块侧的故障，所以智能数字输出模块没有状态指示灯。

(4) 模拟模块的抗干扰的原则

模拟输入模块中除了热电偶输入模块外，消除 50/60 Hz 的交流工频噪声干扰采用的是软件数字滤波，而在热电偶输入模块中采用的是硬件滤波。

当噪声干扰的量超出了 100%$F\cdot S$（满量程）或 0%$F\cdot S$ 时，或者有规律的噪声量超过了 20%$F\cdot S$ 时，确保在数字滤波之前和之后安装硬件滤波。如发动机定子绕组温度。

不能使用分配卡进行信号分配或冗余配置的模块：3 线制热电阻输入模块、热电偶输入模块、单配置专用模块。

(5) 特殊卡件——PIF 卡

PIF 卡的功能是实现安全级 DCS 与现场启停类设备或开关操作类设备的操作接口，在安全级 DCS 的 SLC 子系统和 SR 子系统中使用到 PIF 卡。

PIF 卡的作用包括：接收现场设备的状态反馈信号，比如阀门的开关状态反馈信号或泵的启停状态信号，信号的电压为 48 V DC；将 DCS 运算的结果通过 PIF 卡送到阀门或泵等设备，开关阀门、启停泵等设备，实现 DCS 低电压控制高电压设备。PIF 卡的工作电源为 24 V DC，PIF 卡的输出指令节点的允许工作最高电压为 220 V AC 或 250 V DC。PIF 卡的种类共有 4 种，根据现场设备的工作方式不一样选择不同种类的 PIF。

### 6.2.2 安全级智能卡件分类以及运行原理

宁德核电安全级 DCS 中使用了 5 种与 IO 相关的卡件：Repeater 卡、IO 卡、光开关卡、隔离模块卡、PIF 卡。Repeater 卡的功能是作为通信线路的中继器（信号放大器）。因安全级 DCS 中用于 IO 功能的模块的通信采用 RS-485 的通信协议，该种通信方式对信号线的长度比较敏感，为了保证信号的通信效果和增加信号的可信度而设置 Repeater 卡；在安全级 DCS 中采用了 3 种型号的 Repeater 卡，分别为 MRPJ-01、MRPJ-02、MRPJ-31，其中 MRPJ-01 和 MRPJ-31 用于与 BUS MAster 卡通信，一块 MRPJ-01 或 MRPJ-31 占用一个 BUS MAster 卡通信接口，每块 BUS MAster 卡有 4 个 RS-485 通信接口；MRPJ-02 用于与试验机柜之间的通信，在 IO 机架之间通过串联的方式连接。光开关卡的功能是实现光电转换，并实现在进行试验时屏蔽其输出，下面主要介绍 IO 卡和 PIF 卡。

（1）IO 卡件

① IO 卡件主要结构与类型

安全级 DCS IO 机架中的 IO 卡与现场信号连接的原理如图 6-6 所示，所涉及的设备包括：接线端子、信号分配模块、IO 模块。

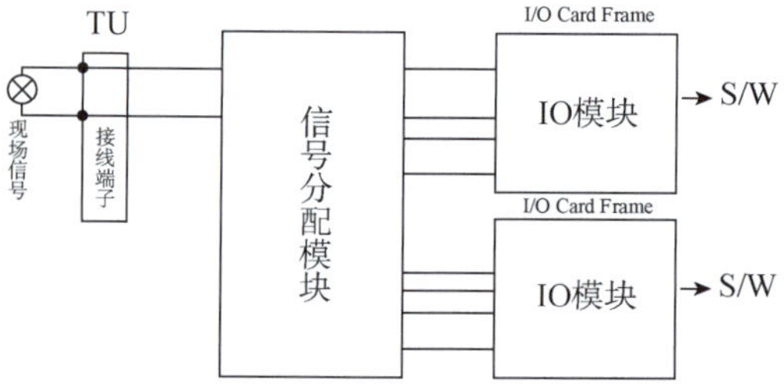


图 6-6 IO 卡与现场信号连接原理

安全级 DCS 机柜中的接线端子针对不同的信号使用不同的端子，在宁德核电安全级 DCS 中用于与现场 IO 信号接口的接线端子有 3 种：

• PSND-64SW3D：用于现场模拟量信号的接口，每块端子板可以接 2 线制模拟量 16 个（相应对应一个 IO 机架），可以接 8 个 3/4 线制的模拟量，另外还设置有 32 个试验信号接入端子，通过端子板上对应的切换开关实现现场信号与试验信号的接口；

• PSND-64SW5D：用于开关量信号的接口；

• PSND-64SW2D：也用于开关量信号的接口，它在外观上与 PSND-64SW5D 存在差异。

信号分配模块的功能：与端子板接口；将模拟量信号进行模拟转化，比如将现场的 4～20 mA 的信号转换成 1～5 V 的电压信号；将一路输入或输出信号分配成多路输入或输出信号。

安全级 DCS 中 IO 卡件按照输入输出的形式分为：AI/AO/DI/DO，其中以 AI 卡的型号和种类居多，具体在宁德核电中使用的 IO 卡的型号及其相关信息见表 6-7。

**表 6-7　IO 卡件型号表**

<table>
<tr><th>信号类型</th><th>型号</th><th>输入/出信号</th><th>适配信号</th><th>使用位置</th><th>备注</th></tr>
<tr><td rowspan="8">AI</td><td>MAIJ-04</td><td>1～5 V</td><td>4～20 mA</td><td>RPCⅡ、Ⅲ、Ⅳ、CCMS</td><td rowspan="2">该 2 种卡件的主要区别在于卡件是否对外供电，MAIJ-04 不提供对外供电回路，MLPJ-02 设置有对外供电回路</td></tr>
<tr><td>MLPJ-02</td><td>1～5 V</td><td>4～ 20 mA</td><td>RPC、CCMS</td></tr>
<tr><td>MRTJ-44</td><td>PT100</td><td>PT100</td><td>RPCⅠ、Ⅱ、Ⅲ</td><td>4 线制接线，测温范围 0～400 ℃</td></tr>
<tr><td>MRTJ-71</td><td>PT100</td><td>PT100</td><td>RPCⅠ、Ⅱ、Ⅲ</td><td>4 线制接线，测温范围 260～350 ℃</td></tr>
<tr><td>MRTJ-23</td><td>PT100</td><td>PT100</td><td>RPCⅢ</td><td>3 线制接线，测温范围 0～200 ℃</td></tr>
<tr><td>MRTJ-43</td><td>PT100</td><td>PT100</td><td>RPCⅠ、Ⅳ</td><td>4 线制接线，测温范围 0～200 ℃</td></tr>
<tr><td>MRTJ-41</td><td>PT100</td><td>PT100</td><td>CCMS</td><td>4 线制接线，测温范围 0～100 ℃</td></tr>
<tr><td>MTCJ-19</td><td>K 型热电偶</td><td>K 型热电偶</td><td>CCMS</td><td>2 线制接线，测温范围 0～1300 ℃</td></tr>
<tr><td>AO</td><td>MAOJ-01</td><td>4～20 mA</td><td>4～20 mA</td><td>RPC、SR、CCMS</td><td></td></tr>
<tr><td rowspan="2">DI</td><td>MDIJ-06</td><td>48 V 开关状态</td><td>48 V 开关状态</td><td>RPC、ESF、SR、SLC、CCMS</td><td rowspan="2">卡件对外部节点提供 48 V 电源，2 种卡件的区别在于 MDIJ-06 有实验和正常状态指示，可用于需实验的 IO 点，而 MDIJ-62 不设置实验状态模式</td></tr>
<tr><td>MDIJ-62</td><td>48 V 开关状态</td><td>48 V 开状状态</td><td>SLC</td></tr>
<tr><td rowspan="4">DO</td><td>MDOJ-03</td><td>节点输出</td><td>节点输出</td><td>RPC、ESF、SR、SLC、CCMS</td><td rowspan="2">继电器输出，响应时间小于 20 ms，节点可带 220 V 以下的回路。2 种卡件的区别在于 MDOJ-03 设置有输出允许控制信号及状态指示</td></tr>
<tr><td>MDOJ-61</td><td>节点输出</td><td>节点输出</td><td>SLC</td></tr>
<tr><td>MDOJ-22</td><td>节点输出</td><td>节点输出</td><td>RPC</td><td>可控硅输出，响应时间小于 5 ms，节点电压低于 125 V AC/110 V DC，本卡件只设置 2 个通道，用于反应堆停堆指令输出及通道旁路</td></tr>
<tr><td>MDOJ-12</td><td>节点输出</td><td>节点输出</td><td>CCMS</td><td>可控硅输出，响应时间小于 5 ms，节点电压低于 48 V DC</td></tr>
</table>

（2）PIF 卡

在宁德核电安全级 DCS 中，针对开关型设备的操作优先级权限，将设备分为了 4 种操作模式，为了适应设备的这种操作特性，安全级 DCS 的 SLC 子系统中设置有 4 种 PIF 卡（PIF 卡用于实现 KIC/BUP/ECP/ATWT 控制优先级别的选择），这 4 种卡件分别为：DPOJ-31 IPL01、DPOJ-31 IPL02、DPOJ-31IPL03、DPOJ-31 IPL04。

DPOJ-31 IPL01 该类型的卡件适用于优先启动（开）的，停运（关）需条件的设备，如 ASG001PO 的控制。适用设备的操作条件为：在 ECP 和 ATWT（DAC）上可以无条件启动或开设备；当处于 BUP 操作模式时，BUP 可以正常启动（开）和停运（关）设备，KIC 和 RSS 不能启动（开）和停运（关）设备；当处于 KIC 模式时，KIC 可以正常启动（开）和停运（关）设备，BUP 和 RSS 不能启动（开）和停运（关）设备；当处于 RSS 模式时，RSS 可以正常启动（开）和停运（关）设备，BUP 和 KIC 不能启动（开）和停运（关）设备，具体如图 6-7 所示，其中蓝色圆圈为对应的 PIF 卡类型。

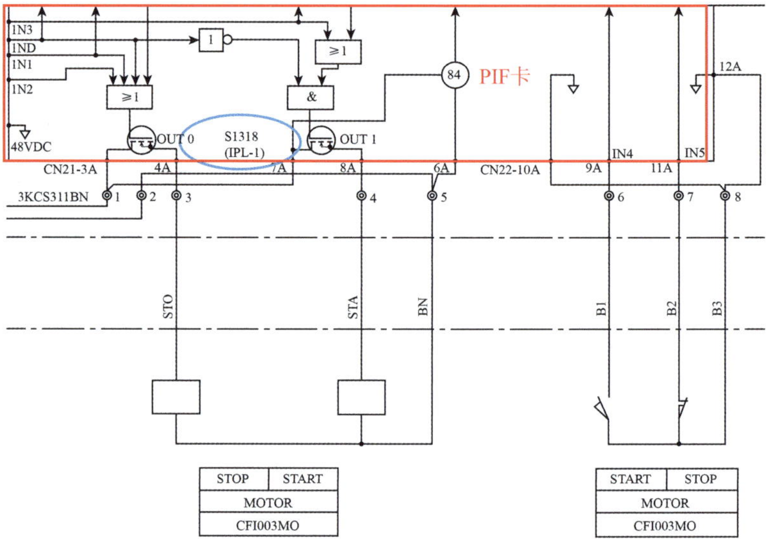


图 6-7　IPL01 类型 PIF 卡

DPOJ-31 IPL02 该类型的卡件适用于优先停止（关）的，启动（开）需条件的设备，如 RCV033VP 的控制。适用设备的操作条件为：在 ECP 和 ATWT（DAC）上无设备的操作，只设置设备的 BUP/KIC、MCR/RSS 操作模式。当处于 BUP 操作模式时，BUP 可以正常启动（开）和停运（关）设备，KIC 和 RSS 不能启动（开）和停运（关）设备；当处于 KIC 模式时，KIC 可以正常启动（开）和停运（关）设备，BUP 和 RSS 不能启动（开）和停运（关）设备；当处于 RSS 模式时，RSS 可以正常启动（开）和停运（关）设备，BUP 和 KIC 不能启动（开）和停运（关）设备，具体如图 6-8 所示，其中蓝色圆圈为对应的 PIF 卡类型。

DPOJ-31 IPL03 该类型的卡件适用于控制带电动作的设备，设备失电后能自动复位的设备，如 RCV003VP 的控制。适用设备的操作条件为：在 ECP 上可以无条件操作设备，ATWT 无相关联动操作功能；当处于 BUP 操作模式时，BUP 可以操作设备，KIC 和 RSS 不能操作设备；当处于 KIC 模式时，KIC 可以操作设备，BUP 和 RSS 不能操作设备；当处于 RSS 模式时，RSS 可以操作设备，BUP 和 KIC 不能操作设备，具体如图 6-9 所示，其中蓝色圆圈为对应的 PIF 卡类型。

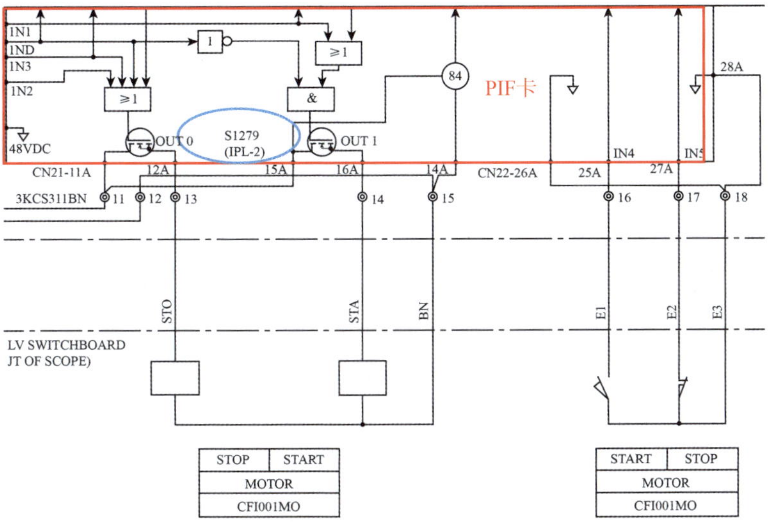


图 6-8　IPL02 类型 PIF 卡

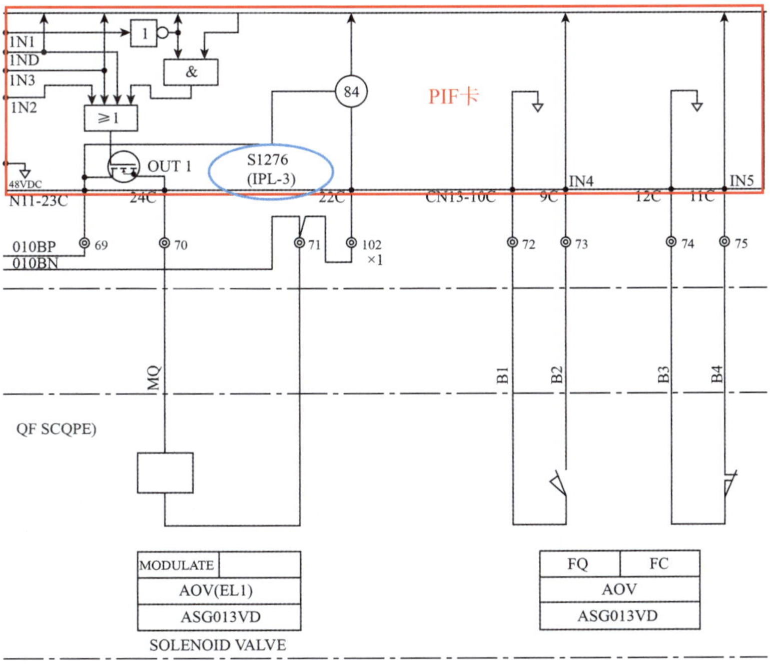


图 6-9　IPL03 类型 PIF 卡

DPOJ-31 IPL04 该类型的卡件适用于控制失电动作的设备，如图 6-10 所示，设备带电后能自动复位的设备，如 RCV003VP 的控制。适用设备的操作条件为：在 ECP 上可以无条件操作设备，ATWT 无相关联动操作功能；当处于 BUP 操作模式时，BUP

可以操作设备，KIC 和 RSS 不能操作设备；当处于 KIC 模式时，KIC 可以操作设备，BUP 和 RSS 不能操作设备；当处于 RSS 模式时，RSS 可以操作设备，BUP 和 KIC 不能操作设备。

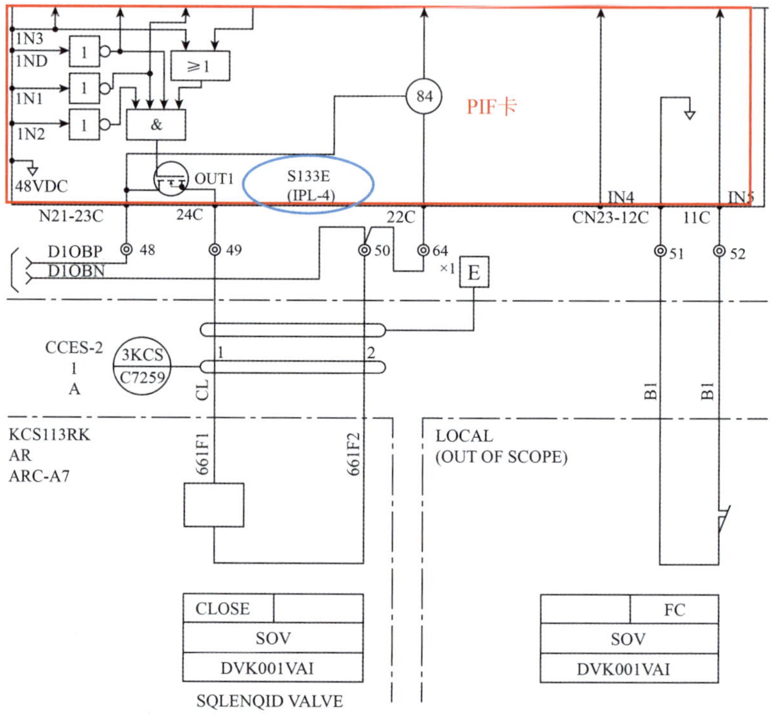


图 6-10　IPL04 类型 PIF 卡

# 6.3　DCS 网关

宁德核电数字化控制系统采用日本三菱电机公司的 MELTAC-Nplus R3 系统和北京广利核工程有限公司的 MACS-IV 系统，其中安全级部分采用 MELTAC 平台，非安全级部分采用广利核 MACS-IV 平台，安全级平台与非安全级平台之间通过网关进行通信。网关站是核电厂 DCS 平台的一个重要组成部分，主要用于安全级系统与非安全级系统之间进行数据转换、传输；同时网关还起着隔离安全级 DCS 平台与非安全级系统平台的作用。

## 6.3.1　网关在 DCS 平台中的地位和作用

MELTAC-NplusR3 系统主要完成安全功能与安全相关的功能，如反应堆跳闸逻辑、专设安全设施驱动、事故后监测等；HOLLiAS MACS 系统主要完成机组正常运行时的控制及监测功能。图 6-11 是非安全级 DCS 系统结构图，系统包括：控制器、通信站、服务器、网关和操作员站。上述设备通过层次化的多种网络（系统网和控制网）互联，并且通过网关与其他系统相连。

主要数据/信号流入下，其中序号与图 6-11 中的数字一一对应：

（1）电厂各个传感器到 DCS 的输入数据/信号；DCS 到电厂传动装置的输出数据/信号。

（2）第三方系统到 DCS 的输入数据；DCS 到第三方系统的输出数据。

（3）设备到 OWP/TSC/RSS 以供显示的数据；操作鼠标和键盘的输入数据。

（4）S-VDU 屏幕切换/关闭；S-VDU 连接到安全级系统。

（5）安全级系统信息（设备的故障信息等）。

（6）RPCC 操作信号，PAMS-VDU 显示，记录到达安全级系统的信号。

（7）DCS 到 level 3 系统的数据。

（8）来自机组 0 至机组 9 的数据。

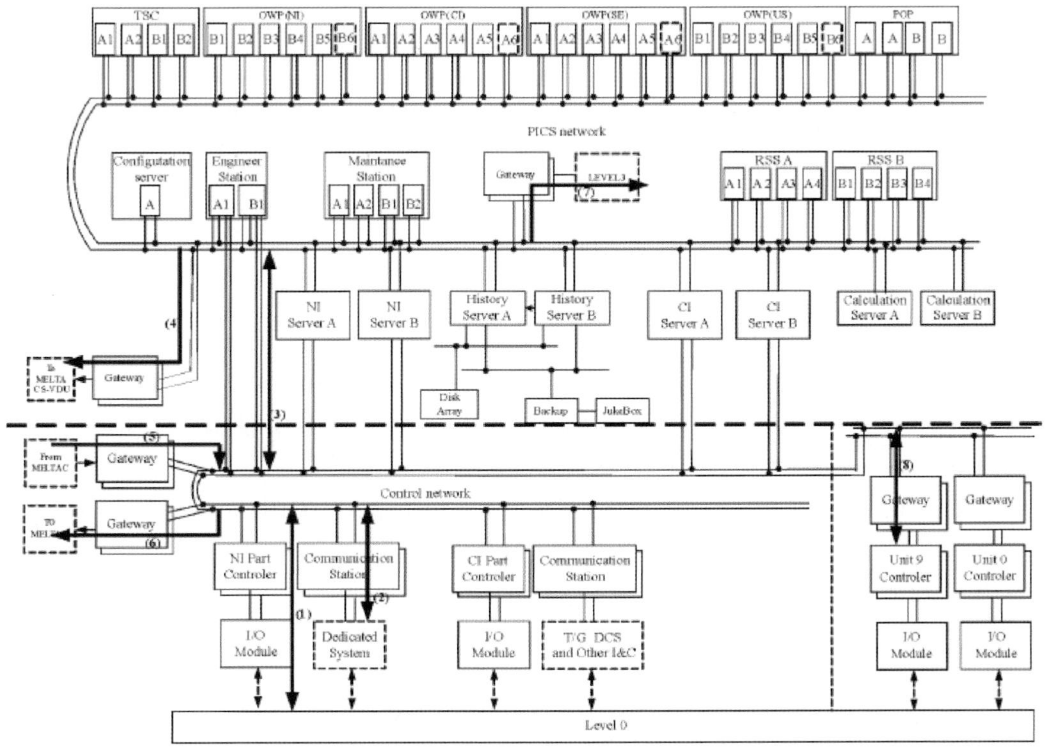


图 6-11　DCS 网络图

## 6.3.2 各个通信网关介绍

(1) 与安全级 DCS 通信网关介绍

安全级系统与非安全级系统采用独立的网络，实现信号的隔离。同时由于安全级与非安全级采用了不同厂商的产品，所以安全级与非安全级之间不能直接通信。在宁德核电中安全级与非安全级通信设计中采用硬接线和网关的混合方式，即非安全级向安全级传输的信号全部采用硬接线的方式，安全级向非安全级传输的用于报警/显示的信号采用网关的方式，用于逻辑控制的信号采用硬接线的方式。其中网关的系统架构如图 6-12 所示。

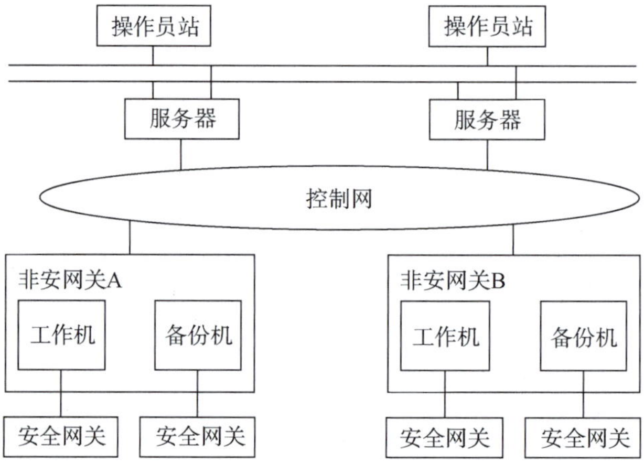


图 6-12　Level 1 层与安全级 DCS 通信网关结构图

Level 1 层与安全级 DCS 通信的网关使用高可靠性工业控制机，通过以太网卡连接到控制网络，通过 UDP 协议与 MIT 安全级系统网关通信。Level 1 层与安全级 DCS 通信的网关软件运行在 LINUX 操作系统上。Level 1 层与安全级 DCS 通信的网关的基本功能如下：

① Level 1 与 Level 2 之间的控制网络通信，包括采用 TCP/IP 协议方式和组态软件 Codesys 通信，采用工业以太网协议方式和服务器通信；

② 数据处理，处理安全级与非安全级之间传输的数据；

③ 为提高运行的可靠性，提供了双机冗余功能；

④ 为保证时间的一致性，提供系统对时；

⑤ 提供了站间引用变量，网络变量功能；

⑥ 为提供系统的可靠性，提供诊断功能，包括内存诊断、双机诊断、状态诊断、维护看门狗等；

⑦ 报警功能；

⑧ 与 MIT 的安全级系统网关数据交互。

非安全级网关共有六个共三对，分别为 Gateway L2、Gateway L1a、GatewayL1b。其中 Gateway L2 连接在 M-NET 上，Gateway L1a 和 Gateway L1b 连接在 S-NET 上，具体如图 6-13 所示。

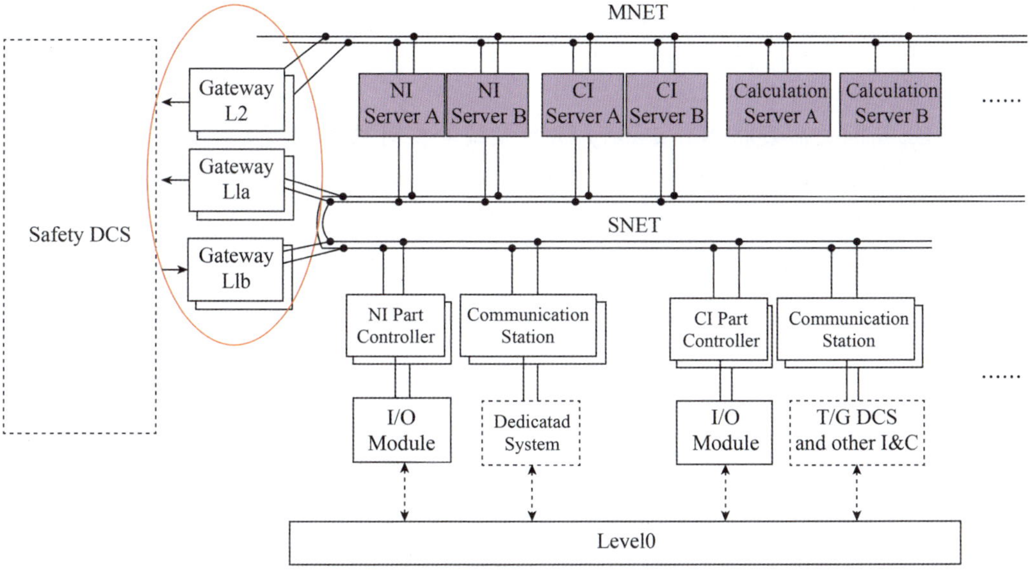


图 6-13　与安全级 DCS 网关通信结构图

非安全级 DCS 网关与安全级 DCS 通信的具体方式如表 6-8 所示。

**表 6-8　非安全级 DCS 网关与安全级 DCS 通信说明**

| 名称 | 数据传输 |
|---|---|
| L2 网关（从非安全级 DCS 到安全级 DCS） | （1）S-VDU 屏幕切换信号<br>（2）S-VDU 标签（PadLock 挂牌/Ontest 监测）信号 |
| L1a（从非安全级 DCS 到安全级 DCS） | （1）PAMS-VDU 监测记录信号<br>（2）生命监测信号（KIC 自诊断）<br>（3）RPCC（Reactor power control cabinet）操作信号<br>（4）首出报警复位 |
| L1b（从安全级 DCS 到非安全级 DCS） | （1）RPCC 监测信号<br>（2）安全级过程监视信号<br>（3）S-VDU 操作日志信息<br>（4）安全级过程报警信号<br>（5）首故障信号<br>（6）设备故障信息 |

（2）与 LEVEL3 网络通信

在宁德核电 DCS 系统中 level 3 网关从 Non-Safety DCS 获取系统的实时、事件类型数据，并在本地存储，为电厂内的 level 3 应用以及电厂外应用提供数据。这里的电厂内的 level 3 指应用其他系统通过 level 3 网关接口获取数据后，进行数据管理、加工和服务，例如电厂应急指挥中心和电厂 MIS 系统等。电厂外应用指为电厂外一些监管机构提供数据，满足核电厂监管要求。例如地区应急管理中心、国家核应急管理中心等。

LEVEL 3 网关需要将 Non-Safety DCS 系统的实时数据和历史数据，传送给 level 3 应用系统。level 3 应用系统由 KNS（实时信息监控系统）系统和 ECC（核电厂应急指挥系统）系统组成。Non-Safety DCS 系统提供两个 level 3 网关，一个 level 3 网关专门为 KNS 系统提供服务，另一个网关专门为 ECC 提供服务。level 3 应用系统和 level 3 网关间的数据通信，采用 CTEC 提供的 API 函数实现，通信协议为 TCP/IP 协议，具体如图 6-14 所示。

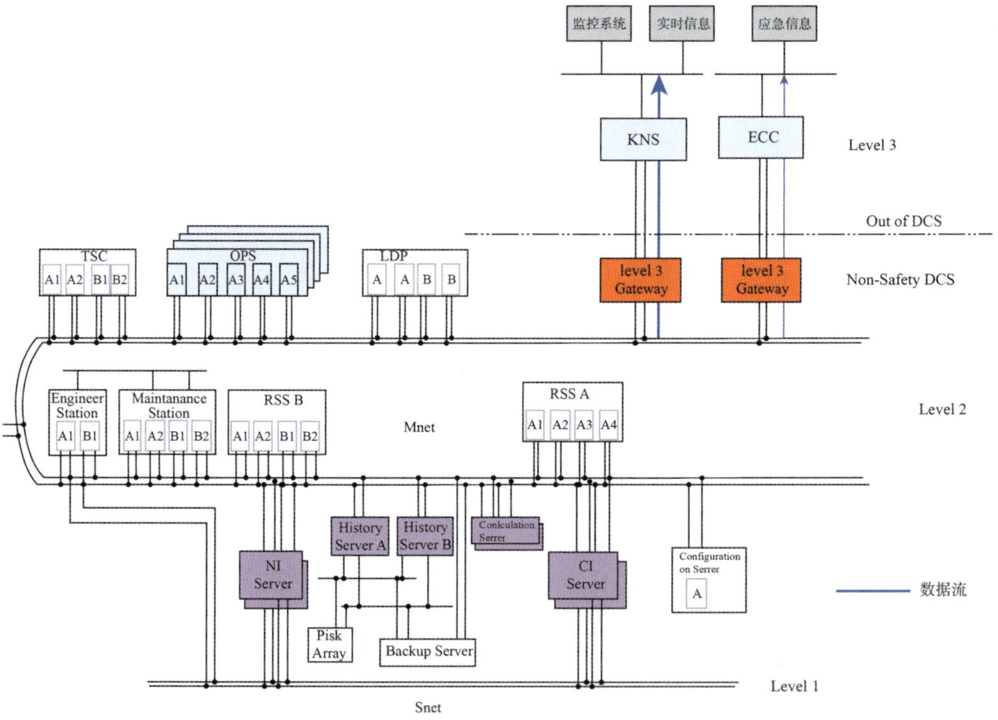


图 6-14　与 LEVEL 3 通信结构图

（3）1 号机组与 2 号机组之间的通信

1 号机组 DCS 和 2 号机组 DCS 相互独立，是两个独立的域，相互之间不存在依赖关系，可独立运行。1 号机组 DCS 和 2 号机组 DCS 之间允许通过单元机组网关连接，采用域间引用的方式进行变量传递。机组间（如 Unit 1-Unit 2）交换的信号有两种类型：

监视信号：通过单元机组 M-NET 网关实现机组间 KIC 的相互监视；

控制信号：通过机组柜间硬接线实现控制。

1 号机组与 2 号机组之间的通信网关结构如图 6-15 所示。

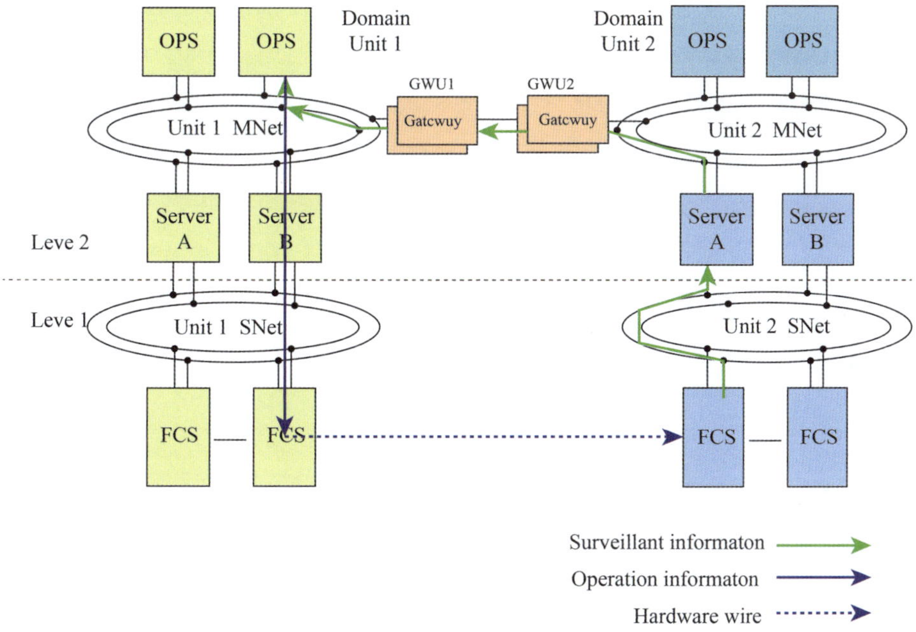


图 6-15　1 号机组与 2 号机组通信网关结构

现以 1 号机组 KIC 监视来自 2 号机组信号为例进行详细说明，2 号机组 KIC 监视来自 1 号机组的信号同理。

1 号机组为了监控 2 号机组的部分信号，在 1 号机组与 2 号机组的 M-NET 间配置两对网关（冗余），用于实现 1 号机组与 2 号机组相互获取所需监视信号信息。

数据传输采用“请求-应答”的方式，将被请求的信号通过 1 号机组与 2 号机组的机组网关传递数据。1 号机组对 2 号机组所有上传 2 号机组服务器的数据均可发出监视请求，信号清单通过组态配置监视信号列表实现。1 号机组如果要监视 2 号机组的信号，配置列表仅下装给 1 号机组的服务器，以便 1 号机组发出监视数据传输请求。组态配置传输的数据可对某个数据类型点的具体点项进行配置，该点中没有配置传输要求的其他点项不被传输。

本域工程 0 号站建立通信数据库（NSP、NSD、DGI、KG 等点类型）与他域的工程数据库一一对应（本域他域的数据库信息必须相同，为了保持一致性）。

通过域间引用表将必要的信息从他域传递到本域，进行显示、报警等。域间引用表是实时向本域数据库相应的点项赋值的。

（4）与 KSN 之间通信

来自第三方系统 KSN 的信号，通过 KSN-DCS 网关接入 DCS M-NET，以实现在 DCS KIC 的集中监视，具体如图 6-16 所示。

单元机组为了监控 KSN 的部分信号，在单元机组 M-NET 与 KSN 之间配置一对网关（冗余），用于实现单元机组与 KSN 相互获取所需监视信号信息。

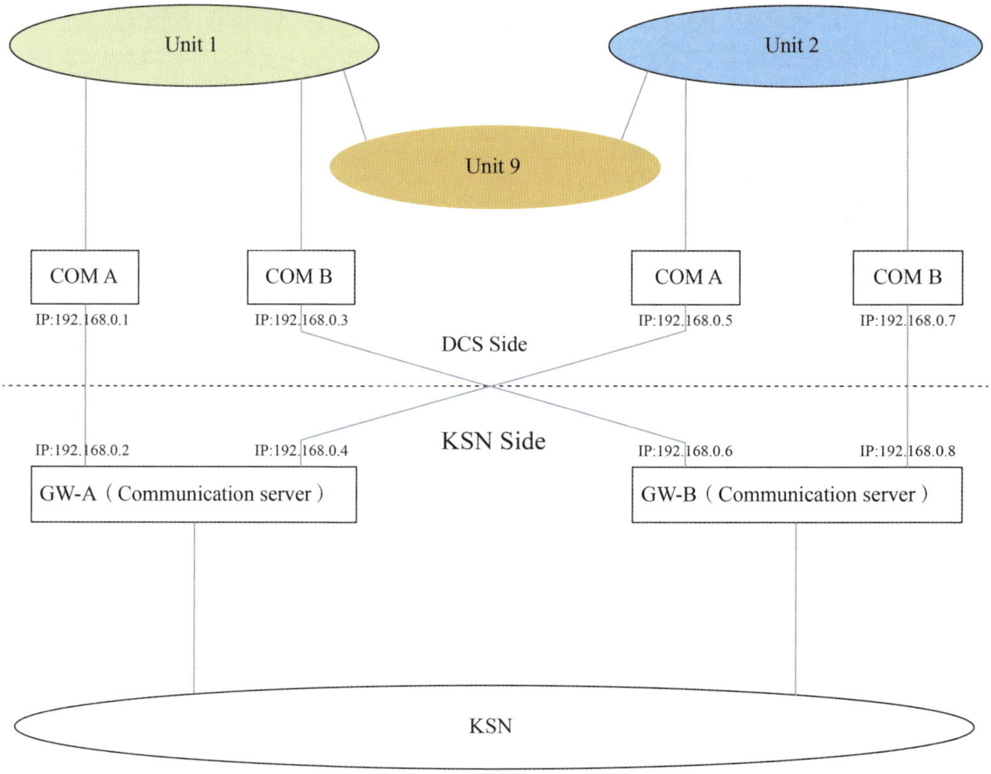


图 6-16　与 KSN 通信网络传输结构图

（5）与 9 号机组通信

9 号机组 DCS 是一个独立的域，但只配置 level 1 系统，不配置 level 2 系统。9 号机组 DCS 的 level 2 系统监控功能分别由 1 号和 2 号机组 DCS 完成。9 号机组 DCS 的 level 1 系统由多台控制站组成，其内部变量和 IO 通道按照被控对象工艺要求划分成不同的工艺子系统。1 号或 2 号机组 DCS 能够同时监视 9 号机组的数据和报警，但任何一个工艺子系统同时只能接受 1 号或 2 号机组 DCS 之一的控制，任何一个工艺子系统控制权限按照预先的设定归属 1 号或 2 号机组 DCS 控制，允许在线控制权限的转移，如图 6-17 所示。

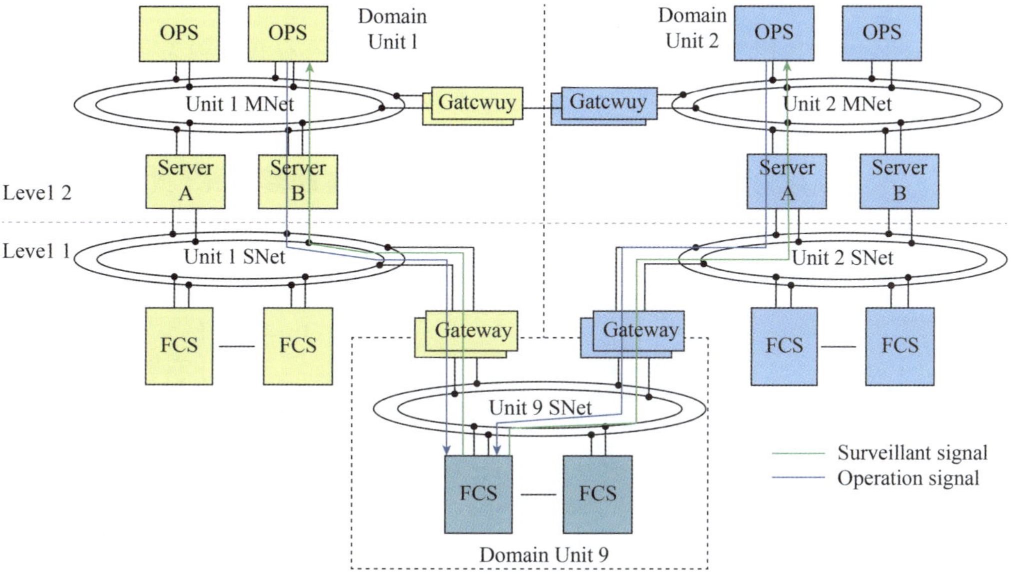


图 6-17　与 9 号机组通信网络传输结构图

对于 9 号机组的控制，可以在 1 号机组或 2 号机组进行操作，通过权限限制，确保在一个时刻只有一个独立机组能向 9 号机组下发控制指令，指令通过网关传递至 9 号机组。9 号机组授权控制器 9KOO999KG，需要机组长/值长级别的用户才能操作，具体如图 6-18 所示。

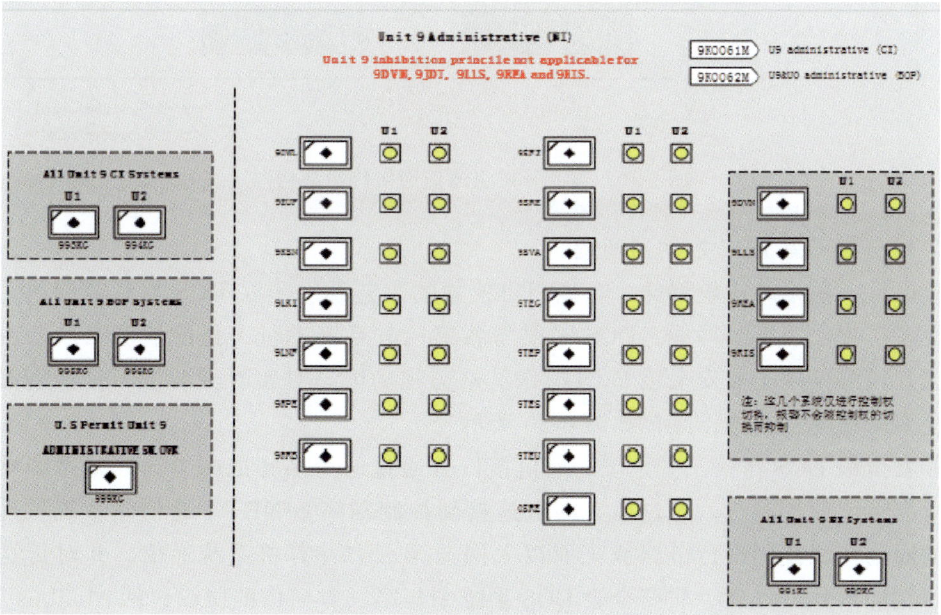


图 6-18　9 号机组权限切换图

（6）与 0 号机组网络通信

1、2、3、4 号机组相互独立，是独立的域，相互之间不存在依赖关系，独立运行。0 号机组是 1、2、3、4 号机组的公用部分。0 号机组只配置 level 1 系统，不配置 level 2 系统。对 Unit 0 的监视信号，通过网关同时传送至 Unit 1、Unit 2、Unit 3、Unit 4，实现 Unit 0 公用机组信息共享。对 Unit 0 机组的控制，可以在 Unit 1 或 Unit 2 进行操作。通过权限限制，确保在同一时刻只有一个机组能向 Unit 0 下发控制指令，指令通过公用机组网关传递至 Unit 0，具体结构如图 6-19 所示。

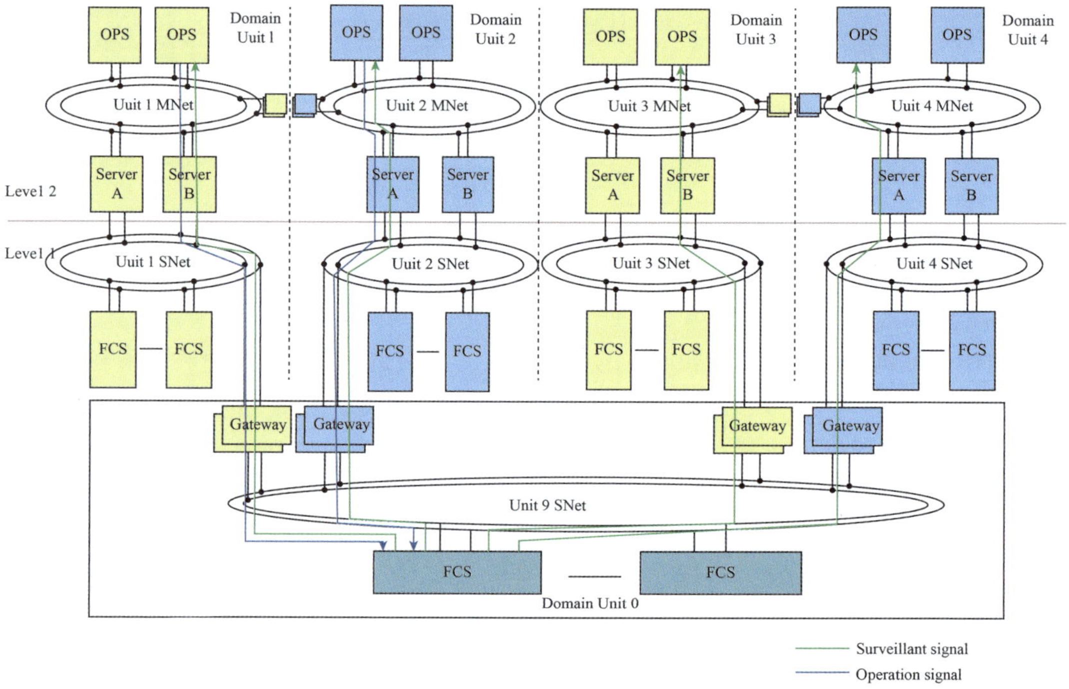


图 6-19　与 9 号机组通信网络传输结构图

（7）与第三方 PLC 控制器通信

核电厂一些设备比较特殊，功能相对独立的工艺系统不在 DCS 控制范围内，由第三方设备厂家实现控制功能。DCS 需要与各第三方系统进行大量的信号交换。由于大部分交互信号仅用于非安全级 DCS 操作员站监视功能，对实时性要求不是特别高，因此，主要采用通信方式，具体如图 6-20 所示。

非安全级 DCS 与第三方系统的通信接口是通过通信站完成的。通信站系统硬件使用高可靠性工业控制机，通过以太网卡连接到控制网络 S-NET。通信站系统软件通过适当的通信协议使用串行链路或工业以太网与第三方计算机系统通信，并对传送的信号进行相应的数据处理。非安全级 DCS 系统中与第三方通信的协议包括 Modbus-TCP、Modbus-RTU、IEC60870. 5. 104。

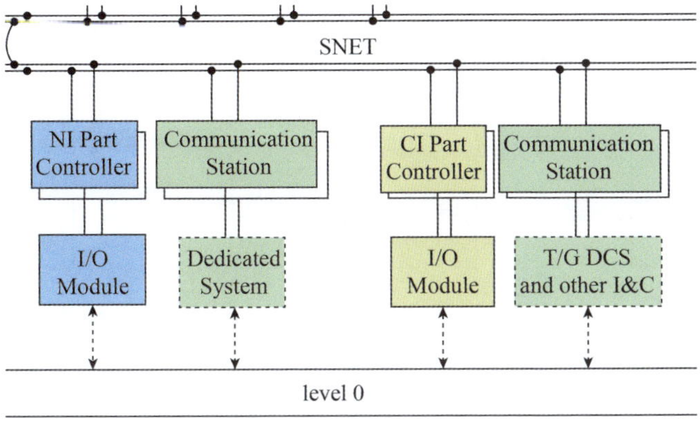


图 6-20 与第三方通信网络传输结构图

## 6.3.3 典型经验反馈

（1）事件名称：某核电厂 3 号机组 65＃通信站 B 列网关检查工作期间一回路热功率短时超过 2905 MW。

（2）事件摘要

2019 年 03 月，某核电厂仪控人员持票进行 3 号机组 P320 系统 B 列网关检查时发现 3KCP65＃站“COM A/B”数据不一致，对 3KCP65＃站“COM B”进行重启后，二回路 3ABP/AHP/GPV/GSS/GGR/CET 等系统部分设备异常动作，导致一回路热功率上涨。18：47，机组长要求并监护仪控人员在 P320 上进行降功率操作；18：54，一回路功率降至 2892 MW，期间一回路热功率超过 2905 MW 达 4 分 46 秒，最高达到 2919 MW（100.48％Pn），8 小时滑动热功率为 2891MW。19：06，仪控人员就地将“COM B”断开，恢复“COM A”单独运行，随后恢复相关系统设备至初态；19：10，3 号机组核功率、热功率、电功率恢复稳定，联系机械、电气人员现场检查，反馈设备未见异常；22：04，仪控人员确认 DCS 送至 P320 信号一致后，将 P320 操作权限由 LOCAL 切回 REMOTE，恢复后检查未发现异常。

（3）事件主要时序图

事件主要时序图见图 6-21。

（4）事件根本原因

在处理非安全级 DCS 65＃站与 P320 第三方链路故障中仪控人员发现 A、B 机数据不一致，需要重启 B 机自动复制 A 机数据，使 A、B 数据保持一致。在重启前 65＃站 A 机为主机，B 机为从机。在 65＃站 B 机重启后，由于 R 网故障，B 机无法从 A 机复制正常数据，且 R 网的故障导致 A 机、B 机出现了抢主现象。由于 A 机内部数据正确，B 机的内部数据异常，在 A、B 机出现抢主现象后 A、B 机频繁作为主机向 DCS

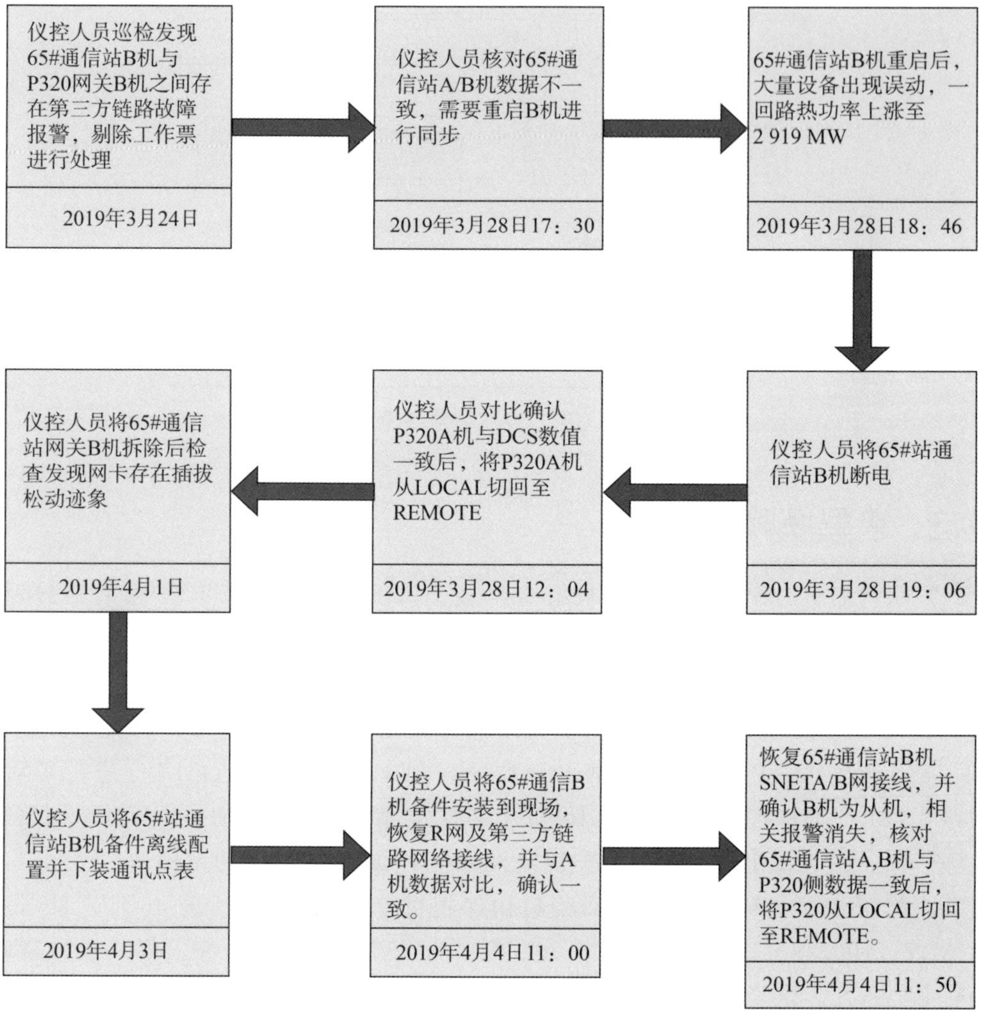


图 6-21　事件主要时序图

服务器及控制站发送数据，导致 A 机的正常数据与 B 机的异常数据频繁切换，通信站与各控制站模拟量、开关量出现异常翻转，一回路功率上涨达 2919 MW。

（5）事件后果

① 65＃通信站 B 机失去后，A 机单机运行。65＃通信站与 P320 双重冗余通信失去；

② 65＃通信站 B 机重启后出现双主机状态，B 机向非安全级 DCS 服务器发送错误数据，ABP/AHP/GPV/GSS/GGR/CET 等二回路设备发生非预期动作，导致一回路热功率上涨最高达到 2919 MW，超热功率事件为 4 分 46 秒，违反运行技术规范要求；

③ 非安全级 DS65＃通信站主从机双机若同时失去，将导致非安全级 DCS 与 P320

失去通信，P320 控制模式由 REMOTE（DCS 控制）切换至 LOCAL（由 P320 内部控制），汽轮机调节功能无影响，但操纵员无法在 KIC 上控制和监视 P320 的相关信号。

（6）专业知识介绍

65＃通信站网关的功能是通过 A、B 机网络通信完成从 P320 控制站向非安全级 DCS 数据的交互，A、B 机网络采用主从冗余方式进行数据传输。每台网关配置 4 个网口，如图 6-22 所示。分别为：

图 6-22　网关网口配置图

S-NETA/B：与 65＃通信站网关相连接的 S-NETA/B 网络，主要作用是将从 P320 侧接收到的数据传输至系统网，继续通过服务器送至 KIC 中进行显示，为操纵员提供必要的控制信息；

R 网：R 网为 65＃通信站 A/B 网关的冗余网，使用网线直接相连。R 网用于识别 65＃通信站 A/B 网关的当前状态，进行冗余数据传输及实现主从切换功能；

第三方链路网：P320 控制站与非安全级 DCS 之间额数据传输网，P320 控制站侧设备状态等信息数据的传输。

65＃通信站与第三方通信链路如图 6-23 所示。

（7）65＃通信站出现双主机原因

65＃通信站主从机判断逻辑为通信站上电后通过 A、B 机启动先后顺序确定主从状态，通过 S-NETA、S-NETB 和 R 网三个网段相互发送及接收本机和对方的主从机状态，以此进行双机诊断和切换。双机诊断发生在整个运行过程中，在程序运行正常状

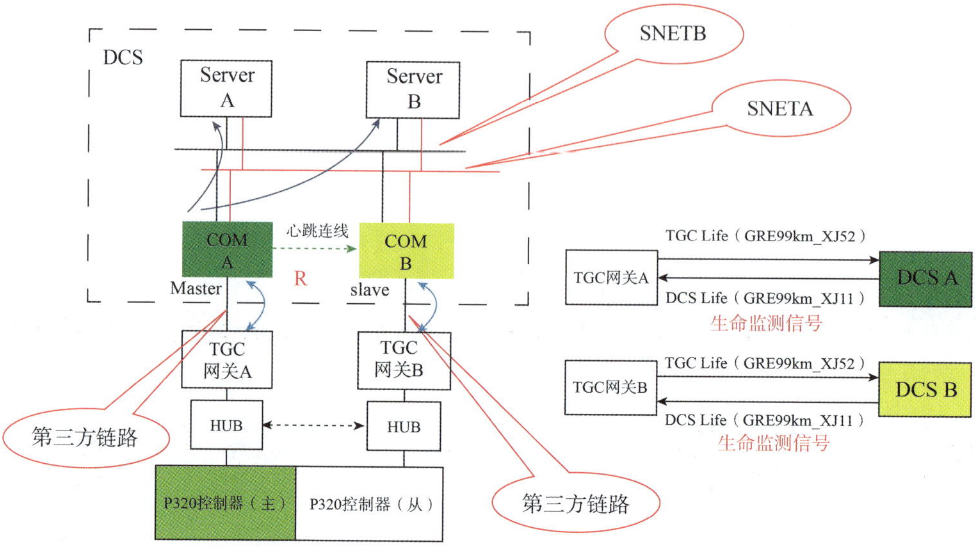


图 6-23　65＃通信网络连接示意图

态下，只要 S-NETA、S-NETB 和 R 网任一网络双向通信正常，就能获得对方的运行状态。当主机诊断出现异常时，如果符合切换原则，则进行主从切换。主要原则如下：

① 如果主机完全故障（死机、断电），则从机会检测出单机，并将从机自己升为主机；

② 如果当前为主机，且诊断出故障需要切换（如第三方通信链路故障、S-NET 网络故障），则会将自己设为从机，对方升为主机，并给自己一个“暂不升主”的标识；

③ 如果当前为从机，收到对方状态也为从机，且没有“暂不升主”标识，则直接升为主机；

④ 如果当前为主机，收到对方状态也为主机，则 B 机将自己降为从机，以使 A 机升主。双主情况下，A 机有限成为主机。

根据厂家对 65＃通信站 B 机日志的分析，本次 B 机重启后，R 网所在网卡出现故障，导致 UDP 端口绑定失败，冗余初始化失败。在代码处理中中，“程序初始化阶段，若 R 网绑定失败后，主从状态切换识别程序会提前返回，S-NETA、S-NETB 不会再初始化和识别主从机状态”，导致后续诊断出单机运行状态，并出现双主现象。

（8）事件意义

在宁德核电厂的 DCS 配置使用中配置了大量的网关，根据上述介绍网关可知，网关不仅起着连接安全级与非安全级信号与数据的作用，同时也连接着非安全级 DCS 与第三方控制链路网的作用，任一网关出现故障将会对机组带来影响，如有些网关故障需要将 KIC 切换至 BUP 控制，并由 DCS 生命监测系统监测网关的可用性；有些网关故障对于机组的控制产生较大影响，如 P320/APA 的网关，可能导致一回路热功率短时超过 2905 MW，违反运行技术规范要求。同时，随着机组运行时间不断增加后，DCS 相关设备也在不断老化，DCS 网关问题也不断地凸显，需要运行人员与相关技术人员不断总结经验，优化控制与维修方案，确保核电厂的安全。

## 6.4 DCS 生命监测系统

CPR1000 机组采用先进的数字化控制系统 DCS 后，为了防止出现 DCS 不可用与共模故障导致反应堆无法控制的情况，与常规火电相比设置了后备盘 BUP 系统，其与传统的 M310 机组模拟盘控制方式相类似。那么如何监测与判断 DCS 是否可用呢？

### 6.4.1 生命监测功能概述

生命监测功能是由 RPCC 执行的，是与反应堆控制无关的一项功能，主要用于在核电厂运行期间监测 KIC 设备的可用性，判断设备的失效是否导致 KIC 失去正常的操作功能。当探测到 KIC 失效发生时，执行报警的输出，在 BUP 光子牌上显示 KIC 不可用的报警信息，操纵员基于此信号从 OWP 操作模式切换到 BUP 操作模式。

生命监测信号会定期发出，该信号是通过计算服务器上一个周期（500 ms）变化的点，先传递给 NI 服务器，再从 NI 服务器传递给 L1a 网关，最后从 L1a 网关再传递给 RPCC，最终由 RPCC 判断该链路上各个设备是否存活来判断 KIC 是否可用，具体如图 6-24 所示。

### 6.4.2 生命监测判断逻辑

在如下情况任意一个发生时会产生生命监测报警信号：

（1）NI 服务器 A、B 两列同时故障；

（2）CI 服务器 A、B 两列同时故障；

（3）计算服务器 A、B 两列同时故障；

（4）M-NET 和 S-NET 中有一个网络故障；

（5）所有 S-VDU 处理器 A 列故障；

（6）所有 S-VDU 处理器 B 列故障；

（7）L1a 网关 A、B 两列同时故障；

（8）L1b 网关 A、B 两列同时故障；

（9）L2 网关 A、B 两列同时故障。

前四项内容任意一个产生即可产生 KIC（self-monitoring）unavailable 信号。此信号通过网络传输到 RPCC 机柜，产生生命监测报警信号，同时点亮 BUP 上的 KIC001AA 和 KIC002AA 的报警指示灯，如图 6-25 所示。

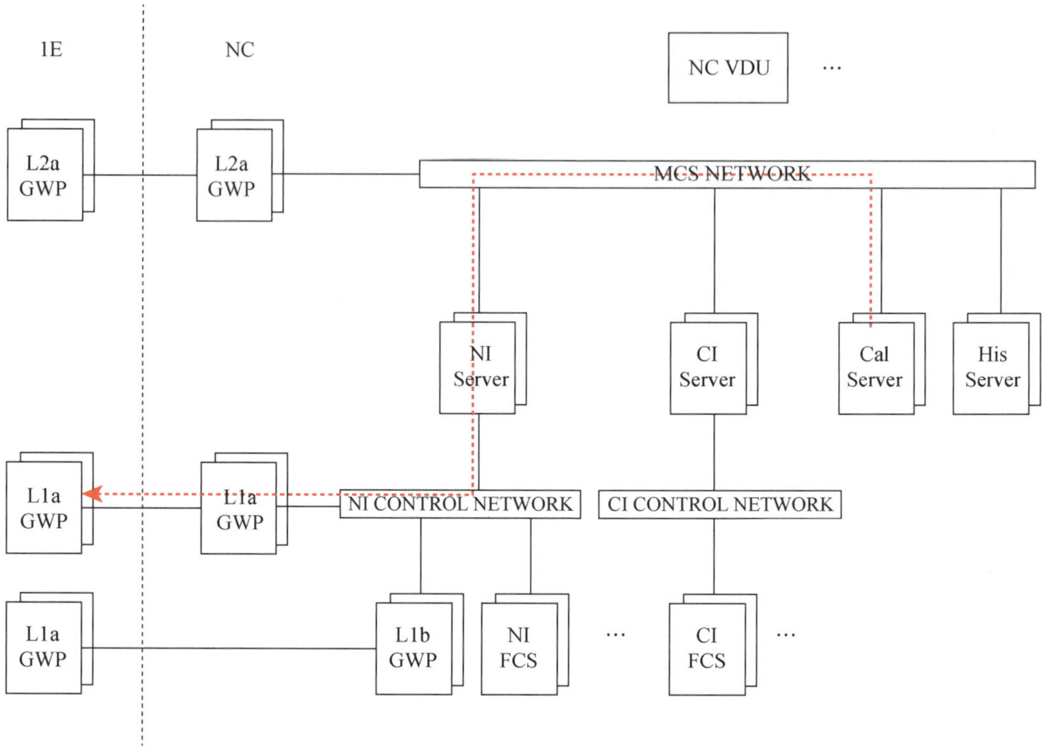


图 6-24 生命监测流程图

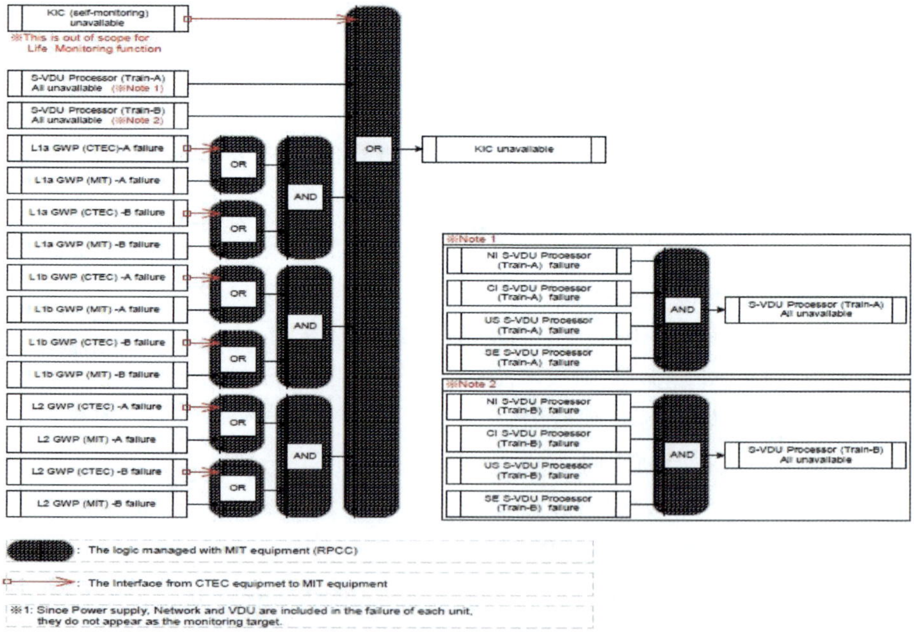


图 6-25 生命监测信号在 RPCC 软件内部形成的具体逻辑

在监测 L1a 和 L2 网关状态时，同一列网关中 MIT 侧网关和 CTEC 侧网关采用同一个监测信号，任一网关故障都会导致监测信号为 1。因此，在 RPCC 软件实现中，L1a 和 L2 网关 A、B 列都只有一个状态监测信号，在 A、B 列网关同时故障的情况下，产生生命监测报警信号，如图 6-26 所示。

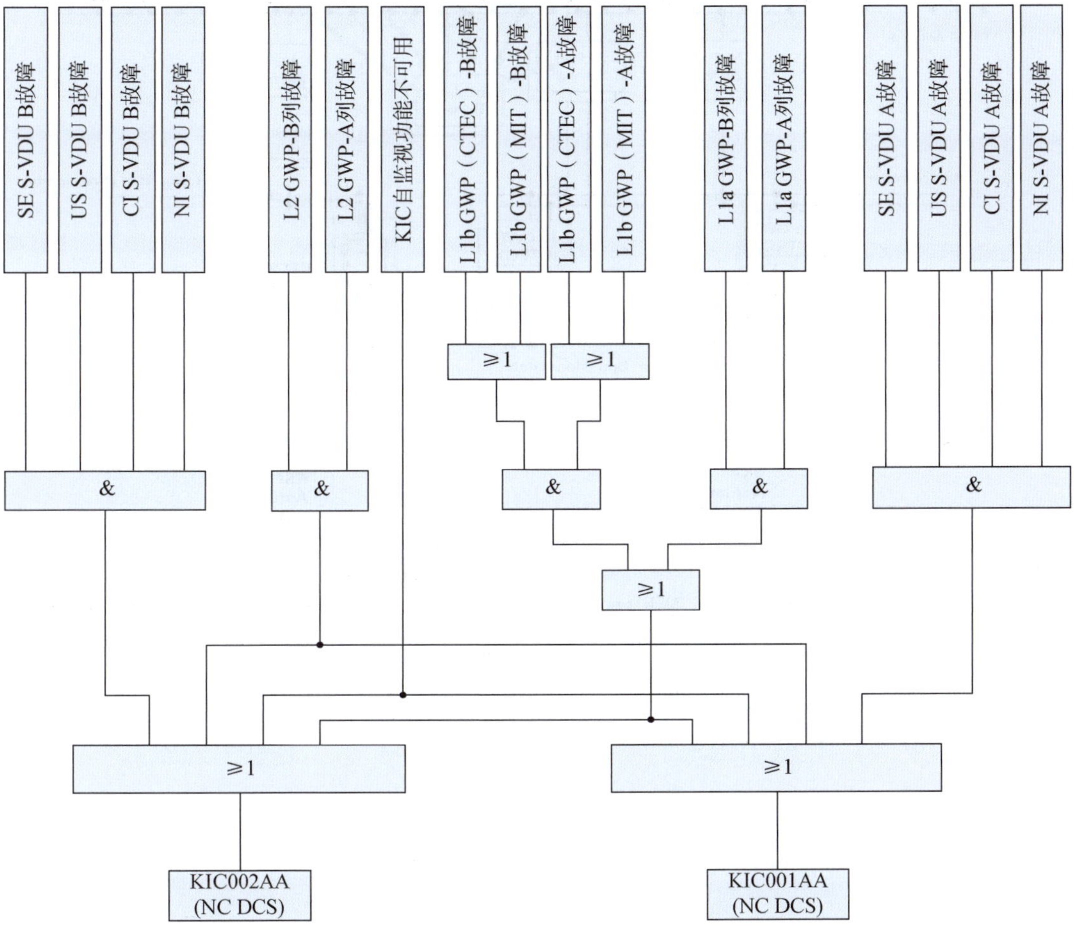


图 6-26　生命监测信号软件逻辑图

## 6.4.3　生命监测信号流

生命监测可以监视 OWP、NI 和 CI 服务器、网关和 S-VDU 的可用性。生命监测信号在 DCS 网络中的信号路径如图 6-27 所示。

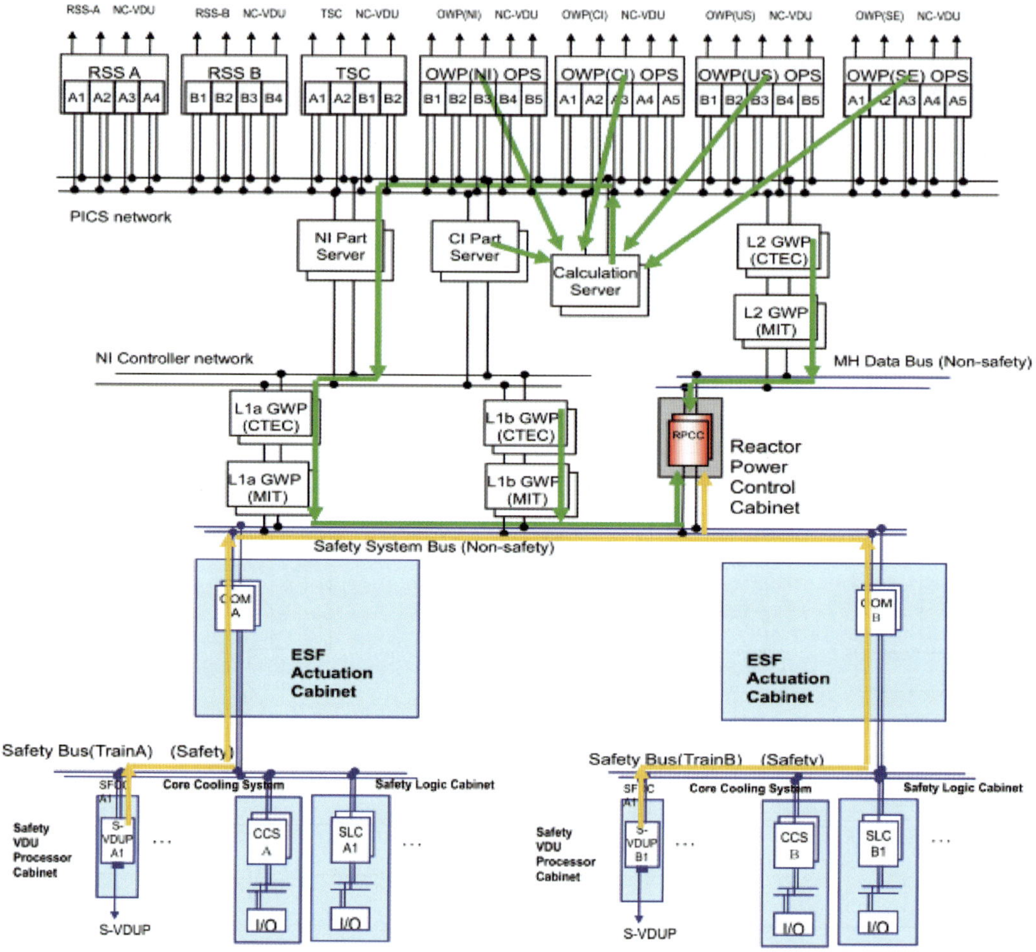


图 6-27 生命监测信号流程

具体信号流程如表 6-9 所示。

**表 6-9 生命监测信号流程**

| 监测目标 | 信号路径 | 详细信号路径 | 说明 |
| --- | --- | --- | --- |
| CI 服务器 A/B | form：非安全级（CTEC）<br>To：非安全级（MIT-RPCC） | →［计算服务器］ | 通过 M-NET 网络 |
| | | →［NI 服务器］ | 通过 M-NET 网络 |
| | | →［L1a GWP（CTEC）］ | 通过 S-NET 网络 |
| | | →［L1a GWP（MIT）］ | 通过网关间的网络 |
| | | →［RPCC］ | 通过 Safety System bus 网络 |

续表

| 监测目标 | 信号路径 | 详细信号路径 | 说明 |
|---|---|---|---|
| 计算服务器 A/B | form：非安全级（CTEC）<br>To：非安全级（MIT-RPCC） | → [计算服务器 A/B] | 通过 M-NET 网络 |
| | | → [L1a GWP（CTEC）] | 通过 S-NET 网络 |
| | | → [L1a GWP（MIT）] | 通过网关间的网络 |
| | | → [RPCC] | 通过 Safety System bus 网络 |
| NI 服务器 A/B | form：非安全级（CTEC）<br>To：非安全级（MIT-RPCC） | → [NI 服务器 A/B] | |
| | | → [L1a GWP（CTEC）] | 通过 S-NET 网络 |
| | | → [L1a GWP（MIT）] | 通过网关间的网络 |
| | | → [RPCC] | 通过 Safety System bus 网络 |
| L1a GWP（CTEC）A | form：非安全级（CTEC）<br>To：非安全级（MIT-RPCC） | [L1a GWP（CTEC）A] | 通过 M-NET 网络 |
| | | → [L1a GWP（MIT）] | 通过网关间的网络 |
| | | → [RPCC] | 通过 Safety System bus 网络 |
| L1a GWP（CTEC）B | form：非安全级（CTEC）<br>To：非安全级（MIT-RPCC） | [L1a GWP（CTEC）B] | |
| | | → [L1a GWP（MIT）] | 通过网关间的网络 |
| | | → [RPCC] | 通过 Safety System bus 网络 |
| L1a GWP（MIT）A | form：非安全级（CTEC）<br>To：非安全级（MIT-RPCC） | [L1a GWP（MIT）A] | |
| | | → [RPCC] | 通过 SafetySystem bus 网络 |
| L1a GWP（MIT）B | form：非安全级（CTEC）<br>To：非安全级（MIT-RPCC） | [L1a GWP（MIT）B] | |
| | | → [RPCC] | 通过 Safety System bus 网络 |
| L1b GWP（CTEC）A | form：非安全级（CTEC）<br>To：非安全级（MIT-RPCC） | [L1b GWP（CTEC）A] | |
| | | → [L1b GWP（MIT）] | 通过网关间的网络 |
| | | → [RPCC] | 通过 Safety System bus 网络 |
| L1b GWP（CTEC）B | form：非安全级（CTEC）<br>To：非安全级（MIT-RPCC） | [L1b GWP（CTEC）B] | |
| | | → [L1b GWP（MIT）] | 通过网关间的网络 |
| | | → [RPCC] | 通过 Safety System bus 网络 |
| L1bGWP（MIT）A | form：非安全级（CTEC）<br>To：非安全级（MIT-RPCC） | [L1b GWP（MIT）A] | |
| | | → [RPCC] | 通过 Safety System bus 网络 |
| L1b GWP（MIT）B | form：非安全级（CTEC）<br>To：非安全级（MIT-RPCC） | [L1b GWP（MIT）B] | |
| | | → [RPCC] | 通过 Safety System bus 网络 |
| L2 GWP（CTEC）A | form：非安全级（CTEC）<br>To：非安全级（MIT-RPCC） | [L2 GWP（CTEC）A] | 通过网关间的网络 |
| | | → [L2 GWP（MIT）] | 通过 HM bus 网路 |
| | | → [RPCC] | |

续表

| 监测目标 | 信号路径 | 详细信号路径 | 说明 |
|---|---|---|---|
| L2 GWP（CTEC）B | form：非安全级（CTEC）<br>To：非安全级（MIT-RPCC） | [L2 GWP（CTEC）B] | 通过网关间的网络 |
| | | → [L2 GWP（MIT）] | 通过 HM bus 网路 |
| | | → [RPCC] | |
| L2 GWP（MIT）A | form：非安全级（CTEC）<br>To：非安全级（MIT-RPCC） | [L2 GWP（MIT）A] | 通过 HM bus 网路 |
| | | → [RPCC] | |
| L2 GWP（MIT）B | form：非安全级（CTEC）<br>To：非安全级（MIT-RPCC） | [L2 GWP（MIT）B] | 通过 HM bus 网路 |
| | | → [RPCC] | |
| S-VDU（A-Train）on OWP/RSS | form：非安全级（CTEC）<br>To：非安全级（MIT-RPCC） | [S-VDUs on OWP/RSS] | 通过 Safety bus 网络 |
| | | → [COM（A-Train）] | 通过 Safety System bus 网络 |
| | | → [RPCC] | |

## 6.4.4 生命监测报警流程

生命监测有 A、B 两列的报警信号，分别对应 BUP 上 KIC001AA 和 KIC002AA 报警灯。某一个生命监测信号产生后，会通过硬接线给 NC-DCS 28＃站发送报警信号，经过 NC-DCS 28＃处理后再通过硬接线向 BUP 发送报警信号，点亮 BUP 上 KIC001AA 或 KIC002AA 的光子牌。

生命监测的具体报警路径如图 6-28 所示。

BUP 上 KIC001AA 或 KIC002AA 的光子牌如图 6-29 所示。

## 6.4.5 典型经验反馈

（1）事件名称：某电厂 1 号机组计算机信息和控制系统（KIC）A 列计算服务器故障后未自动切换。

（2）事件摘要

2017 年 1 月 17 日 3：02，1 号机组处于蒸汽发生器冷却停堆模式，主控室 KIC 部分功能不可用，主控操纵员执行运行故障处理程序（I-KIC）切换到后备盘（BUP）监视、控制机组，检查无其他异常信息。随后仪控人员检查发现 KIC 系统计算服务器 A 机故障，备用计算服务器 B 机未自动切换为主机，导致 KIC 系统部分功能不可用。3：54，仪控人员重启计算服务器 A 机后，计算服务器 B 机切换为主机，KIC 系统恢复可用。4：13，运行人员将机组从 BUP 模式切换到 KIC 模式进行机组的监视、控制，事件结束，期间机组运行稳定。该故障导致 KIC 系统部分功能不可用，违反了运行技术规范中“NS/SG 模式下 KIC 系统必须可用”的要求。经调查分析 确定 KIC 系统计

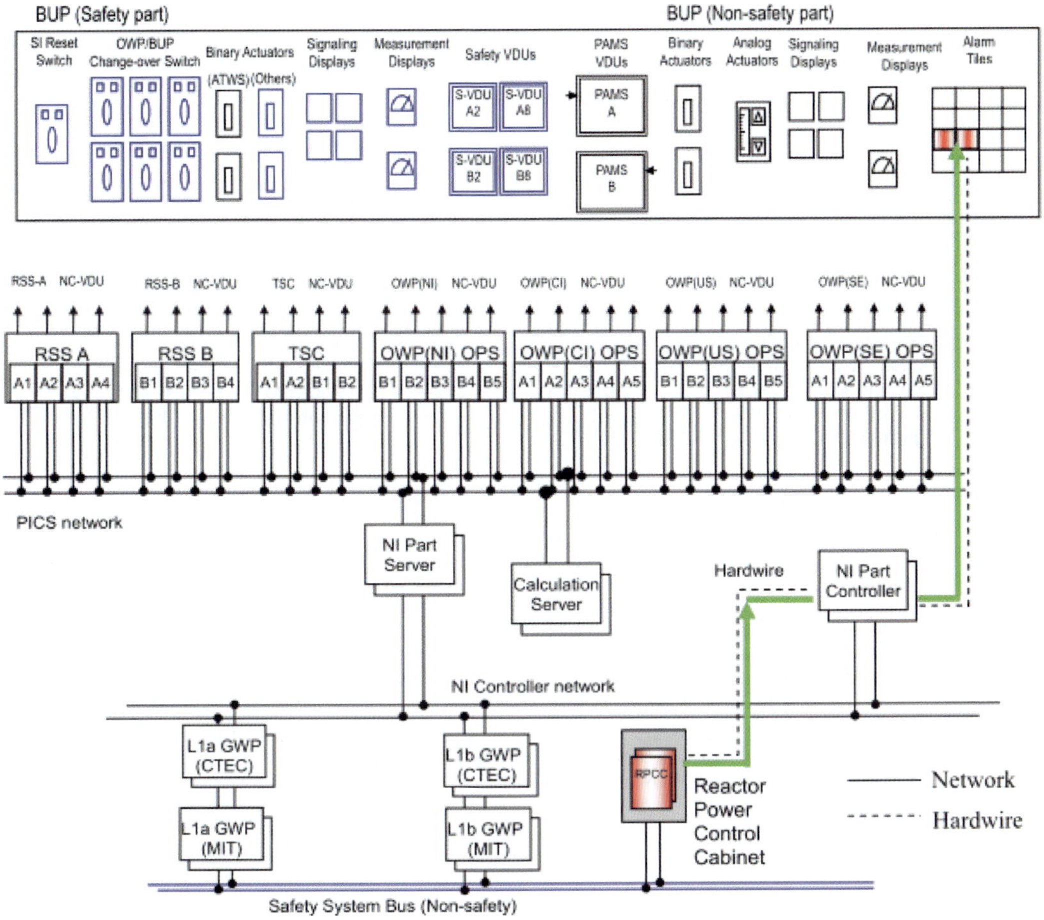


图 6-28 生命监测的具体报警路径

算服务器切换问题是导致本次 KIC 系统部分功能不可用的根本原因。

（3）事件主要时序图

事件主要时序见图 6-30。

（4）事件根本原因：

由于设计缺陷，未将“生命监测信号”停止作为计算服务器主从切换的判断条件，导致在计算服务器 A 机网络异常时，计算服务器 B 机未自动切换为主机，引起 KIC 系统失去计算服务功能。

（5）事件后果

本次事件导致机组由 KIC 切为 BUP，影响 KIC 部分功能的可用性，违反了运行技术规范，计算服务器 A 机故障为触发本次事件的直接原因，计算服务器作为 KIC 系统的核心部件，其冗余切换功能应该得到充分的保证，确保 DCS 长期连续稳定运行。

TRAIN A

| | | |
|---|---|---|
| KCP001AA<br>TRN A<br>NC KCP<br>GROUP AA<br>R | KCP002AA<br>TRN A<br>SR KCP<br>GROUP AA<br>R | 9KCP005AA<br>IMT 9<br>NC KCP<br>GROUP AA<br>R |
| KCS001AA<br>IP KCS<br>GROUP<br>ALARM<br>R | KCS003AA<br>□P KCS<br>GROUP<br>ALARM<br>R | KCS005AA<br>TRAIN A<br>KCS<br>GRCUP AA<br>R |
| KIC001AA<br>KIC SIGN<br>OF LIFE<br>TRAIN A<br>R | RGL410AA<br>RCC<br>ODE.FLT<br>R | RGL020AA<br>R RDD<br>LO-LO-LO<br>IST LIMIT<br>R |
| KSC001AA<br>BUP<br>DISABLE<br>SW TRAIN A<br>W | KPR001AA<br>RSS TRAIN A<br>ACIIVE<br>R | KPR003AA<br>RSS ROOM<br>DOOR OPEN<br>R |
| RGL001AA<br>RGL<br>0PER FLT<br>R | KPR005AA<br>RSS<br>DISABLE<br>SW TRAIN A<br>R | RPE405AA<br>CONTNT<br>SLMF<br>HI.LEVEL<br>R |
| RGL010AA<br>ROO NOT<br>BOTTOM<br>（ONLY 1）<br>R | RGL011AA<br>ROO NOT<br>BOTTOM<br>（2/WORE）<br>R | RGL021AA<br>ROW & POSN<br>SETPT<br>MSWAT.<br>R |

Alarm—06—1 TRAIN A

TRAIN B

| | |
|---|---|
| KCP003AA<br>TRN B<br>NC KCP<br>GROUP AA<br>R | KCP003AA<br>TRN B<br>SR KCP<br>GROUP AA<br>R |
| KCS002AA<br>□P KCS<br>GR0UP<br>AL/RM<br>R | KCS002AA<br>□P KCS<br>GR0UP<br>AL/RM<br>R |
| KIC002AA<br>KIC SLGN<br>OF UFE<br>TRAN B<br>R | KCS006AA<br>TRAIN B<br>KCS<br>GROUP AA<br>R |
| KSC002AA<br>BUP<br>DISABLE<br>SW TRAIN B<br>W | KPR002AA<br>RSS TRAIN B<br>AC□VE<br>R |
| RPE003AA<br>O.F.C<br>ISOLN VALYE<br>CLOSED<br>Y | KPR004AA<br>RSS<br>DISABLE<br>SWTRAIN B<br>R |
| | |

Alarm—06—2 TRAIN B

图 6-29 生命监测报警

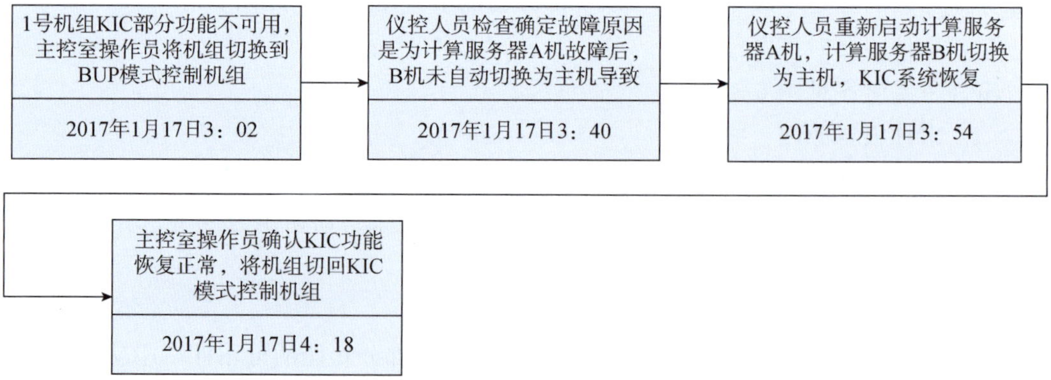


图 6-30 事件主要时序图

（6）专业知识介绍

① KIC 服务器组成介绍

宁德核电厂 1 号机组非安全级 DCS 采用和利时 HOLLiASMACS 系统，主要分为 KIC 系统与 KCP 系统。KIC 系统由服务器和操作员站组成，是 DCS 系统的人机接口部分，用于实现 DCS 的数据采集、处理及显示，能够接收操作员下达的指令并送至 KCP 系统；KCP 系统由现场控制站和通信站组成，是 DCS 的一层设备，用于现场工艺参数采集，能够接收 KIC 传输的指令并实现工艺设备的控制。

KIC 系统服务器按功能分为三种，如图 6-31 所示：计算服务器、历史服务器、IO 服务器（又细分为 NI 服务器、CI 服务器）。每台机组共配有两台主从计算服务器、两台主从历史服务器、两台并列 NI 服务器、两台并列 CI 服务器。

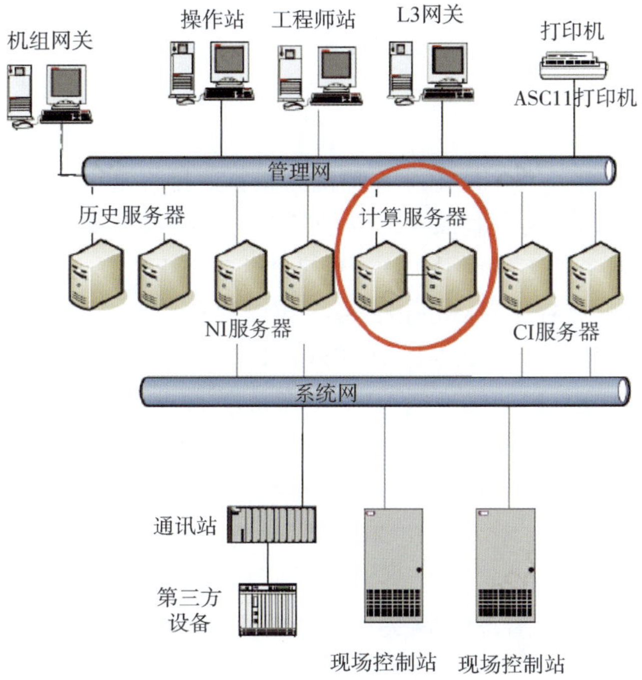


图 6-31　非安全级 DCS 网络拓扑图

计算服务器是 KIC 系统管理网络（MNET）的中枢神经，计算服务器接收来自两组 I/O 服务器的事件和信息，整理并保存这些信息。计算服务器还具有全局计算功能，按照预先组态的算法进行运算，从 I/O 服务器获取数据，存在本地内存中。计算服务器同时维护报警列表和日志列表，管理报警产生、确认、消失等过程，向操作站提供定制的过程计算，提供整个机组范围的实时信息处理。

计算服务器采用 A、B 机冗余配置，当计算服务器出现硬件故障和软件故障时，故障信息进全日志、设备故障日志、仪控报警列表。当计算服务器中的单机故障时，不影响服务器的正常功能。为实现计算服务器 A/B 机之间的冗余切换功能，在两台计算服务器间配置有双机监控卡。双机监控卡将本方服务器和自身的当前状态传递给冗余服务器，同时读取冗余服务器和其板卡的当前状态，从而使双方了解目前的工作状态，实现计算服务器的冗余切换功能。

② 计算服务器主从切换介绍

计算服务器采用 A、B 机主从冗余配置，正常运行时一台为主机、一台为从机。当从机故障时，主机运行状态不变；当主机故障时，进行主从状态切换，从机升为主机运行，实现单机故障不影响服务器正常功能的设计要求。

计算服务器主从切换的判断条件共有七个，分别为：工程师站手动切换、主机节点故障、主机双网故障、主机服务进程故障、连续三个周期诊断到主机双网断线、连续三个周期读取本机状态超时、生命监测信号停止。其中，前六个条件是基于计算服务器自诊断内容进行的判断，诊断到计算服务器主机故障后进行主从切换；第七个条件用于针对计算服务器自诊断内容之外的故障模式，主要是为了包络未知的故障。

③ 生命监测信号的介绍

由于前面已经介绍了生命 DCS 生命监测系统，这里将重点介绍计算服务器的生命监测信号。生命监测信号用于监视 KIC 系统及 KCP 设备状态的可用性，是计算服务器主从切换的主要判断条件之一。生命监测信号软件程序主要分为三部分：主程序（RT-DBMAnage）、累加计算程序（MlogProcess）和故障诊断程序（svrdoublediag）。

以计算服务器 A 机为例，如图 6-32 所示，其信号由计算服务器主程序发出，通过交换机、光纤和网线建立的网络，经 NI 服务器送至 60＃非安全级网关后再原路返回。主程序每 500 ms 调用累加计算程序进行数据传输，当连续 10 次读取返回值不变时，表征信号传输回路存在设备或网络不可用，由故障诊断程序触发主从机切换信号，并通过硬接线逻辑送至 BUP，产生 KIC 不可用声响报警，提醒运行人员将机组切至 BUP 控制。

当两台 NI 服务器或两台 60＃网关均出现硬件故障时，触发 KIC 系统硬件状态判断（KICSTATE＝1），表征生命监测信号下游传输设备存在硬件故障（见图 6-32）。此时计算服务器工作正常，仅核岛相关信号或安全级相关信号失去显示，常规岛相关信号等仍可正常显示，KIC 系统可正常提供报警、日志等服务，生命监测信号停止不会触发计算服务器主从切换。

当计算服务器主机出现硬件故障或其他未知故障时，KIC 系统无法实现人机交互的设计功能，计算服务器不能提供报警、日志等服务，生命监测信号停止会触发计算服务器主从切换，以恢复 KIC 系统功能。

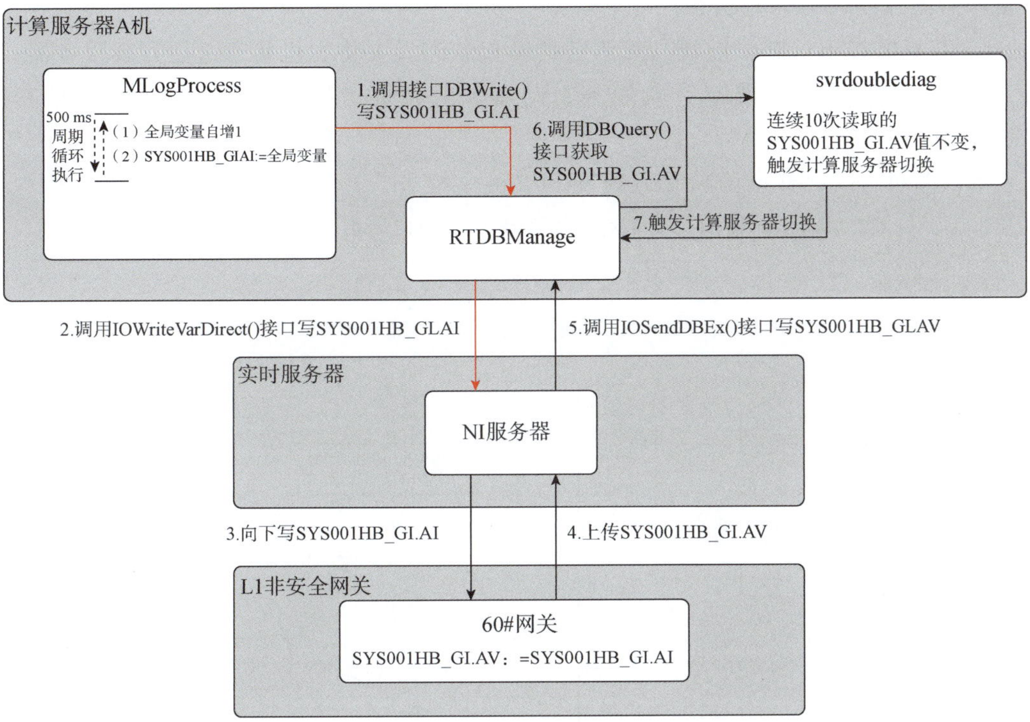


图 6-32　计算服务器 A 列生命监测信号流程图

④ 通信网络选择的介绍

受制于外界干扰及自身通信质量，数字信号的通信网络在传输过程中不可避免的存在一定差错，通常叫做误码率，而在一定合理范围的误码率是可被接受的。非安全级 DCS 平台设计了不同网络之间的容错机制，即在当前网络存在误码等传输异常时会触发一次网络重新选择，使用新选的网络路径继续通信，对系统本身不会产生影响。

以计算服务器连接的 MNET 网为例，计算服务器 A、B 机各有两个独立的 MNETA 网、MNETB 网，分别实现管理网的通信冗余。平台中设备及程序向计算服务器请求数据时，按照设定好的优先级顺序选择通信网络。以计算服务器 A 机主机运行为例，生命监测信号程序通过计算服务器 A 机 MNETA 网请求数据，若计算服务器 A 机 MNETA 网不可用，则依次按照 B 机 MNETB 网、A 机 MNETB 网、B 机 MNETA 网的顺序请求数据（见图 6-33）。若当前选择的计算服务器为主机，则通信网络选择成功，开始正常传输数据，否则继续向下一优先级网络重新选择。

(7) 计算服务器 B 机未自动切换为主机原因分析

计算服务器的状态可通过 3 种方式进行诊断：

① 系统的节点诊断：能够实时地诊断服务器及其网卡的状态，该功能主要监视计

算服务器的软硬件的运行状态；

② 双机监控卡诊断：监视计算服务器本机状态，并将本机状态送往冗余服务器；

③ 生命监测信号诊断：计算服务自动累加的心跳信号通过网关传送，最后产生 BUP 报警。

本次事件中，“节点诊断”方式和“双机监控卡”诊断方式未诊断出该故障（见图 6-34），只有“生命监测信号”停止，并触发了 BUP 报警。

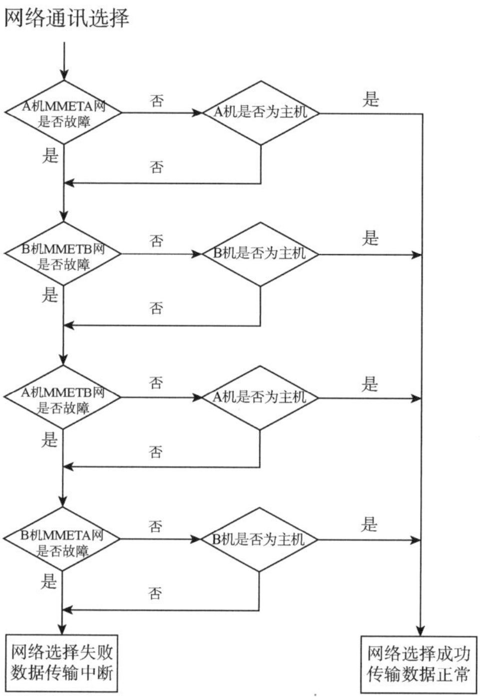


图 6-33　通信网络选择的流程图

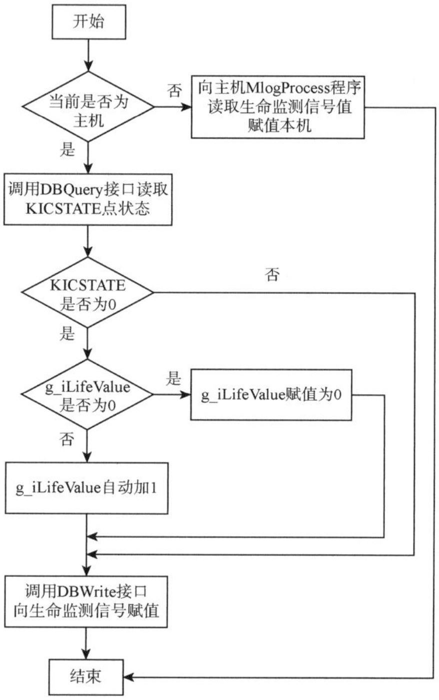


图 6-34　生命监测信号计算及判断方式

由于系统平台没有将“生命监测信号”停止，作为计算服务器切换的判断条件，导致本次计算服务器 A 机故障后，计算服务器 B 机未自动切换为主机，进而引起 KIC 系统部分功能不可用。厂家反馈在 B620 PATCH4 补丁文件包中有对应子项可以解决此设计缺陷，本次事件出现后，厂家对 B620 PATCH 4 补丁文件包进行仔细分析，可将此子项单独在线进行了升级，解决了此切换机制设计缺陷。新旧平台版本计算服务器的切换原理见图 6-36。

65＃通信站主从机判断逻辑：通信站上电后通过 A、B 机启动现后顺序确定主从状态，通过 S-NETA、S-NETB 和 R 网三个网段相互发送及接收本机和对方的主从机状态，以此进行双机诊断和切换。双机诊断发生在整个运行过程中，在程序运行正常状态下，只要 S-NETA、S-NETB 和 R 网任一网络双向通信正常，就能获得对方的运

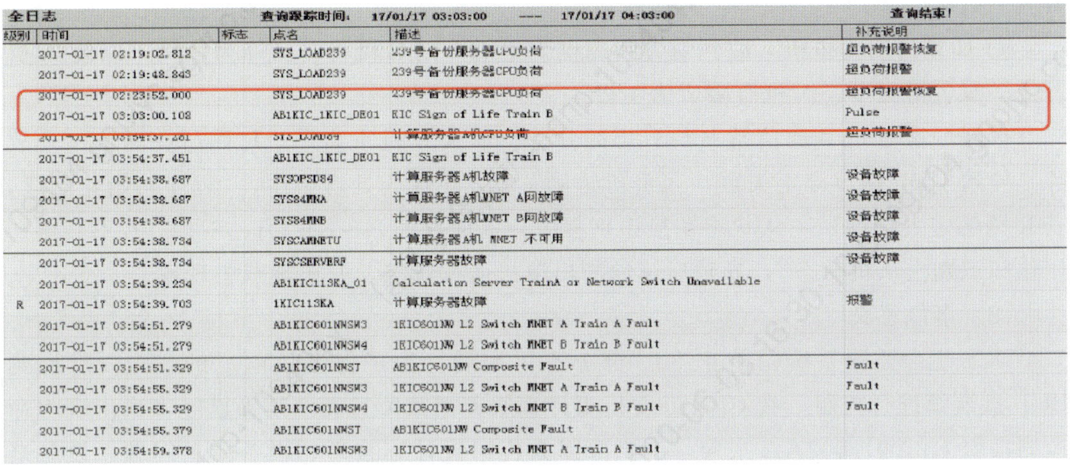

全日志　查询跟踪时间：17/01/17 03:03:00 —— 17/01/17 04:03:00　查询结束！

| 级别 | 时间 | 标志 | 点名 | 描述 | 补充说明 |
| --- | --- | --- | --- | --- | --- |
| | 2017-01-17 02:19:02.812 | | SYS_LOAD239 | 239号备份服务器CPU负荷 | 超负荷报警恢复 |
| | 2017-01-17 02:19:48.843 | | SYS_LOAD239 | 239号备份服务器CPU负荷 | 超负荷报警 |
| | 2017-01-17 02:23:52.000 | | SYS_LOAD239 | 239号备份服务器CPU负荷 | 超负荷报警恢复 |
| | 2017-01-17 03:03:00.102 | | AB1KIC_1KIC_DE01 | KIC Sign of Life Train B | Pulse |
| | 2017-01-17 03:54:37.281 | | SYS_LOAD89 | 计算服务器A机CPU负荷 | 超负荷报警 |
| | 2017-01-17 03:54:37.451 | | AB1KIC_1KIC_DE01 | KIC Sign of Life Train B | |
| | 2017-01-17 03:54:38.687 | | SYSOPSD84 | 计算服务器A机故障 | 设备故障 |
| | 2017-01-17 03:54:38.687 | | SYS84MNA | 计算服务器A机MNET A网故障 | 设备故障 |
| | 2017-01-17 03:54:38.687 | | SYS84MNB | 计算服务器A机MNET B网故障 | 设备故障 |
| | 2017-01-17 03:54:38.734 | | SYSCAMNETU | 计算服务器A机 MNET 不可用 | 设备故障 |
| | 2017-01-17 03:54:38.734 | | SYSCSERVERF | 计算服务器故障 | 设备故障 |
| | 2017-01-17 03:54:39.234 | | AB1KIC113KA_01 | Calculation Server TrainA or Network Switch Unavailable | |
| R | 2017-01-17 03:54:39.703 | | 1KIC113KA | 计算服务器故障 | 报警 |
| | 2017-01-17 03:54:51.279 | | AB1KIC601NNSM3 | 1KIC601NW L2 Switch MNET A Train A Fault | |
| | 2017-01-17 03:54:51.279 | | AB1KIC601NNSM4 | 1KIC601NW L2 Switch MNET B Train B Fault | |
| | 2017-01-17 03:54:51.329 | | AB1KIC601NNST | AB1KIC601NW Composite Fault | Fault |
| | 2017-01-17 03:54:55.329 | | AB1KIC601NNSM3 | 1KIC601NW L2 Switch MNET A Train A Fault | Fault |
| | 2017-01-17 03:54:55.329 | | AB1KIC601NNSM4 | 1KIC601NW L2 Switch MNET B Train B Fault | Fault |
| | 2017-01-17 03:54:55.379 | | AB1KIC601NNST | AB1KIC601NW Composite Fault | |
| | 2017-01-17 03:54:59.378 | | AB1KIC601NNSM3 | 1KIC601NW L2 Switch MNET A Train A Fault | |

图 6-35　事件发生时系统日志信息

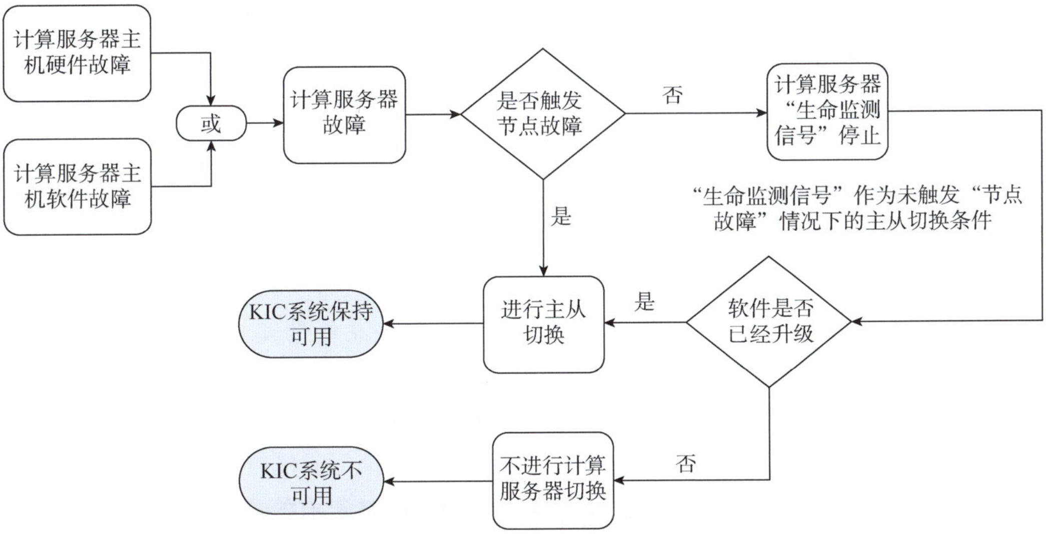


图 6-36　新旧平台版本计算服务器切换原理框图

行状态。当主机诊断出现异常时，如果符合切换原则，则进行主从切换。主要原则如下。

① 如果主机完全故障（死机、断电），则从机会检测出单机，并将从机自己升为主机；

② 如果当前为主机，且诊断出故障需要切换（如第三方通信链路故障、S-NET 网络故障），则会将自己设为主机，对方升为主机，并给自己一个“暂不升主”的标识；

③ 如果当前为从机，收到对方状态也为从机，且没有“暂不升主”标识，则直接

升为主机；

④ 如果当前为主机，收到对方状态也为主机，则 B 机将自己降为从机，以使 A 机升主。双主情况下，A 机有限成为主机。

根据厂家对 65＃通信站 B 机日志的分析，本次 B 机重启后，R 网所在网卡出现故障，导致 UDP 端口绑定失败，冗余初始化失败。在代码处理中中，“程序初始化阶段，若 R 网绑定失败后，主从状态切换识别程序会提前返回，S-NETA、S-NETB 不会再初始化和识别主从机状态”，导致后续诊断出单机运行状态，并出现双主现象。

（8）事件意义

DCS 生命监测系统是防止 KIC 部分不可用后，为了保证核电厂的安全，后撤到 BUP 盘继续进行控制。在 CPR1000 机组计算服务器故障且无法切换已经多次出现生命监测报警 KIC001/002AA 报警，主要原因为机组设计不合理、设备质量问题、设备老化造成的，对于机组运行带来一定的影响，如机组处于功率变化过程中切换至 BUP 控制，对于核电厂运行人员以及各专业部门是一个不小的考验。鉴于已多次出现同类型故障，核电厂运行人员需熟悉 IKIC 程序，并经模拟机做大量各个工况的练习，尽量将对机组的影响控制在最小范围内。

# 6.5 信号无效性管理

核电厂仪表和控制系统为核电厂工艺系统和设备提供各类控制、保护手段及监测信息，以保障核电厂能安全、可靠和经济地运行。仪控系统的安全可靠性是影响核电厂的安全、可靠、经济运行的关键因素。

依据 IAEA 文件：仪表的整定值被归为保护系统的一部分，应满足保护系统的要求，及故障安全准则。为了实现整定值的故障安全，引入了仪表“质量位”的概念，即在仪表故障时，质量位信号的变化能够实现仪表相应整定值的功能。

## 6.5.1 质量位在 DCS 系统中的应用

CPR1000 机组在采用了数字化仪控系统后，DCS 的设计中引入了一个信号质量的概念，即通过确定的技术手段，甄别出某个仪表信号是否有效，并设置一个或者一组开关量来表征该信号的有效或失效状态，这一个或一组标志就称为该仪表信号的质量位。数字化仪控系统的普遍应用，为仪表信号设置质量位提供了便利性。为满足故障安全准则的法规按要求，质量位信号应用于核电安全重要系统保护逻辑中，大大降低了系统的拒动概率以及控制异常。为实现“故障信号剔除”“保护退化”“故障实时报警”等功能，质量位信号在数字化仪控系统中大量引入。

### 6.5.2　仪表信号无效性管理原则

在DCS内部通过网络传输的信号，一般都伴随着一个指示信号有效与否的“质量位”，对于故障信号来说，该质量位可以直接发该信号相关的功能逻辑（故障安全准则），也可以直接触发KIC上的仪控报警，指示信号故障，操纵员可以利用报警信息去分析故障的起因。无效状态可以使相应的缺省值生效。

宁德核电DCS平台信号质量传递的基本规则：各种物理点（AI——模拟量输入信号，AO——模拟量输出信号，DI——数字量输入信号，DO——数字量输出信号）本身有质量信号，并且此信号质量只受信号本身即所在通道的影响。中间点没有质量信号。在信号点传递的过程中，信号的有效性默认不向下一级传递，原因在于已经在信号源出做了信号的质量处理，经过处理后的数据在DCS中认为是可信的数据，下一级运算单元可以直接使用。

下面将介绍基于HOLLISYS的MACS 6系统平台即NC-DCS中的信号处理方法，分为Level 1和Level 2两部分进行描述。

### 6.5.3　LEVEL1的信号无效性管理原则

(1) 输入型模拟量的信号失效处理

对于任何一个输入的模拟量（AI、PI）将在Level 1的I/O智能卡件中对模拟量的有效性进行判断。如果由于信号源的原因导致信号失效，或者由于DCS设备的故障导致此信号无效，则判定信号失效，那么在I/O智能卡件处理算法中将此信号的信号质量“Q”标记为“坏”。

信号质量变坏后，在Level 1中有三种处理方式：第一种是采用工程师设定的默认替代值进行替代，这个替代值必须在模拟量处理算法中根据工程时预先组态好；第二种是输出上一个计算周期的最后一次有效值；第三种是输出实际的通道采集值。这三种方式可以由工程师根据实际工程需要进行选择设置。

注意：PI如果工作在计数模式时，信号失效时的PI值默认停留在最近的有效值不变。如果PI工作在累计模式时，其信号的失效处理同AI。

可引起AI信号失效的因素包括：

- I/O模块故障；
- 控制器与I/O模块的冗余网络故障；
- 信号断线（只适用于RTD、TC）；
- 信号超量程（只适用于电压、电流信号）。

可引起PI信号失效的因素包括：

- I/O模块故障；

• 控制器与 I/O 模块的冗余网络故障；

典型的输入模拟量点在 Level 1 的处理方式见图 6-37。

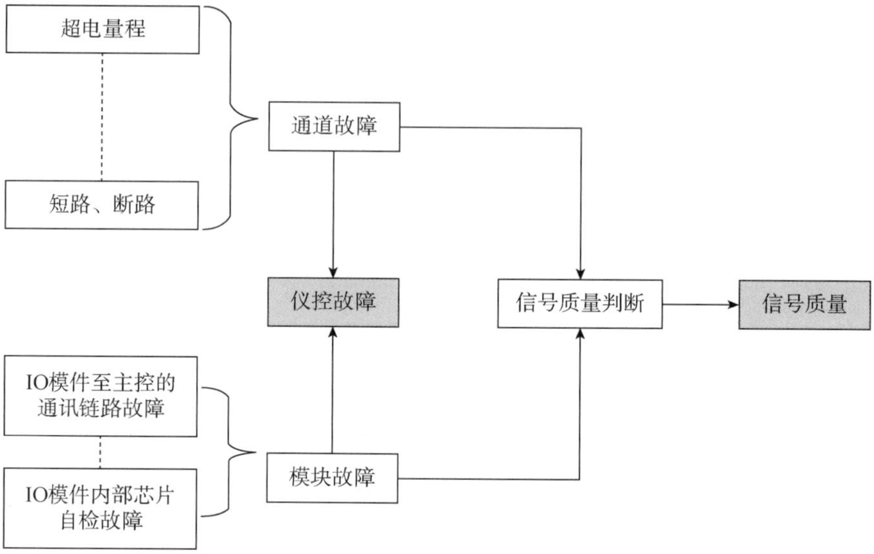


图 6-37　输入模拟量的处理方式

对越限判断的影响：I/O 算法对模拟量的越限判断分为用于 Level 1 的越限判断和用于 Level 2 的越限判断，具体见表 6-10。

**表 6-10　信号失效对模拟量越限判断的影响**

| 信号质量 | 是否影响模拟量越限判断 | |
|---|---|---|
| | Level 1 | Level 2 |
| 好 | 不影响 | 不影响 |
| 坏 | 可选择是否切除越限判断 | 不产生新的报警 |

注：表中的信号质量 Q 即信号是否失效的标志。

(2) 输出型模拟量的信号失效处理

对任何一个输出的模拟量，在 Level 1 的 I/O 智能卡件处理算法中对模拟量的有效性进行判断，如果由于信号源的原因导致信号无效，或者由于 DCS 设备的故障导致此信号无效，则判定信号失效，那么在 I/O 智能卡件处理算法中此信号的信号质量 Q 标志为“坏”。

信号质量变坏后，表示 DCS 系统的 AO 硬件设备或者 Level0 设备处于不可控状态。此时 DCS 的算法输出，仍然根据程序逻辑输出。

仍然根据程序逻辑输出是指 AO 点的通道故障后，AVO 算法根据 AVO 算法的输入值进行输出。如一个 PID 自动运算结果输出给一个 AO 点用于控制阀门，如果这个

AO 点故障了，那么 AO 算法仍然根据 PID 运算的结果输出至 AO 模块。

举例：如果从 Level0 输入一个模拟量到 DCS，然后再将这个模拟量从 DCS 送出，同时该信号在画面上也有显示，其处理方式为：

AI 通道与 AO 通道分别进行对各自通道的质量判断，并分别在 Level 2 上给出两个点的质量提示；如果 AO 通道故障，Level 2 对应的 AO 点会显示信号的失效信息，如果是因为输入信号 AI 通道引起的，Level 2 对应的 AI 点会显示信号的失效信息。如果 AI、AO 信号同时失效，则 AI 和 AO 的信号失效都会显示在 Level 2。

可引起 AO 信号失效的因素包括：

- I/O 模块故障；
- 控制器与 I/O 模块的冗余网络故障；
- 过载；
- 通道输出故障（AO 通道故障）；

（3）输入型开关量的信号失效处理

对任何一个输入的开关量，在 Level 1 的 I/O 智能卡件处理算法中对开关量的有效性进行判断，如果由于信号源的原因导致信号无效，或者由于 DCS 设备的故障导致此信号无效，则判定信号失效，那么在 I/O 智能卡件处理算法中此信号的质量 Q 将标志为“坏”。

信号质量变坏后，在 Level 1 中有三种处理方式：第一种是采用工程师设定的默认替代值进行替代，这个替代值必须在模拟量处理算法中根据工程时预先组态好；第二种是输出上一个计算周期的最后一次有效值；第三种是输出实际的通道采集值。这三种方式可以由工程师根据实际工程需要进行选择设置。

可引起 DI 信号失效的因素包括：

- I/O 模块故障；
- 控制器与 I/O 模块的冗余网络故障；
- 通道掉电（如 DI 的查询电源掉电）；
- 开关触点故障（如硬件判别的抖动）。

典型的 DI 点在 Level 1 的处理方式如图 6-38 所示。

对开关量报警的影响：开关量报警的处理方式见表 6-11。

**表 6-11　信号失效对开关量点报警的影响**

| 信号质量 | 是否影响开关量点报警 | |
|---|---|---|
| | Level 1 | Level 2 |
| 好 | 不影响 | 不影响 |
| 坏 | 可选择是否切除报警 | 不产生新的报警 |

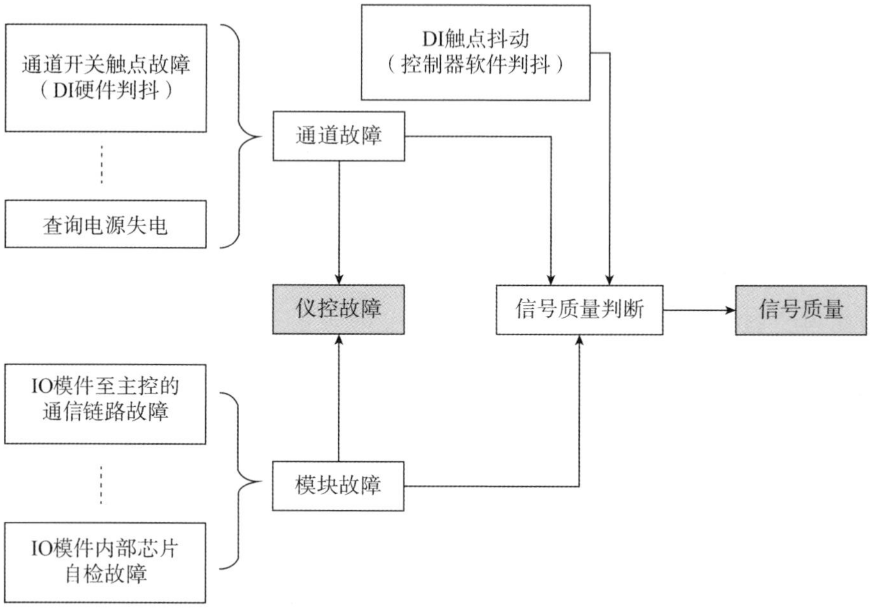


图 6-38　典型的 DI 点在 Level 1 的处理示意图

（4）输出型开关量的信号失效处理

对任何一个输出的开关量，在 Level 1 的 I/O 智能卡件处理算法中对模拟量的有效性进行判断，如果由于信号源的原因导致信号无效，或者由于 DCS 设备的故障导致此信号无效，则判定信号失效，那么在 I/O 智能卡件处理算法中此信号的信号质量 Q 标志为“坏”。

信号质量变坏后，表示 DCS 系统的 DO 硬件设备或者 Level0 设备处于不可控状态。此时 DCS 的算法输出，仍然根据程序逻辑输出。

仍然根据程序逻辑输出是指 DO 点的通道故障后，不会像 DI 算法那样采用替代值或者最后一次有效值替代输出，而是根据 DO 算法的输入值直接输出。

可引起 DO 信号失效的因素包括：

- I/O 模块故障；
- 控制器与 I/O 模块的冗余网络故障；
- 通道掉电；
- 通道输出故障（模块的输出与回读不同）。

（5）中间量点的信号失效处理

① 中间量点的分类

a. 物理信号无关点：与物理信号不相关的点，即不由物理信号经过运算得到或不受物理信号影响的点，如 PID 的比例、积分时间、微分时间等。

b. 物理信号相关点：由物理信号经运算后得到的中间变量。此变量是否有效由其源头的信号确定。

② 中间点的失效处理方式

前节所述的两类中间量点均没有信号质量，所以不需要进行失效判断及处理。

对于第二类信号（物理信号相关点），如果需要上传信号质量，其质量由其源点的信号质量决定，其失电判断及失效处理需要在 Level 1 算法中单独搭建，具体方式根据每个调节系统的要求各部相同。

例如，一个中间点对应于多个模拟量物理点求平均，$A=(B+C+D)/3$；如果其中一个物理点 $D$ 失效，此物理点将不再参与计算，$A=(B+C)/2$。

（6）通信信号的失效处理

① 输入型通信信号失效处理（包含模拟量的通信信号和开关量的通信信号）

模拟通信编号信号质量变坏后处理方式与输入型模拟量的信号失效相同。开关通信变量信号质量变坏后其处理方式与物理信号中的输入型开关量的处理方式相同。

可引起通信信号失效的因素包括：

a. 通信源点本身的信号质量；

b. 通信点的通信链路及设备的质量。

② 输出型通信信号失效处理

对输出型的通信变量，如果通信中断，此时 DCS 的算法输出，仍然根据程序逻辑输出，即根据通信输出算法的输入值进行输出。

（7）设备的失效处理

① 驱动类设备的失效处理，分两种情况：

a. 由于信号失效而导致该设备失效，例如反馈、命令等信号失效；

b. 由于设备本体故障而导致该设备不可控，例如双 0 或双 1 故障、启/停超时、运行/停止故障、电气故障等。

对于第一种情况，Level 1 的处理方法：

设备相关的物理信号失效时，算法将按照输入型开关量信号失效处理的方法，对该信号进行处理，同时将此信号的失效标志送给驱动级算法，Level 2 将显示该设备失效的信息。

另外，对于一些重要信号失效后需要引起连锁的，其逻辑实现需要在 Level 1 算法中单独搭建，搭建方式根据具体设备图纸的要求各不相同。

对于第二种情况，Level 1 的处理方法：

系统的驱动算法提供对双 0/双 1 故障、启/停超时、运行/停止故障、电气故障的监测和报警，当以上的故障发生且未恢复时，驱动算法将屏蔽一些低优先级的控制命令。

② 调节类设备的失效处理，分两种情况：

a. 由于信号失效而导致该设备失效，例如调节指令信号失效；

b. 由于设备本体故障而导致该设备不可控，例如调节阀故障不可用、I/O 卡件故障、接线松动等。

对于第一种情况，Level 1 的处理方法：

设备相关的物理信号失效时，算法将按照输入型模拟量信号失效处理的方法，对该信号进行处理，同时将此信号的失效标志送给驱动级算法，Level 2 将显示该设备失效的信息。

另外，对于一些重要信号失效后需要引起联锁的，其逻辑实现需要在 Level 1 算法中单独搭建，搭建方式根据具体设备图纸的要求各不相同。

对于第二种情况，Level 1 的处理方法：

设备本体故障，对此故障进行报警，如果工艺上需要处理此故障，其逻辑实现需要在 Level 1 算法中单独搭建，搭建方式根据具体设备图纸的要求各不相同。

### 6.5.4 Level 2 的失效处理

信号失效后，Level 2 将根据 Level 1 传递上来的信息，完成显示、记录、报警、确认等功能。

(1) 模拟量的失效处理

Level 2 接收到和信号相关的质量判断信息后，对信号进行相应的显示及报警、记录，用来表示模拟量的质量状态。信号质量发生变化后，模拟量图符上相应的显示如表 6-12 所示。

**表 6-12　模拟量图符不同状态的显示**

| 图符 | 状态 | 背景 | 边框 |
|---|---|---|---|
| 88.88 unit | 信号质量“好” | 白色 | 黑色 |
| F 88.88 unit | 通道故障引起的信号质量“坏” | 灰色 | 红色（闪烁） |
| ***** unit | 高级功能故障引起的信号质量“坏” | 灰色 | 红色（闪烁） |

模拟量信号失效（质量“坏”）的原因只有表中所列情况。高级故障包括除了通道故障外还有其他能够引起模拟量失效的故障，如 I/O 卡件故障、网络故障等。

当信号质量发生变化时，除了在图符上进行上述显示，还会在相应的报警列表和日志中进行报警和记录。

（2）开关量的失效处理

开关量的信号质量变“坏”时，会在相应的报警列表和日志中进行报警和记录。画面上无效的开关量信号用红色外框和灰色背景表示，具体见表 6-13。

**表 6-13 开关量图符不同状态的显示**

| 图符 | 状态 | 背景 | 边框 |
| --- | --- | --- | --- |
|  | 信号质量“好” | 白色（开关量为 0 时） | 黑色 |
|  | | 白色（开关量为 1 时） | |
|  | 高级功能故障引起的信号质量“坏” | 灰色 | 红色（闪烁） |

（3）设备失效的处理

对于驱动类及调节类设备的失效，分两种情况：

① 由于信号失效而导致该设备失效，例如反馈失效；

② 由于设备本体或者 I/O 卡件故障而导致该设备不可控，例如设备启/停超时、调节阀故障不可用、对应的 I/O 卡件不可用等。

Level 2 对于这两种情况的失效处理相同。以泵的图符为例，Level 2 图符显示，并且该类信息会在相应的报警列表和日志中进行报警和记录。

（4）服务器、网络、单个 OPS 故障的失效处理

当全部服务器故障、冗余 MNET 网络全部故障、冗余 SNET 网络全部故障时，所有点的质量位都会置为“坏”，并显示该故障信息。NI 或 CI 的冗余 RTServer 全部故障只影响各自部分的数据，如冗余 NI 的 RTServer 全部故障只影响 NI 部分数据。

单个 OPS 故障时，如 OPS 到 MNET 网络的连接故障，该 OPS 的所有点都显示为“0”，并且在页脚处显示，表示该 OPS 失去了和服务器的连接，其他 OPS 上的信息显示均正常。

（5）经验反馈

① 事件名称：送往 KCP 的隔离模块故障导致 1VVP002MD 显示异常。

② 事件摘要

2020 年 2 月 16 日 17 时 55 分，主控触发 1ARE422KA（1ARE102/105VT/VVP414VT 报警），检查 1VVP002MD 显示突变为 0，显示变灰，质量位触发，执行 I1RRC001 程序检查 1VVP414VT 自动切换至 1VVP005MD 控制，且 1VVP414VT 变为灰色无法操作。OIC 检查后确认故障点为 1VVP002MD 送往 KCP 的隔离模块故障，1VVP002MD 仪表及保护逻辑均正常，仅影响到控制，无需在安全机柜手动旁通，由于 1VVP002MD 在 BUP 显示不正确（显示为 0），记录 KSC4 的 I02。

2 月 17 日 00 时 19 分，OIC 更换隔离模块后，1VVP002MD 显示正常，1VVP414VT

自动选择“MAX”，消除 KSC4 的 I02。

③ 事件根本原因

本次故障是卡号为 S1418 的隔离卡，故障后输出到 KCP 机柜的信号显示质量坏点。

④ 事件后果

该事件无直接后果，但 N1VVP414KC 自动切换至 N1VVP005MD 控制 ARE 水位和 APA 泵转速，但是操纵员无法手动确认 N1VVP414KC 选择模式，在故障修复后 N1VVP414KC 会自动切回“MAX”模式控制，VVP414VT 在剔除质量位后的逻辑无法保持，若质量位故障消失后重新投入自动可能导致控制系统产生较大扰动，不能实现无扰切换。

⑤ 专业知识介绍

VVP 主蒸汽系统共设置 6 个蒸汽流量表，每个蒸汽管线上 2 个；VVP 的蒸汽流量表测量蒸汽发生器的出口流量；设计上安装两个表，在保护上互为冗余，在控制上互为备用。

VVP002MD 参与的保护如下，详见图 6-39。

- 汽水失配（汽-水>775 t/h）[1/2] +蒸汽发生器水位低（−0.9 m）[1/2] →产生反应堆停堆信号；
- 主蒸汽流量高（2/3）+主蒸汽压力低低/P12 信号→产生安注信号；

VVP002MD 参与的控制如下，详见图 6-39。

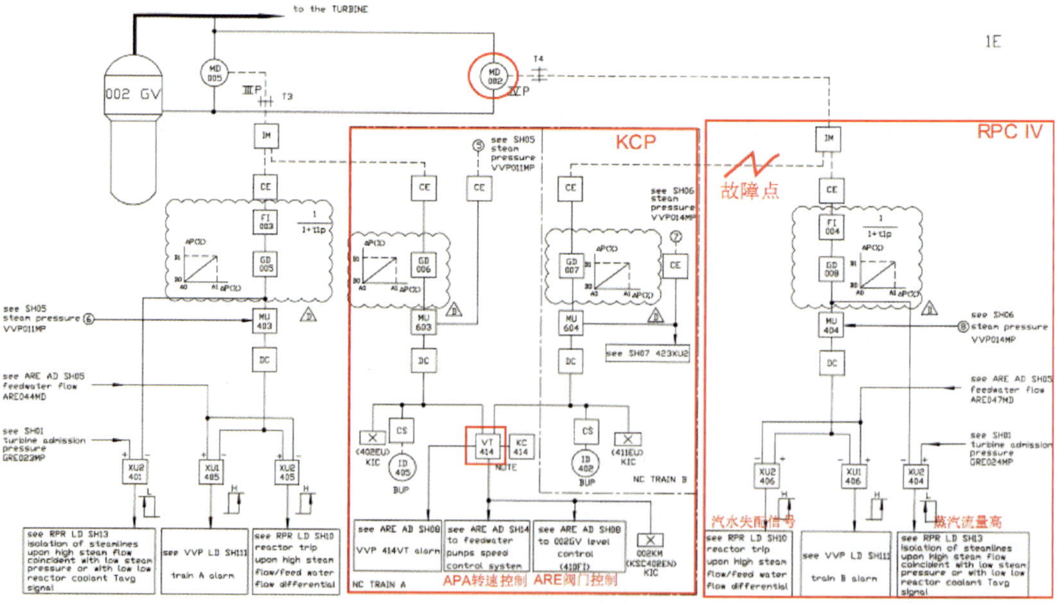


图 6-39　VVP002MD 模拟图

• 与 ARE 给水流量比较的偏差作为 ARE 大阀控制的开环调节；
• 作为 APA 转速控制整定值的输入信号。

⑥ 技术分析

VVP002MD 测量信号首先进入 RPC IV 机柜，经过模拟量输入分配卡（AI DISTRIBUTION CARD）进行信号分配输出，一路经过模拟量输入卡（AI CARD）送往 RPC IV 机柜处理后参与保护；一路经过隔离卡（ISOLATION CARD）送往 KCP 机柜参与控制，如图 6-40 所示。本次故障是卡号为 S1418 的隔离卡，故障后输出到 KCP 机柜的信号显示质量坏点，VVP414VT 自动选择至正常状态的输入信号，VVP414KC 得到 VT 的反馈信号，自动选择到 VVP005MD。因此在动作后查看 VVP414KC 已选中 VVP005MD，无需手动确认。

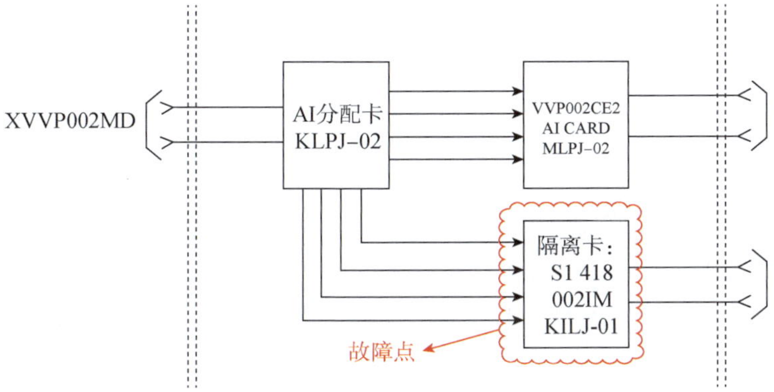


图 6-40　VVP002MD 仪表传输图

在 VOTER（VVP414VT）中接收 4 个信号，A1 为 VVP002MD 的模拟量输入，Q1 是 VVP002MD 质量位判断；A2 为 VVP005MD 的模拟量输入，Q2 是 VVP005MD 质量位判断；当 Q1 或 Q2 质量位判断为 1 时，则 VOTER（VVP414VT）不再输出对应的值。同时给 VVP414KC 一个逻辑信号，确认已选择到正常通道。具体如图 6-41 所示。

VVP414KC 的功能实现是通过触发一个通道的质量位，让 VOTER（VVP414VT）自动选择目标通道的模拟量输入（比如若 VVP414KC 手动切至 VVP005MD，此过程实际触发 VVP002MD 质量位判断 Q1 为 1，VOTER（VVP414VT）自动选择 VVP005MD），因此与通道的质量位真实触发的过程是一样的，具体如图 6-42 所示。

⑦ 安全分析

VVP 流量表在安全上的设计功能：其一，汽水失配与上 SG 水位低跳堆，设计上防止在高功率平台下丧失主给水导致反应堆热量无法及时带出，需要紧急停堆，主给水丧失作为 II 类事故，需要满足相关要求；其二，主蒸汽流量高高与上 P12 或蒸汽管线压力低低触发安注，此保护设计是用来防止蒸汽管道破口造成堆芯过冷，引入大量

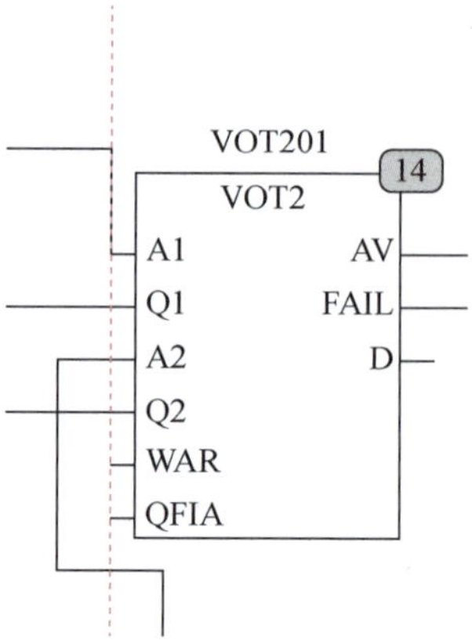


图 6-41 VVP414VT 在 DCS 中质量位判断组态

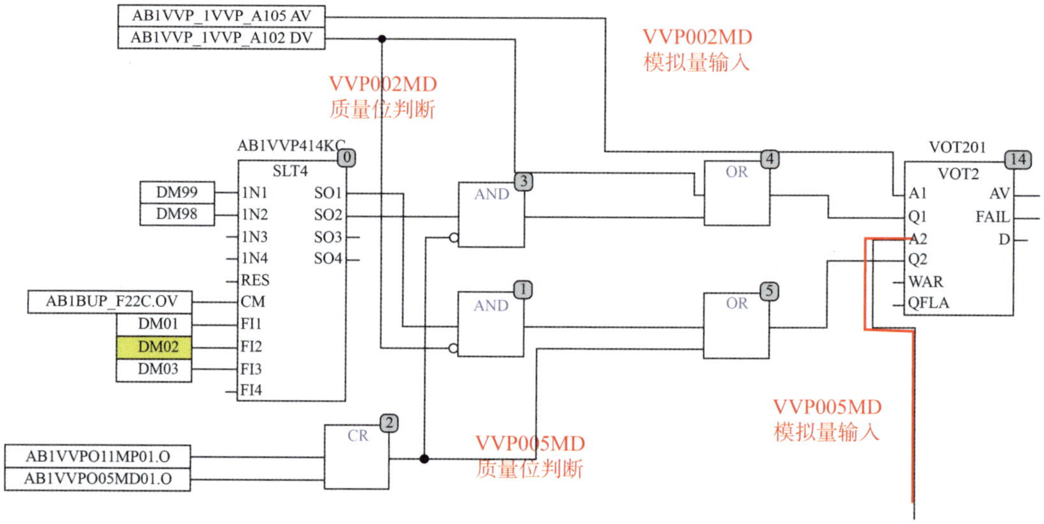


图 6-42 VVP414VT 在 DCS 中质量位自动切换逻辑

的正反应性。VVP002MD 卡件故障导致送往 ARE 给水调节和 APA 转速控制不可用，对 RPR 反应堆保护无影响。对于调节系统由于 VVP005MD 工作正常，VVP002MD 故障只是导致蒸汽流量测量失去冗余，对调节控制无影响。

⑧ 事件意义

通过该事件说明，在采用 DCS 数字化仪控系统以后，无论是仪表还是卡件均可能出现故障，为了防止控制系统在输入参数失效后控制异常，从而保证反应堆运行安全，在数字化仪控系统增设信号无效性管理，是非常有必要的。至于怎么实现有效值管理，需要根据各个信号的作用具体问题具体分析，目的就是将机组安全问题放在第一位，以保障核电厂能安全、可靠和经济运行。

# 6.6 电厂联锁信号

## 6.6.1 电厂控制系统联锁

(1) 设置联锁的目的

① 当信号接近于预期的 DNBR 限值或线功率密度限值时，阻止控制棒进一步提升；

② 当 NSSS 要求时，发出汽轮机自动降负荷信号；

③ 使蒸汽排放阀工作在快开或调节开启状态。

(2) 联锁的类型（见表 6-14）

① 停棒

提供停棒信号是为了防止不正常的功率工况，这些不正常的工况是由于控制系统的故障或操纵员违反操作规程而引起过度提棒所引起的。

a. 联锁信号 C1 和 C2

这两个信号保护反应堆，C1 在中间量程产生，C2 在功率量程产生，它们的整定值稍低于相应工况的高中子通量停堆定值。C1 和 C2 闭锁控制棒自动和手动提升。

b. 联锁信号 C3 和 C4

当接近超温 $\Delta T$ 和超功率 $\Delta T$ 紧急停堆工况时，在任何堆芯功率水平保护堆芯。C3：偏离泡核沸腾（超温 $\Delta T$）；C4：线功率密度过大（超功率 $\Delta T$）。

当有 C3 或 C4 信号产生后，使得在各种运行工况下，禁止手动或自动提升控制棒束。并同时启动汽轮机快速降负荷运行。

c. 联锁信号 C11

当 R 棒组在自动或手动方式运行时，在 R 棒组提升到其上部机械极限位置之前，联锁信号 C11 禁止 R 棒组提升。为此当子组计数器达到了棒位的上限值时，禁止棒组自动和手动提升。

d. 联锁信号 C12

在自动方式中，为了避免轴向和径向功率分布恶化，在 R 棒组下插到设定位置前，联锁信号 C12 禁止下插 R 棒组。

e. 联锁信号 C20

当功率超过满功率的 10%时，逻辑信号 C20 允许 R 棒组从手动控制切换到自动控制方式。当功率低于满功率的 10%时，闭锁 R 棒组自动提升，但可置于手动控制方式。

f. 联锁信号 C22

当 Tavg 低选值低于整定值时，联锁信号 C22 禁止功率补偿棒下插，并启动汽轮机快速降负荷。

② 蒸汽排放联锁

当一回路平均温度控制不需要蒸汽排放时，此联锁用来避免蒸汽排放或部分蒸汽排放。在排放阀事故开启时，它们也可以用来防止引起针对蒸汽管路破口的保护动作。

设置有蒸汽排放联锁，当冷凝器的冷却不能确保时，或当通过旁路排出蒸汽引起蒸汽下泄，可能导致冷凝器超压时，禁止向冷凝器排放。对于这种情况若大气释放阀不能正常工作，则最终的反应堆保护由反应堆紧急停堆和蒸汽发生器的安全阀一起来保证。

a. 联锁信号 C7A 和 C7B

如果汽轮机降负荷阶跃超过或等于 15%FP，或者如果汽轮机跳闸，则产生 C7A 信号。若汽轮机跳闸且反应堆功率大于 40%FP，或若汽轮机降负荷阶跃超过或等于 50%FP，则产生 C7A 和 C7B 两个信号。C7A 信号允许第一组和第二组排放阀开启，另外两组排放阀保持关闭。C7B 信号允许四组排放阀全部开启。

b. 联锁信号 C9

若冷凝器可用，则信号 C9 置 1。若 C9 为 0 时，就闭锁向冷凝器的蒸汽排放。

③ 汽轮机联锁

a. 联锁信号 C3 和 C4

当接近超温或超功率停堆工况时，开始使汽轮机自动快速降功率，这将防止堆芯运行出现不希望的工况。如果达到超温或超功率整定值，则使反应堆紧急停堆。

当超温或超功率信号出现时，自动将汽轮机控制模式置于直接方式，并且启动汽轮机以 200%FP/min 的速率降负荷。

功率补偿棒的控制信号与汽轮机开度参考信号相对应。

用三取二符合逻辑产生 C3 或 C4 信号。

当 $\Delta T > \Delta T_{停棒}$ 时，停止棒组提升，汽轮机负荷速降，这都适用于超温或超功率的情况。

通常条件是：

$$\Delta T_{停棒} = \Delta T_{整定值} - BP$$

$\Delta T_{整定值}$ 分别为超温 $\Delta T_{停堆整定值}$ 和超功率 $\Delta T_{停堆整定值}$，BP 是整定值偏置。

汽轮机降功率直到 $\Delta T$ 等于或小于 $\Delta T_{停棒}$。

这个功能起到维持停堆裕量基本不变的作用。

b. 联锁信号 C21

当四个功率量程的轴向功率偏差信号中有两个超过了根据反应堆的热功率水平设定的规定极限时，由 LSS（LOCA 监测系统）产生逻辑信号 C21。

C21 信号使汽轮机控制置于直接模式并启动汽轮机以 200%FP/min 的速度降负荷。此时功率补偿棒的控制信号与汽轮机开度参考信号相对应。

C21 信号的触发，使反应堆运行能够回到由轴向功率偏差所确定的运行区内，以避免触发 C3、C4 信号，阻止达到反应堆保护整定值。

c. 联锁信号 C22

在 RGL 系统中根据来自 RCP 或 GRE 系统的信息产生逻辑信号 C22。

最低平均温度（低选）同参考温度进行比较，参考温度是汽轮机负荷（由汽轮机冲击室压力得到）的函数，当冷却剂平均温度低选值低于整定值时，则产生 C22 信号。

C22 信号与 C21 信号具有相同的功能，启动汽轮机降负荷，另外，为了阻止功率补偿棒的自动下插，C22 还使存储器记忆住当时的汽轮机负荷。

设计 C22 信号的目的是防止反应堆过冷。

d. 联锁信号 C8

汽轮机跳闸时产生 C8 信号，由保护系统处理 C8 信号，当堆功率在一定水平以上时，若冷凝器不可用（即 C9 为 0）或冷凝器故障或排放系统不可用，则触发反应堆紧急停堆。

**表 6-14 闭锁信号详细列表**

| 名称 | 来源 | 功能 |
| --- | --- | --- |
| C1 | 1/2 中子通量（中间量程）高于整定值或功率倍增时间≤18 s | 闭锁自动和手动提升控制棒 |
| C2 | 1/4 中子通量（功率量程）高于整定值 | 闭锁自动和手动提升控制棒 |
| C3 | 2/3 超温 $\Delta T$ 高于整定值 | 闭锁自动和手动提升控制棒，通过负荷参考值启动汽轮机快速降负荷 |
| C4 | 2/3 超功率 $\Delta T$ 高于整定值 | 闭锁自动和手动提升控制棒，通过负荷参考值启动汽轮机快速降负荷 |
| C7A | 1/1 汽轮机进气压力（仅降低）负的时间微分大于 15%FP 或汽轮机跳闸 | 使前两组排放阀是可利用的，另外两组仍然是不可利用的 |
| C7B | 1/1 汽轮机进气压力（仅降低）负的时间微分大于 50%FP 或汽轮机跳闸并且反应堆的功率大于 40%FP | 使剩下的蒸汽排放阀是可利用的 |
| C8 | 汽轮机跳闸：2/3 汽轮机保护流体压力低或 2/4 汽轮机中压截止阀关闭 | 在一定功率水平以上，如果冷凝器不可用或冷凝器故障或蒸汽排放系统不可用时紧急停堆 |

续表

| 名称 | 来源 | 功能 |
|---|---|---|
| $\overline{C9}$ | 冷凝器压力高于整定值或冷凝水压力低于整定值 | 闭锁蒸汽排放到冷凝器 |
| C11 | R 棒组的位置高于整定值 | 闭锁 R 棒组自动或手动提升 |
| C12 | R 棒组的位置低于整定值 | 闭锁 R 棒组自动插入 |
| $\overline{C20}$ | 反应堆功率高于 10%FP | 堆功率低于 10%FP 阻止 R 棒组自动提升；堆功率高于 10%FP，不闭锁 R 棒组自动控制模式 |
| C21 | 轴向功率偏差超过了规定的极限（堆芯热功率水平的函数） | 启动汽轮机快速降负荷 |
| C22 | $T_{avg}$ 低选值低于整定值 | 闭锁功率补偿棒组自动插入和启动汽轮机快速降负荷 |

### 6.6.2 电厂保护系统联锁

（1）反应堆紧急停堆系统联锁

① 功率提升允许

超功率保护由包括三个不连续但量程重叠的堆外核测量仪表提供。在低量程停堆可以被操纵员手动闭锁之前，要继续启堆操作或提升功率需要一个来自较高量程测量通道的允许信号。

源量程停堆闭锁和切断源量程探测器高压需要 1/2 中间量程允许信号（P6）。每一个停堆逻辑通道设有一个源量程手动闭锁，为了继续功率提升，至少三个通道的闭锁都必须有效。在两个中间量程通道都低于 P6 整定值时，高压电源和源量程停堆功能自动恢复。当反应堆功率水平处于 P6 和 P10 整定值之间时，如果需要，可通过四个手动复位开关恢复源量程停堆功能和探测器高压。当功率超过 P10 整定值时，总是保持源量程停堆功能闭锁和探测器高压断开。

只有四个功率量程通道中至少有两个通道可满意地运行并产生允许信号（P10）后，中间量程停堆功能和功率量程低定值停堆功能才能被闭锁。由于设置了单独的闭锁开关（每个停堆逻辑通道一个开关，中间量程和功率量程低定值各有四个闭锁开关），因而功率量程低定值停堆和中间量程停堆可以独立地被闭锁。当四个功率量程通道中任何三个通道的核功率低于 P10 整定值时，这些停堆功能自动恢复，如此确保自动转换到更有限制性的停堆保护。

② 低功率时的反应堆停堆闭锁

允许信号 P7 不存在（低于约 10%FP）时闭锁一条以上环路反应堆冷却剂低流量、蒸汽发生器高-高水位、反应堆冷却剂泵低-低转速、反应堆冷却剂泵断路器断开、稳压器低压力或稳压器高水位产生的停堆。低功率信号（P7不存在）由四取三的功率量程中子注量率信号低于整定值同三取二的汽轮机冲击室压力信号低于整定值（电厂低负荷，P13不存在）相符合而产生。

当电厂功率低于约30%FP时，由P8不存在联锁信号闭锁任意一条环路反应堆冷却剂低流量、任一台反应堆冷却剂泵断路器断开产生的停堆。当四取三的功率量程中子注量率信号低于整定值时，产生闭锁动作（P8联锁信号不存在）。这样，在低于P8整定值时，在两条环路出现低流量之前不会发生反应堆停堆。具体信号及有关应用的逻辑见表6-15。

**表6-15　允许信号详细列表1**

| 信号 | 条件和来源 | 功能 |
| --- | --- | --- |
| Ⅰ—功率提升允许 | | |
| P6 | P6存在：<br>1/2中间量程中子注量率高于整定值 | 允许手动闭锁源量程反应堆停堆和断开源量程探测器高压电源 |
| | P6不存在：<br>2/2中间量程中子注量率低于整定值 | 解除源量程反应堆停堆的闭锁并恢复源量程探测器高压电源 |
| P10 | P10存在：<br>2/4功率量程中子注量率高于整定值 | —允许手动闭锁功率量程低定值反应堆停堆。<br>—允许手动闭锁中间量程反应堆停堆和中间量程停棒（C1）。<br>—自动闭锁源量程反应堆停堆。<br>—输入到P7。<br>—允许修正高中子注量率变化率。<br>—在特定条件下允许由汽轮机跳闸引起反应堆紧急停堆 |
| | P10不存在：<br>3/4功率量程中子注量率低于整定值 | —解除功率量程低定值反应堆停堆的闭锁。<br>—解除中间量程反应堆停堆和中间量程停棒（C1）的闭锁。<br>—输入到P7。<br>—停止对高中子注量率变化率的修正。<br>—允许停机不停堆（P16信号已不存在） |
| Ⅱ—反应堆停堆闭锁 | | |

续表

| 信号 | 条件和来源 | 功 能 |
|---|---|---|
| P7 | P7 不存在：<br>3/4 功率量程中子注量率低于整定值（来自 P10）且 2/3 汽轮机冲击室压力低于整定值（来自 P13） | 闭锁下列信号引起的反应堆停堆：<br>——一条以上环路反应堆冷却剂低流量。<br>—2/3 反应堆冷却剂泵断路器断开。<br>—反应堆冷却剂泵低-低转速。<br>—稳压器低压力。<br>—稳压器高水位。<br>—任一台蒸汽发生器高-高水位。<br>并闭锁由 2/3 反应堆冷却剂泵低转速引起的带厂用电运行。 |
| P8 | P8 不存在：<br>3/4 功率量程中子注量率低于整定值 | 闭锁一条环路反应堆冷却剂低流量或反应堆冷却剂泵断路器断开引起的反应堆停堆。 |
| P13 | P13 不存在：<br>2/3 汽轮机冲击室压力低于整定值 | 输入到 P7。 |
| P16 | P16 存在：<br>2/4 功率量程中子注量率高于整定值 | —在特定条件下允许由汽轮机跳闸引起反应堆紧急停堆。<br>—允许防硼稀释保护。 |
| | P16 不存在：<br>3/4 功率量程中子注量率低于整定值 | —反应堆功率低于 P10：闭锁由汽轮机跳闸引起的反应堆停堆。<br>—反应堆功率高于 P10：见 P10 信号。 |

（2）专设安全设施驱动系统联锁

**表 6-16　允许信号详细列表 2**

| 名称 | 输入 | 所执行的功能 |
|---|---|---|
| P4 | 反应堆停堆 | P4 信号存在驱动汽轮机停机。<br>P4 信号存在允许手动复位/闭锁安全注射的自动再启动。<br>P4 信号不存在使得手动复位/闭锁安全注射自动再启动的功能失效。<br>在冷却剂平均温度低的情况下，P4 信号存在允许自动关闭主给水隔离阀。 |
| P11 | 2/3 稳压器压力低于整定值（P11 信号存在允许所述功能，P11 信号不存在使所述功能失效） | 允许手动闭锁由稳压器压力低引起的安全注射启动。<br>允许手动开启隔离阀 RCP 017，018，019VP。<br>允许手动关闭安全注射箱隔离阀。<br>P11 信号不存在自动开启这些隔离阀。 |

续表

| 名称 | 输入 | 所执行的功能 |
| --- | --- | --- |
| P12 | $2/3T_{avg}$ 低于整定值<br>（P12 信号存在允许或执行所述的功能，P12 信号不存在使所述功能失效） | 与蒸汽管道流量高相符合驱动蒸汽管道隔离和安全注射。<br>允许手动闭锁根据蒸汽管道流量高同 $T_{avg}$ 低低或蒸汽管道压力低相符合而引起安全注射启动。<br>允许手动闭锁由蒸汽管道压力低低引起的蒸汽管道隔离。<br>闭锁至冷凝器的蒸汽排放。<br>允许手动旁通仅用于冷却阀的蒸汽排放闭锁。<br>在特定条件下触发反应堆停堆。 |
| P14 | 任一台蒸汽发生器中的 2/4 蒸汽发生器水位高于整定值（信号存在允许或执行所述的功能） | 关闭所有的给水隔离阀。<br>驱动汽轮机停机。<br>使所有主给水泵和 APD 泵脱扣。<br>与 P7 符合触发紧急停堆。 |

## 6.7　DCS 画面、趋势、控件

主控室是 DCS 系统的大脑中枢，操纵员通过主控室的人机交互设备，对现场系统设备进行监视和控制，从而实现集中管理功能。

主控室人机交互设备包括 KIC（计算机信息和控制系统）和 BUP（后备盘系统）。KIC 系统通过各种类型的画面、控件实现对系统设备状态及参数的监视和控制功能，通过报警实现系统设备异常或故障状态的提示功能，通过趋势实现参数连续变化过程的显示功能。另外，KIC 还为操纵员提供了电子化程序、日志等信息。而 BUP 后备盘是与 M310 机组主控室类似的模拟盘台，通过按钮、旋钮和手操器等对现场设备进行控制，利用光字牌显示报警信息，主要作为 KIC 的后备、冗余监控手段。下面从画面、控件、趋势、报警和 BUP 控件等方面介绍 DCS 系统人机交互的特点。

### 6.7.1　DCS 画面介绍

画面是 KIC 人机交互的界面，根据不同的系统、功能，将不同的信息、图符分别显示在不同的画面上。相对于模拟盘台，可以显示的信息和图符更多，功能也更多，操作更方便，使用更简单，界面更友好。更有利于主控室操纵员对机组的监控。

（1）画面总体布局介绍

如图 6-43 所示，DCS 页面分为三个区域：页眉（Ⅰ区）、数据显示操作区（Ⅱ区）

和页脚（Ⅲ区）。这三个区的功能分别为：

• 页眉（Ⅰ区）：用鼠标单击菜单区的图标按钮，可弹出相应的功能菜单查看相应内容或进行相关操作，包括画面导航、规程导航、机组状态、各类报警指示、首出故障、PT 图、日志、列表和趋势等。此区域还显示画面名称和系统时间。

• 数据显示操作区（Ⅱ区）：显示图形信息、数字信息和进行人机操作等。

• 页脚（Ⅲ区）：包括服务器状态显示、用户名、用户级别、信息提示框、切屏按钮、选屏按钮、POP 画面切换按钮、点详细按钮、网络状态、打印按钮、静音按钮等。

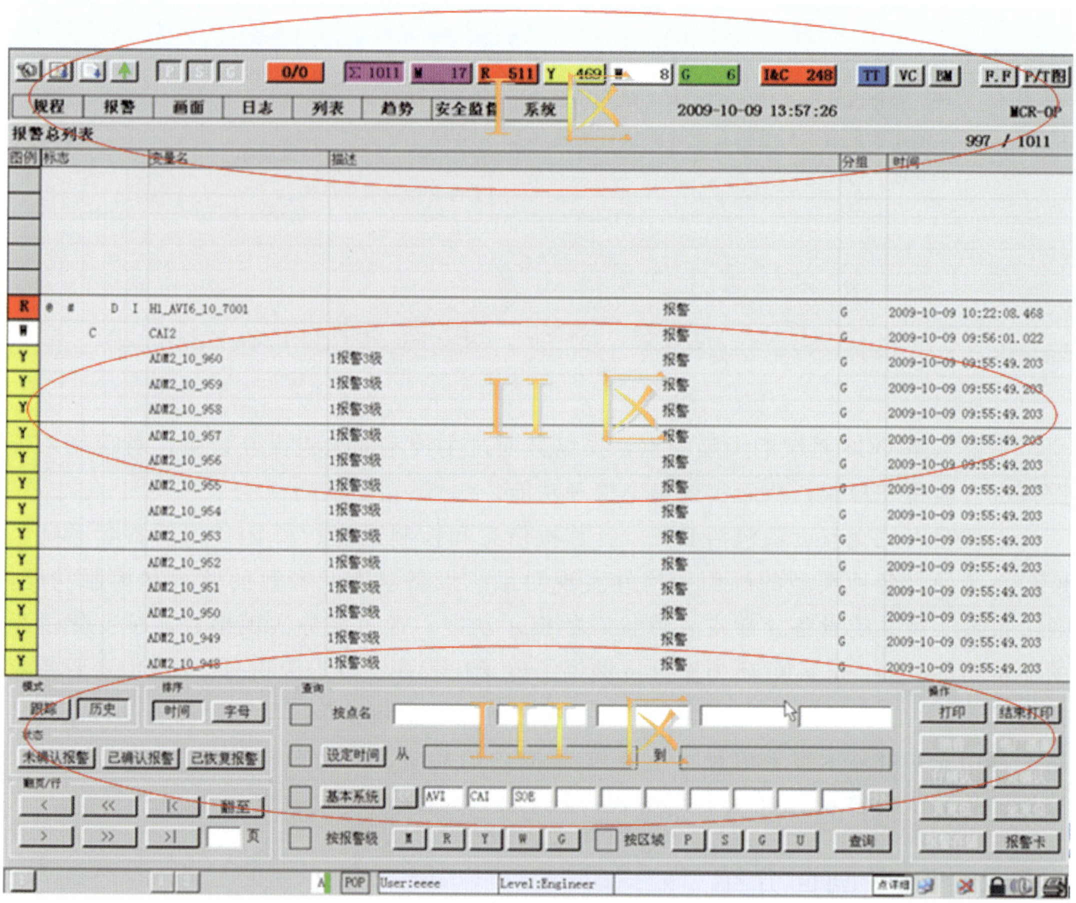


图 6-43 DCS 画面布局

（2）DCS 画面类型

根据功能的不同，DCS 画面分为八种类型：YST——状态显示画面、YCD——命令画面、YFU——跟踪画面、YMA——辅助监视画面、YBD——分解辅助画面、YLD——电厂总体画面、YPC——预制趋势画面、YSY——DCS 生成画面。

① YST——状态显示画面（见图 6-44）

- 用于满足某段事故或总体规程操作时所需监测信息显示。
- 仅能进行监视，没有控制功能。
- 可以通过画面上的链接辅助规程的执行。并可通过 YFU 等画面链接操作设备。

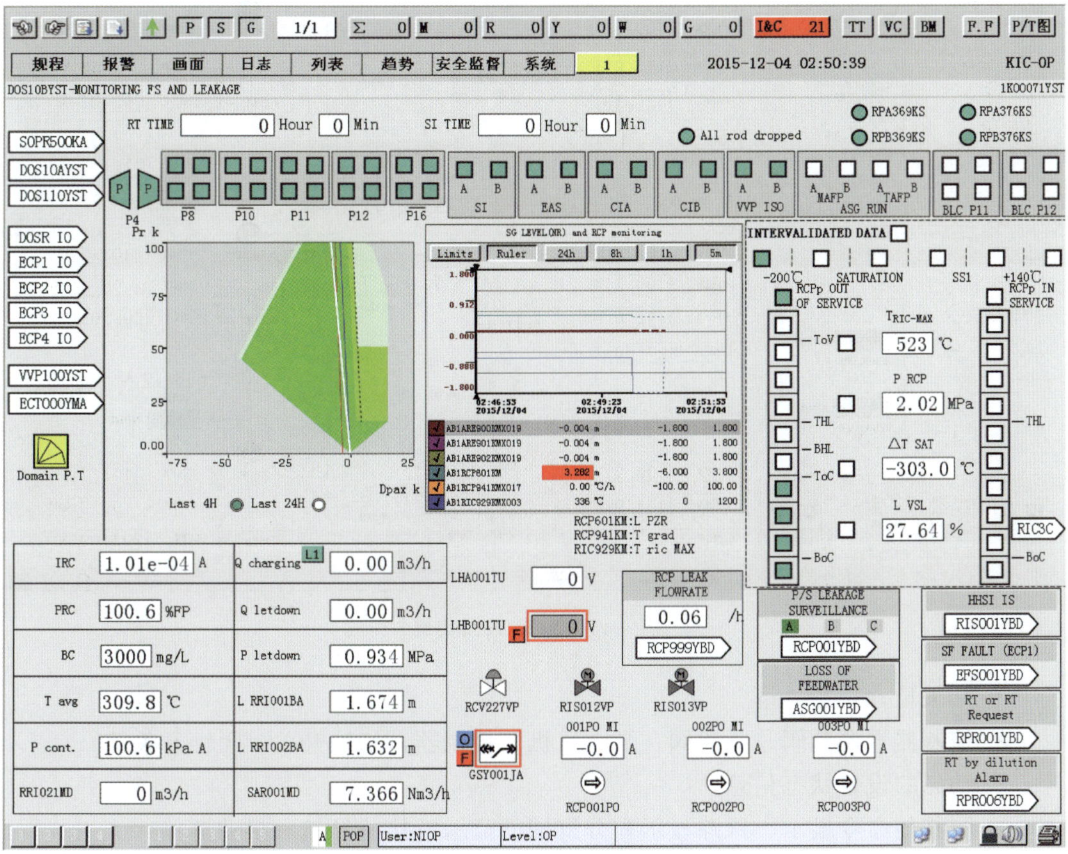


图 6-44　YST 画面实例

② YCD——命令画面（见图 6-45）

- 命令画面是用于向工艺过程发送命令并收集反馈信息的画面。
- 主要以工艺系统的流程图为基础，包含系统流程、阀门和泵的状态、模拟量、逻辑量等内容；
- 既能进行操作控制，又能进行监视；
- 一般与数字化运行规程、报警卡一起使用，用于系统设备的控制和监视。

YCD 包含的元素：

- 电厂系统机械流程图；
- 模拟量；

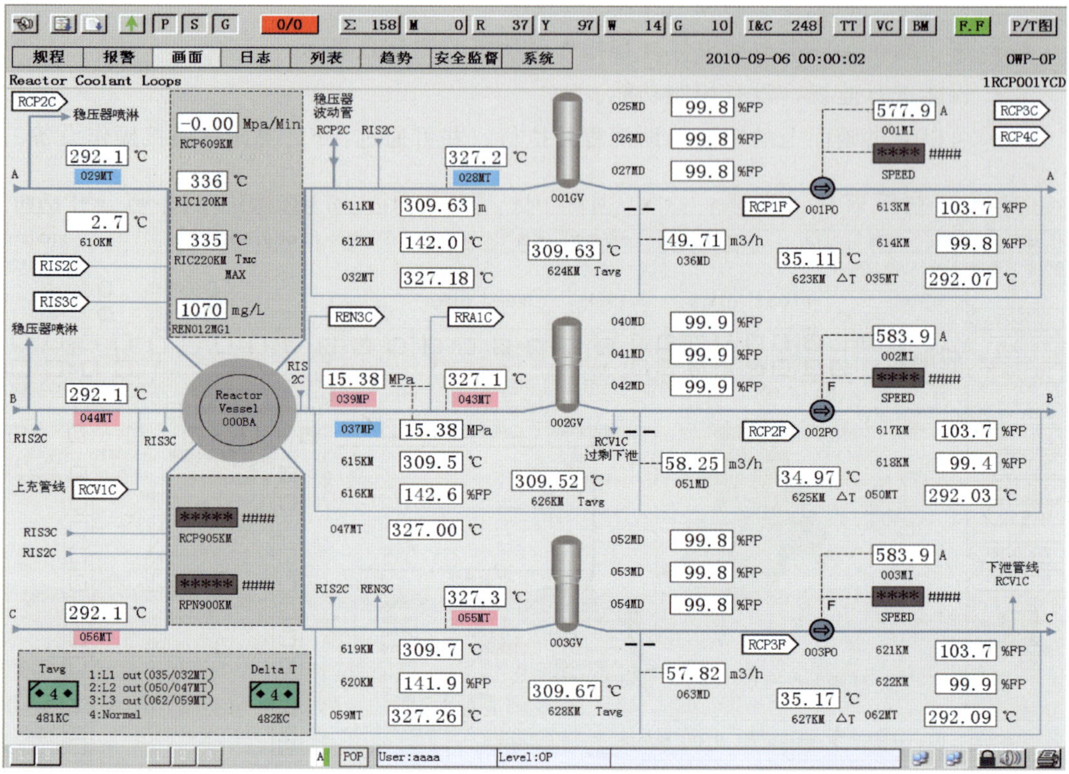


图 6-45　YCD 画面实例

- 开关量；
- 控制器（调节阀、隔离阀、泵、风机等控制器，切换开关、闭锁开关等）；
- 动态的设备状态信息；
- 同其他命令显示、跟踪显示和分解辅助显示链接的导航（活动链接）。

③ YFU——跟踪显示画面（见图 6-46～图 6-48）

YFU 主要分 3 类：

- 主设备跟踪画面：主要用于主设备的详细跟踪，用独立的画面来显示与主设备相关的信息，如主泵跟踪画面、SEBIM 跟踪画面。
- 主功能跟踪画面：主要用于单机组、系统、或 SOP 规程完成某一特定功能时需要监控的画面，如稳压器汽腔的形成与减灭，起机停机过程、SOP 规程配套 YFU 画面等。
- 定期试验跟踪画面：在进行定期试验时需要监控的信息。可以点击 YFU 画面上的操作模块，完成具体的操作。

④ YMA——辅助监视画面（见图 6-49）

- 专门供协调员使用。

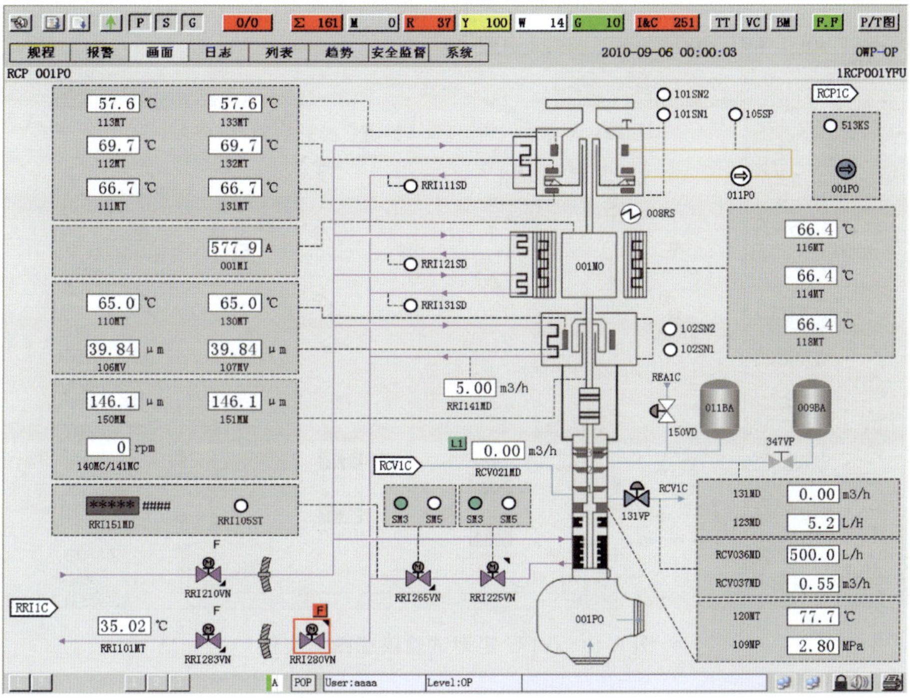


图 6-46　YFU 主设备跟踪画面实例

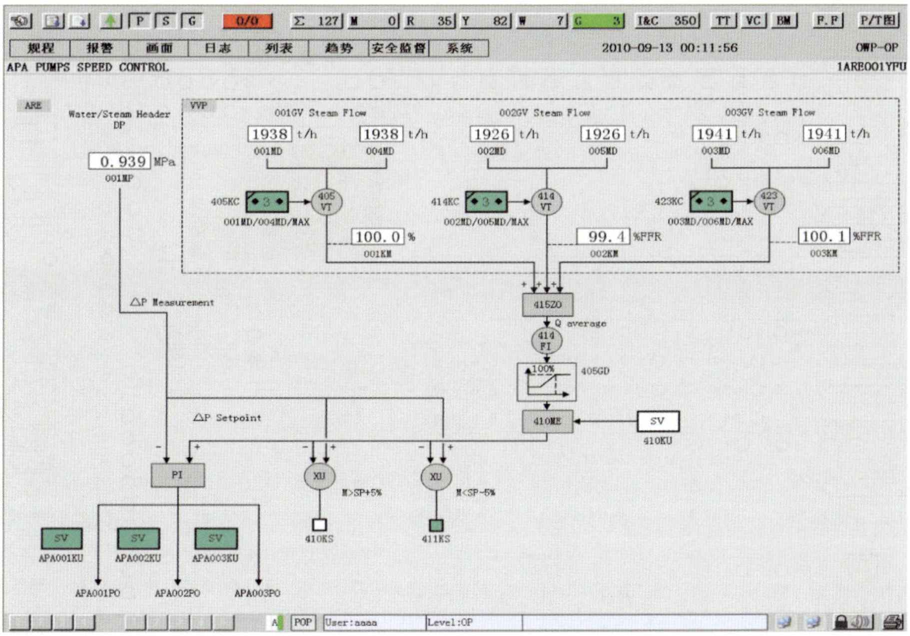


图 6-47　YFU 主功能跟踪画实例

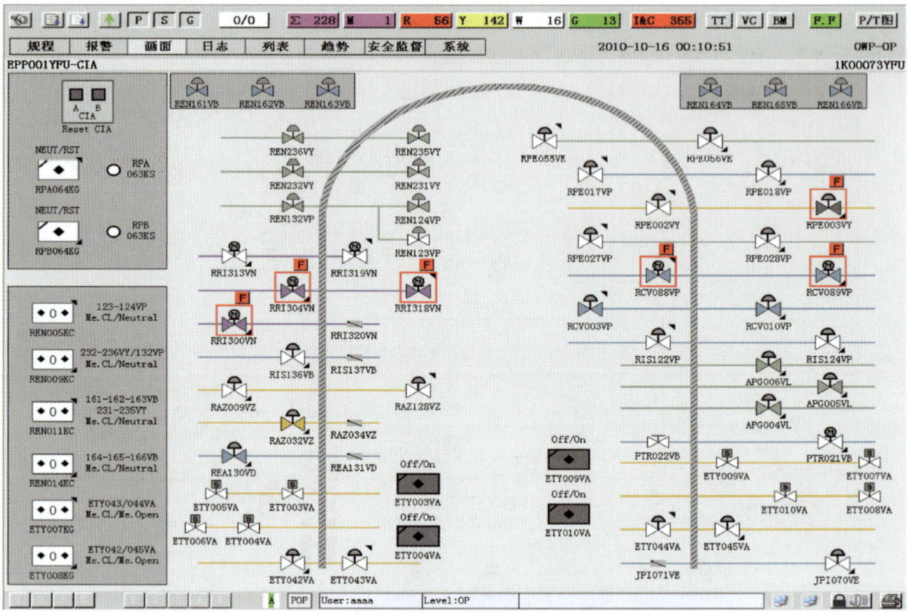


图 6-48 YFU 定期试验跟踪画面实例

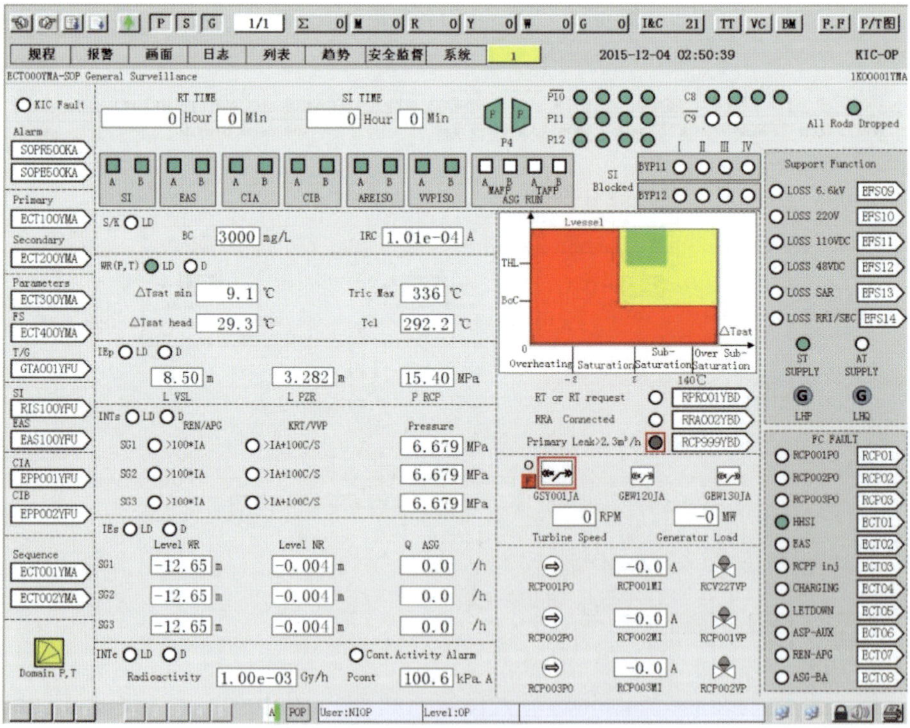


图 6-49 YMA 画面实例—SOP 相关画面

- 主要用于总体运行程序和 SOP 程序，作为它们的配套画面，用于协调员对机组总体状态进行监视。
- SOP 协调员配套画面共 9 张，覆盖所有的事故工况，其结构与 YST 画面类似。

⑤ YBD——分解辅助画面（见图 6-50～图 6-51）

主要用于某一综合逻辑的逻辑分解功能。利用计算机实现逻辑自动诊断功能，诊断结果显示在 YBD 画面上，并可显示在相关的 YST 画面上，如 SOP 诊断逻辑、主设备故障逻辑等。

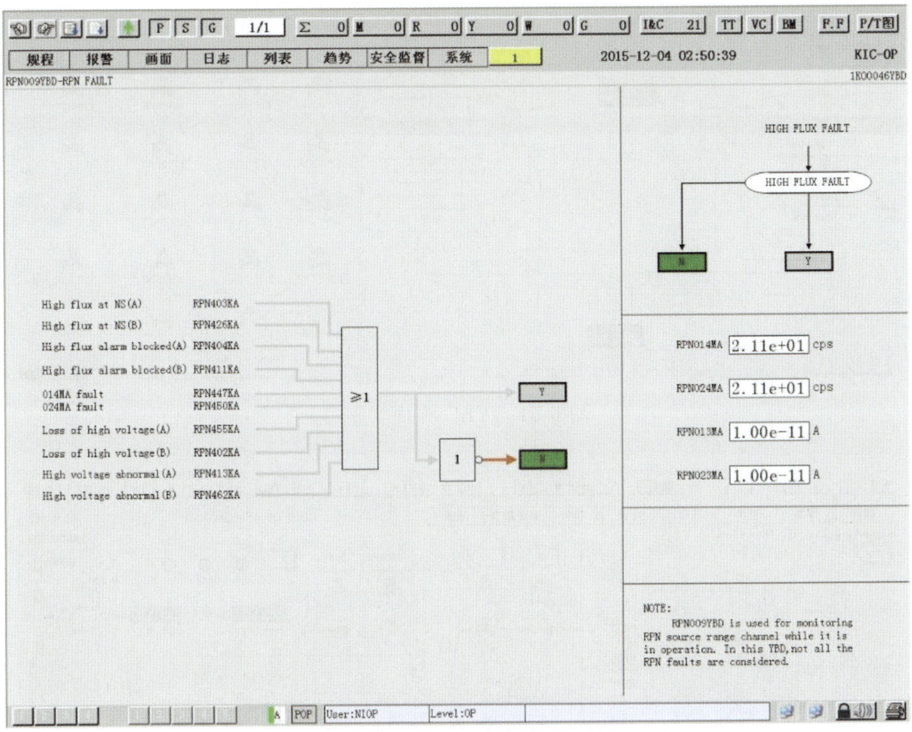


图 6-50　YBD 画面实例 1

YBD 画面是 DCS 自动化功能的体现，大大减轻了主控操纵员监视和控制的负担，特别是在事故情况下，利用 YBD 画面快速进行机组、设备状态的判断，提高了事故规程执行的效率。

⑥ YLD——电厂总体画面

a. YLD 电厂总体画面（见图 6-52）

YLD 主要用于显示电厂的总体状态，分为核电、常规岛、电气和重要参数显示等几部分。电厂总体画面用于：

- 使操纵员了解电厂状态总体概况；
- 为交接班的信息交流提供参考。

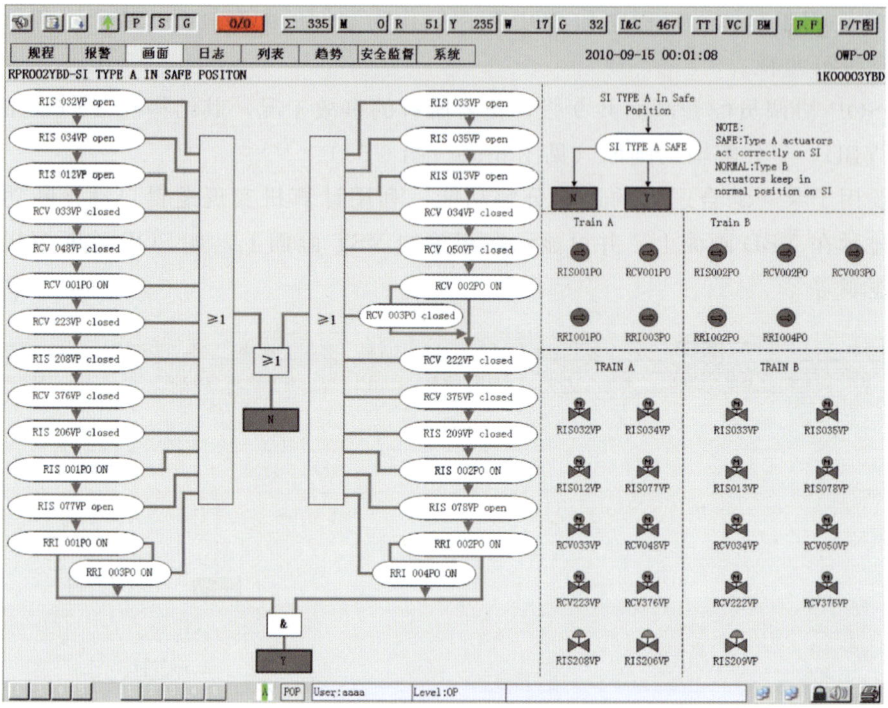


图 6-51　YBD 画面实例 2

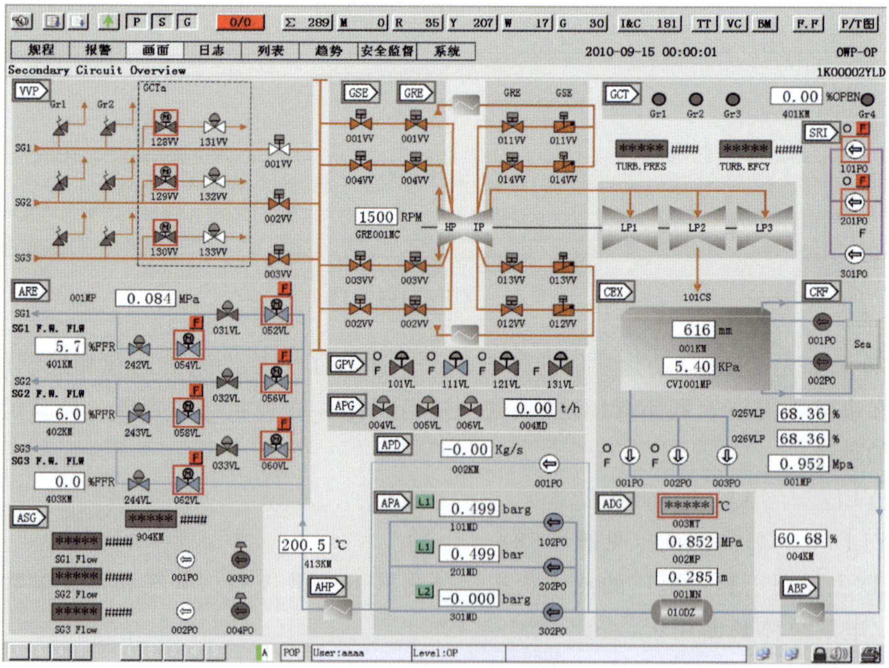


图 6-52　YLD 画面实例

b. YLD 画面典型内容

电厂总体画面的典型内容包括：

- 电厂主要回路的示意图；
- 电厂主要执行器和重要设备；
- 电厂主要参数的历史值与当前值；
- 系统报警提示；
- 安全功能的状态。

⑦ YPC——预制趋势画面

趋势显示图和棒状图，定义需要固定显示的参数。可以在画面上直接调用（如在 YCD 上调用与系统相关的参数趋势），也可以集中管理。

此曲线是由系统工程师把曲线预置进入系统中，操纵员无法删除。

⑧ YSY——DCS 系统生成画面（见图 6-53）

它们的特点是提供给 DCS 系统，比如日志功能，报警列表，动态功能逻辑图等。

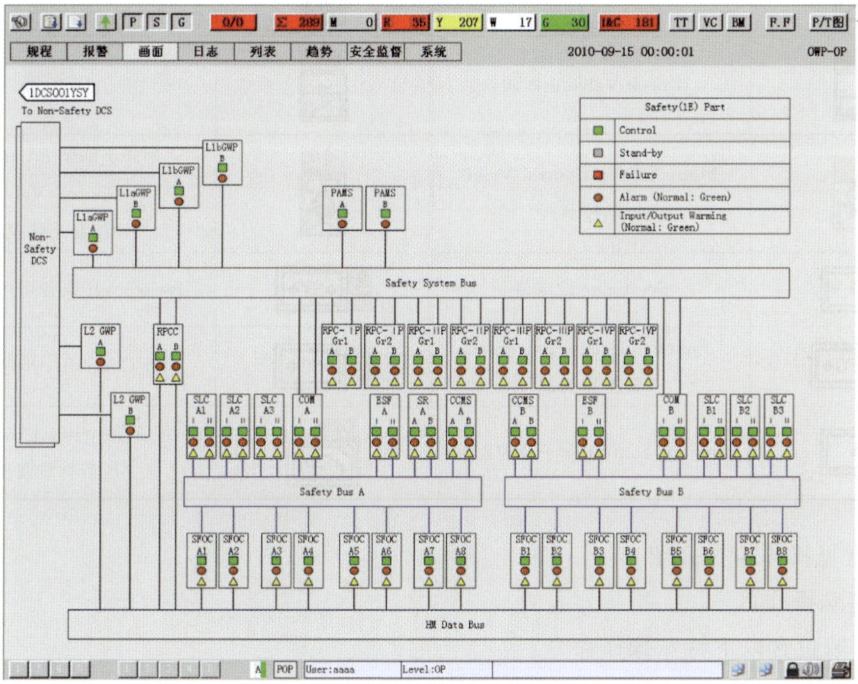


图 6-53　YSY 画面实例

## 6.7.2　DCS 控制件介绍

控件由图符和操作窗口组成，是人机界面（HMI）的重要组成部分，主要用于对现场设备的控制，其特性直接影响核电厂运行人员对电厂运行状况的操作和监视。相对于模拟盘台，DCS 控件更加直观，特别是与系统画面结合后，使得操纵员更容易理解设备动作后的影响和物理现象。下面介绍常用控件的图符、操作窗口和操作方法。

（1）特性介绍

① 常见的操作图符

操作图符是画面上可以被操作的设备图符，这些图符被点击后会弹出相应的操作窗口。常见的操作图符如表 6-17 所示。

**表 6-17　常见操作图符**

| 图符 | 功能 | 图符 | 功能 |
|---|---|---|---|
|  | Pump 泵 |  | Switch 开关 |
|  | Motor Driven Valve 电动阀 |  | Solenoid Three Way Valve<br>三通电磁发 |
|  | Check Valve 止回阀 |  | Damper |
|  | Motor Driven Control Valve<br>电动控制阀 |  | Motor Driven Continue<br>Control Valve<br>气动控制连续控制阀 |
| 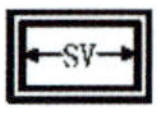 | Set-Value 设定值 |  | Switchover 设备切换控制器 |
|  | Function Group Controller<br>群组控制器 |  | Step Controller 步序控制器 |
| 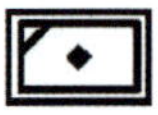 | Subloop controller 子环控制器 |  | Level Adjusters for transformers<br>变压器有载调压器 |

② 常见操作窗口介绍

a. 特殊操作区

本区域包含以下特殊操作命令：

禁止 LEVEL2 操作，即 RO 无法操作该设备；

允许 LEVEL2 操作，即允许 RO 操作该设备；

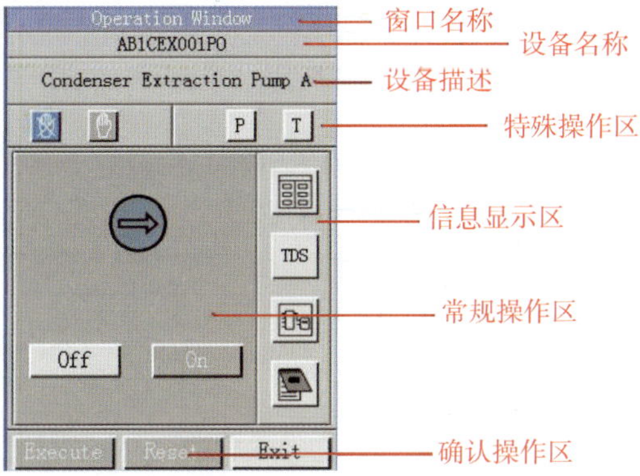


图 6-54

P：挂牌检修命令选择。当现场设备需要挂牌检修时，现场检修人员通知操纵员在操作面板上对设备进行 Padlock 操作，此时图符上有对应的标识，NC-VDU 和 S-VDU 的图符窗口上除有 Padlock 标识外，没有其他变化；LEVEL1 的逻辑不发生任何变化。

T：测试状态选择按键：On Test。提供操纵员手动命令选择测试状态。On test 功能：当现场设备需要测试时，现场测试人员通知操纵员在操作面板上对设备进行 On test 操作，此时 NC-VDU 图符上有对应的标识，图符在 NC-VDU 和 S-VDU 的窗口上除有 On Test 标识外，没有其他变化。当发生 On Test 动作后，操纵员可以对设备进行操作。LEVEL1 仍正常进行运算。设备关联的工艺报警的 On Test 信息进入报警列表及相应分类报警列表和 On Test 报警列表。

b. 常规操作区

本区域实时显示当前对象图符状态，提供对对象的常规操作：如开、关，启、停，0、1 等命令选择。

c. 确认执行操作区

通常，本区域包含以下操作命令选择：

确认执行命令按键（Execute）：点击“特殊操作区”或“常规操作区”内的命令按键后，只有单击此执行命令按键（Execute）确认执行操作命令，此操作命令方可有效。

复位命令选择按键：单击此按键，复位 O 报警，O 报警立即消失。

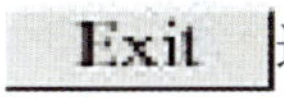

退出本操作窗口选择按键（Exit）：单击此命令选择键，当前操作窗口关闭。

d. 信息显示区

(a) 细节指示窗口：在操作窗口中，单击  按键，打开细节指示窗口（Detail

Window)。细节窗口又按照设备属性分为模拟量和开关量两种不同的细节窗口。开关量细节窗口如图 6-55 所示。

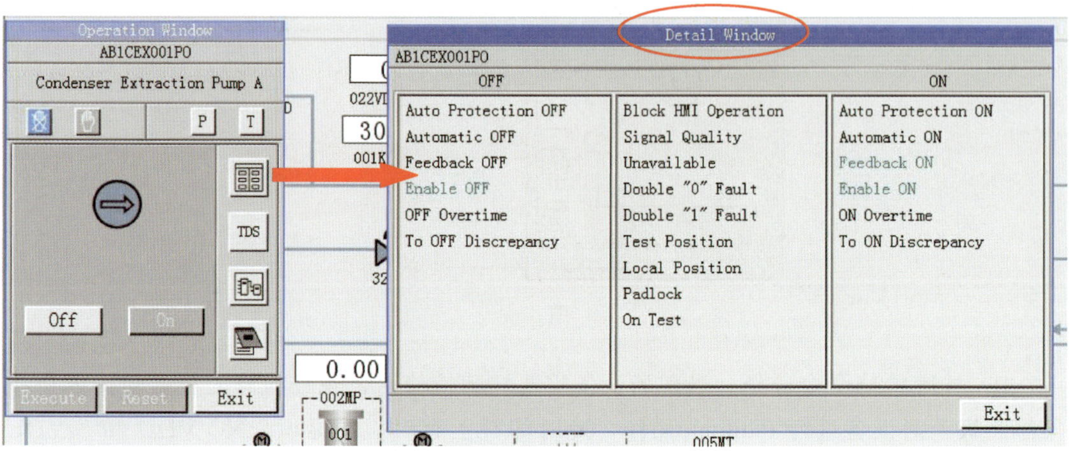


图 6-55 开关量控件细节窗口

在此类细节窗口中显示下面两类细节信息：

• I&C 故障（如：运行时间超时）状态显示：此类信号文本通常位于中间列。信号值为 0 时显示为黑色状态，信号值为 1 时以红色高亮显示。

• 功能状态（如：允许开/关）：此类信号文本位于左、右列。信号为 0 时显示为黑色状态，信号值为 1 时显示绿色提示状态。

细节信息布局：关/停类信息显示在细节窗口的左侧列，启/开类细节信息显示在细节窗口的右侧列。中间列显示当前过程信息和过程综合故障信息。

对于复杂的 I&C 图符，用第二行左右侧两列分别显示手自动信号类状态，中间列为停止等信号类状态。

模拟量类细节窗口如图 6-56 所示。

超限值数值显示（左右列）：未定义的限值在细节显示窗口中不可见；已定义的限值数值在细节显示窗口中显示为黑色。当过程实时值越限后，相应超限值数值显示为绿色提示状态；

实时过程值显示（中间列）：当未达到超限值条件，当前过程实时值显示为黑色；当过程实时值超过某高限值或低于某低限值时，此实际值显示为绿色提示状态。

(b) 技术数据单：设备技术数据单主要目的是为操纵员提供系统流程图中需要操作和监视的设备的静态信息显示。在操作窗口中，单击“TDS”按键，打开技术数据单显示窗口，如图 6-57 所示。

(c) 动态功能图：动态功能图主要用于故障分析，帮助操纵员找出屏蔽命令的原因（如：无过程允许或存在自动和保护信号）以及错误控制顺序的原因等。操纵员根

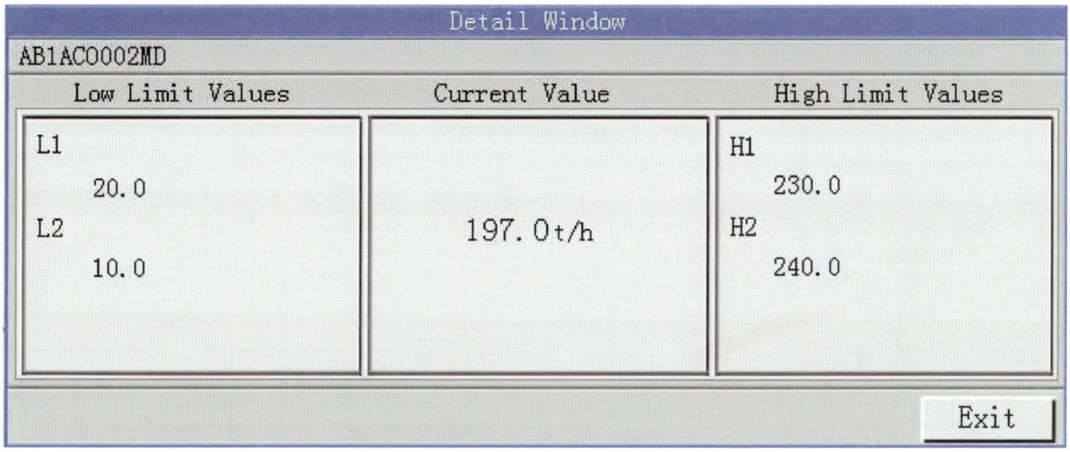


图 6-56　模拟量类细节窗口

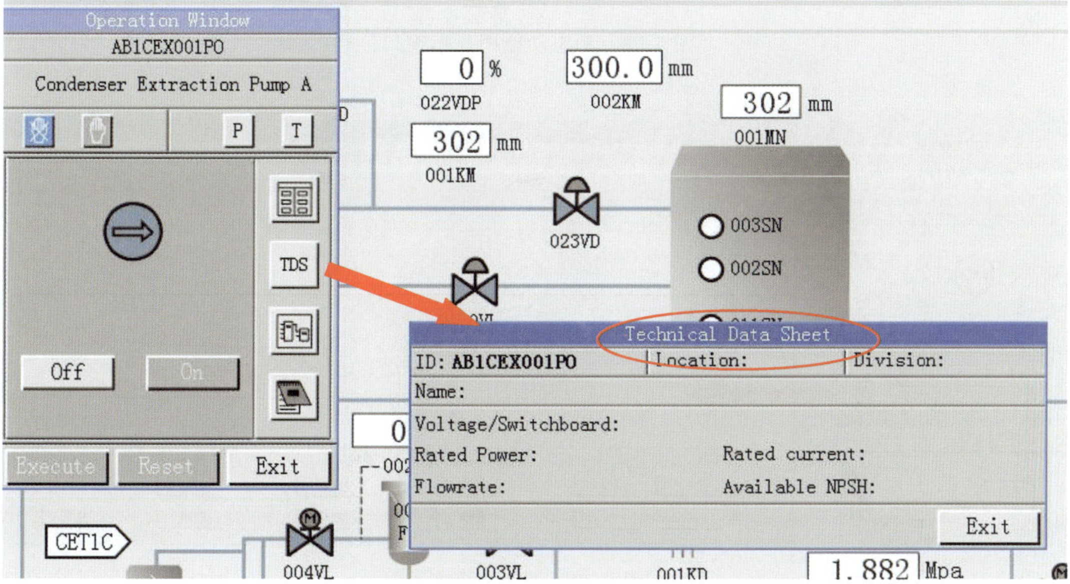


图 6-57　技术数据单显示窗口

注：设备的某项参数不存在或者没有被组态，则 TDS 中对应项内容显示为“NA”。

据此信息采取正确措施而维持电厂的运作。在操作窗口中，单击按键，打开动态功能图（Function Graphic）显示窗口，如图 6-58 所示。

(d) 记事本窗口：记事本用于操纵员记录设备运行的相关信息，记事本内的内容跟随相应图符显示。有权限的用户在同一记事本中可对旧的记录删除后追加记录，此记事本将可以在所有 OWP 上显示、可读和打印。在操作窗口中，单击按键，打开细节记事本（Notebook）录入窗口，如图 6-59 所示。

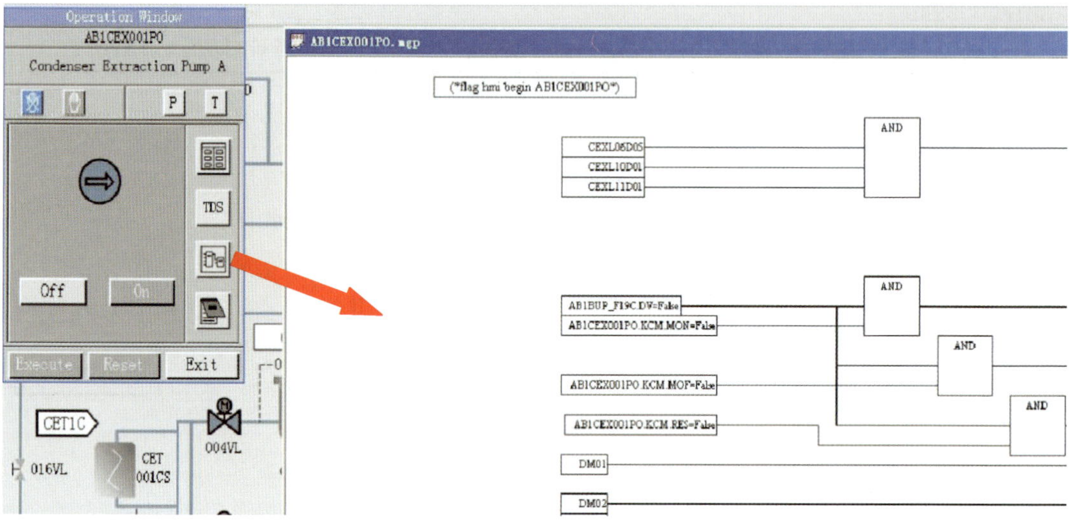


图 6-58　动态功能图显示窗口

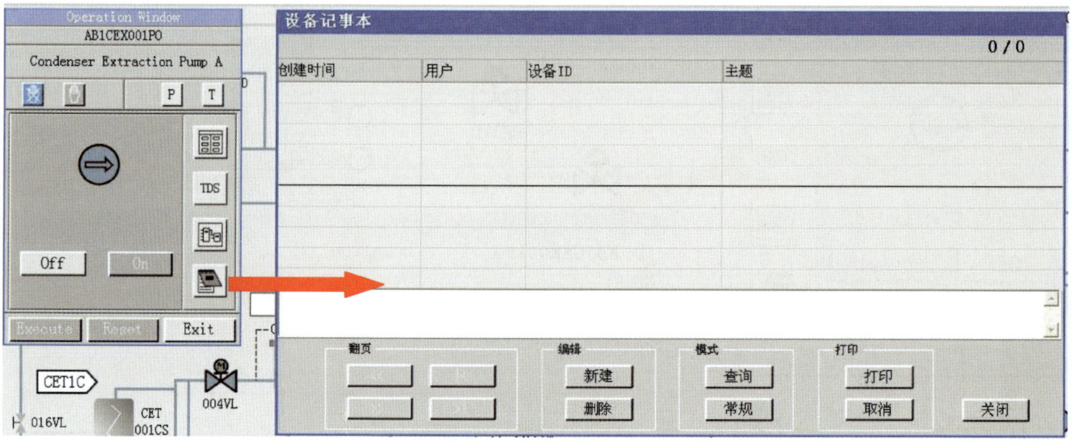


图 6-59　细节记事本

（2）控件功能及操作介绍

① 开关量类控件介绍

开关量类控件主要用于开关类命令的发出。

a. 阀门开启/关闭的控制。

开启 RCP131VP：点击“OPEN”，然后点击“Execute”生效命令；

b. 泵启动/停运的控制，风机、压缩机等单电机驱动设备的控制件均如此。例如：停运 CEX001PO：点击“Off”，然后点击“Execute”生效命令；

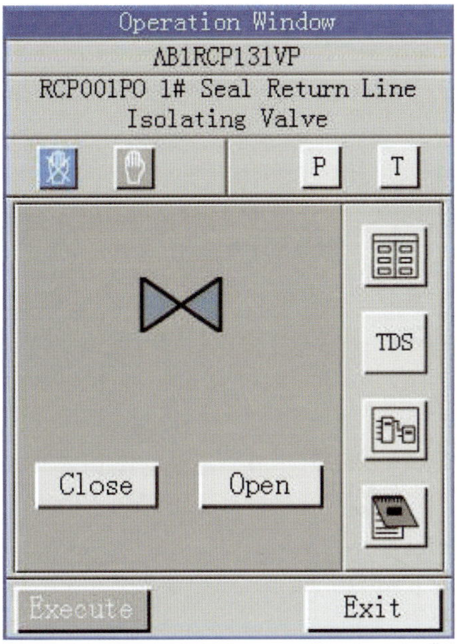


图 6-60　RCP131VP 操作控件

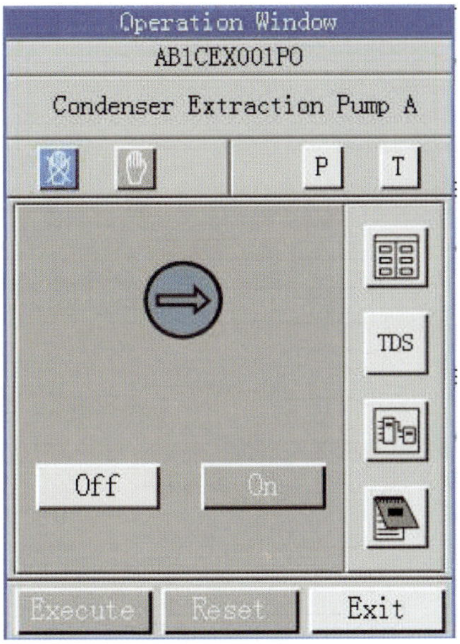


图 6-61　CEX001PO 操作控件

c. 开关量的选择控制，包括 2 选 1、3 选 1、4 选 1 等。例如：

将 RCV013VP 的控制模式切为 RCP 模式：点击“RCP”，然后点击“Execute”生效。

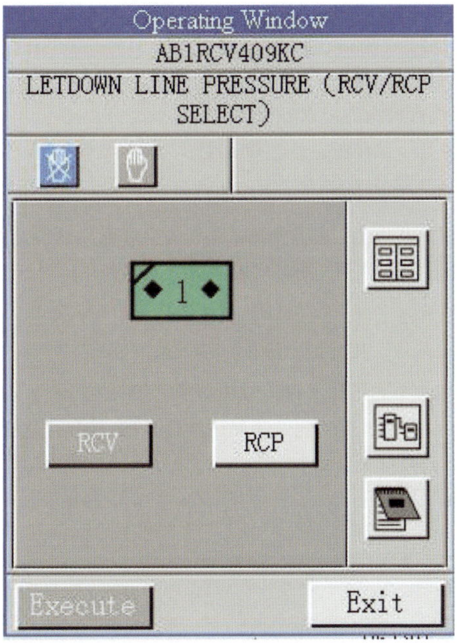


图 6-62　RCV409kV 操作控件

② 模拟量类控件介绍

a. 常见的模拟量类控件

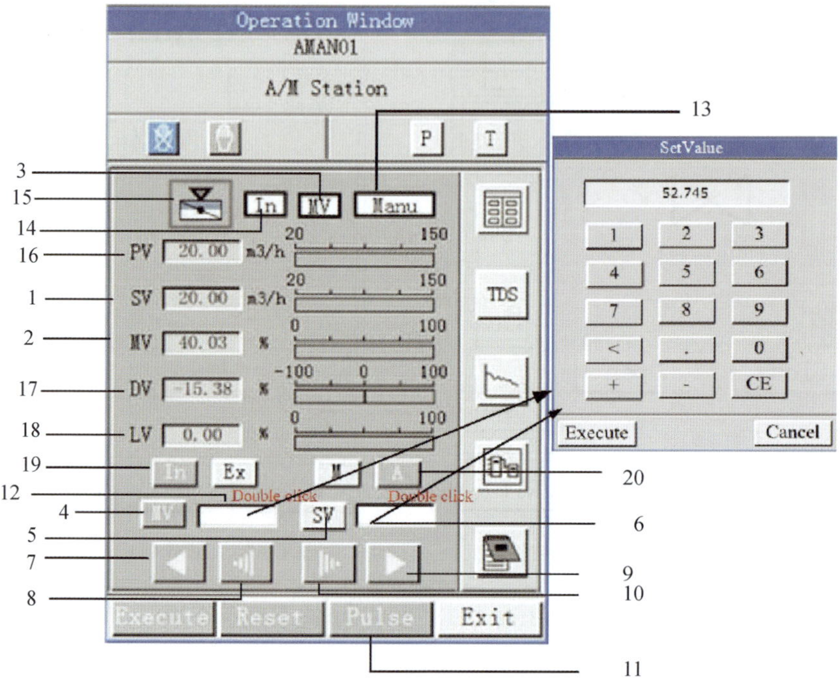


图 6-63　常见的模拟量类控件

参数定义：

1 ——SV 设定值，即调节模块的整定值；

2 ——MV 输出值，即输出到执行机构的需求开度；

3 ——MV/SV 状态显示，MV 与 SV 被选择状态的显示；

4 ——MV 切换按钮，选择 MV，可直接改变输出到执行机构的需求开度；

5 ——SV 切换按钮，内部整定值状态下，选择 SV，可直接设定调节器的整定值；

6 ——SV 模式时，设定并显示 SV 目标值，非 SV 模式时，只显示 SV 目标值，双击可打开数值输入窗口；

7 ——快减脉冲按钮，点击 Pulse 后，可用此键快速减小输入值（SV 或 MV）；

8 ——慢减脉冲按钮，点击 Pulse 后，用此键缓慢减小输入值（SV 或 MV）；

9 ——快增脉冲按钮，点击 Pulse 后，可用此键快速增加输入值（SV 或 MV）；

10 ——慢增脉冲按钮，点击 Pulse 后，可用此键缓慢增加输入值（SV 或 MV）；

11 ——脉冲方式选择，是否选择脉冲模式进行输入（SV 或 MV）；

12 ——MV 模式时，设定并显示 MV 目标值，非 MV 模式时，只显示 MV 目标值，双击可打开数值输入窗口；

13 ——手自动状态显示；

14 ——内部/外整定值状态显示；

15 ——象形图符；

16——PV 过程值，被调量的实时值；

17——DV 偏差值，DV=（SV-PV）/（PVmax - PVmin）*%；

18——LV 为阀位值。当没有阀位值反馈信号时，LV 不可见；

19——内部/外部整定值切换按钮；

20——手自动切换按钮。

b. 控制模式

（a）自动-外部整定值模式

点击“EX”，然后点击“EXecute”键生效命令，调节器将进入外部整定值模式。此模式下，调节器以固化的整定值为 SV 值，进行运算调节。

（b）自动-内部整定值模式

点击“IN”，然后点击“Execute”键生效命令，调节器将进入内部整定值模式。此模式下，RO 可手动输入 SV 值，使调节器以 RO 输入的 SV 值为目标进行调节运算。在内部整定值工作模式下，点击“SV”，激活 SV 输入窗口，输入 SV 值的方式有两种：

- 点击“Pulse”，然后使用快慢脉冲按钮进行设定值的输入；
- 双击 SV 输入窗口，在弹出菜单中用数字键直接输入目标值，然后用“Execute”生效；

注：只有调节器处于自动状态时，内、外部整定值控制模式才有效。

（c）手动模式

点击“M”，然后点击“Execute”键生效命令，调节器将进入手动控制模式。此模式下，RO 可手动输入 MV 值，以直接控制下游执行机构。激活“MV”输入窗口后，输入 MV 的方式有两种：

- 点击“Pulse”，然后使用快慢脉冲按钮进行设定值的输入；
- 双击 MV 输入窗口，在弹出菜单中用数字键直接输入目标值，然后用“Execute”生效。

## 6.7.3　DCS 报警管理

（1）DCS 报警系统概述

报警系统的作用是将核电厂运行中的故障用视觉和听觉的信号展示出来，以此来提醒操纵员关注。KIC 计算机的使用，为报警系统提供了更大的容量和更加灵活的方式。

采用 DCS 后，主控室报警分为两部分：计算机化报警（KIC 报警，KA），常规报警（BUP 报警，AA）。计算机报警系统属于计算机信息和控制系统（KIC）的部分功能，BUP 报警功能属于主控室系统（KSC）。

根据功能不同，DCS 报警分为工艺报警、临时报警和 I&C 故障报警。

（2）工艺报警

工艺报警记录了所有具有报警属性的工艺点的报警信息，报警属性在数据库组态时进行定义（模拟量报警限值/报警级，开关量报警属性和报警级等）。工艺报警信息按报警对象的状态和属性分类存储：

① 报警总列表：操纵员必须监视和管理的报警信息。

② 分类报警列表：是报警总列表的子集，按报警级别分为 5 个子列表：紫色报警列表、红色报警列表、黄色报警列表、白色报警列表、绿色报警列表。

③ 试验报警列表：保存处于试验状态系统的点的报警信息。

④ 抑制报警列表：系统自动判断报警的抑制条件是否满足，或者是否被设置了隔离状态，如果满足，报警被转移或存储到抑制报警列表。

⑤ 存储报警列表：操纵员手动指定将某条报警信息转移到存储报警列表中，以减轻操纵员报警监视负担。

⑥ DOS 报警列表：保存具有 DOS 属性的报警信息。

（3）分类报警列表

各分类报警定义如下：

- 紫色 M：最高级别报警（如进入 SOP 事故规程等）；
- 红色 R：表明一重要事件的发生，要求操纵员必须紧急处理；
- 黄色 Y：表明一事件的发生，但不是很紧急的事件；
- 白色 W：表明已经自动动作，向操纵员提供信息；
- 绿色 G：表明触发了自动保护，此时操纵员必须检查并确认相应的自动保护正在或已正确动作。

① 试验报警列表

试验报警列表显示设置了试验属性的点的报警信息。

通过“系统”菜单下的“系统操作”中的“系统试验隔离”命令打开的页面中，设置某一基本系统为试验属性，则该基本系统所包含的点都是试验状态。可在“列表”菜单下的“基本系统列表”中可以查看点的试验属性。

② 抑制报警列表

抑制报警条件包括：

- 与电厂工况关联的报警抑制（电厂工况生效时对报警产生抑制作用）；
- 报警之间的抑制；
- 9 号机组报警抑制；
- 设备隔离报警抑制。

使用原则：

- 当报警满足抑制条件时，该报警被抑制，并放入抑制报警列表；

• 当抑制条件不再满足，自动回到对应的分类报警列表中；
• 当报警消失时，自动从抑制报警列表中消除。

③ 存储报警列表

对报警总列表和分类报警列表中已确认的报警，操纵员可选择将其存储，该信息从报警总列表和分类报警列表转移到存储报警列表中，报警信息内容不变。紫色报警和 DOS 报警不可以被存储，对在存储报警列表中的报警，操纵员可取消其长期存储，取消后，该报警从存储报警列表转移到报警总列表和分类报警列表中，报警信息内容不变。

④ DOS 报警列表

显示组态中设置了 DOS 属性的点的报警或者恢复信息。

⑤ 临时报警

系统在线运行时，由操纵员临时定义报警参数而产生的报警称为临时报警。临时报警分为：模拟量临时限值报警（TT）、模拟量临时比较报警（VC）、开关量临时报警（BM）。

临时报警的定义仅对当前的 OWP 有效。

⑥ I&C 故障报警

I&C 故障报警（仪控故障报警），反映仪控系统相关设备故障，由系统诊断产生。

仪控故障包括：

a. 单一功能故障（F）：由于物理点的通道故障等引起的功能性的故障，如超电量程等；

b. 操作故障（O）：操纵员的操作跟踪，需要操纵员执行 RESET 复位命令才能重新进行设备的操作功能，如设备状态偏差等；

c. 高级故障（S）：设备故障中需要操纵员监视的仪控故障，表示为 S 故障，如 KVM 故障、OPS 故障等；

d. 维护故障（M）：需要维护工程师监视的仪控故障。

F 故障和 O 故障分配为设备所属的运行组（P/S/G），S 故障和 M 故障都分配为 U 运行组。操纵员级别的用户需要监视 F、O 和 S 故障，维护工程师级别的用户可以监视所有 F、S、O 和 M 故障。

⑦ 报警页面

报警页面可以通过选择“报警”菜单子项或系统页眉部分的报警指示按钮进入到相应的报警页面。

报警画面分为 3 个部分：显示标题、信息显示区和屏幕按钮区。报警页面如图 6-64 所示。

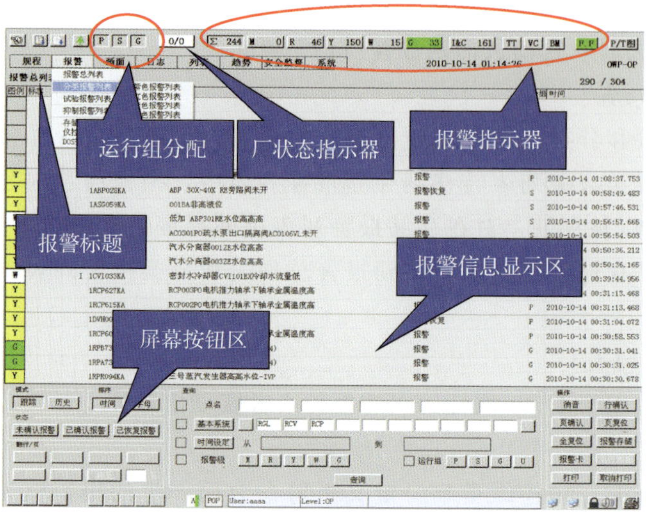


图 6-64　DCS 报警页面

a. 显示标题

（a）表格标题：显示列表名称；

（b）信息计数器：当前类别的报警信息数量，格式为：当前页面显示的最下面一条信息的条号/该类报警信息的总数。

b. 报警信息显示区

按照信息输出格式显示各种信息。每条报警信息占一行，按报警发生/恢复时间排序进行显示，当前屏幕最老的信息显示在屏幕最下方，每屏报警信息区显示 20 条报警信息，每 5 行用横线分隔。每个报警信息由以下信息组成：

• 报警状态标识图例：位于每条报警信息的最前面的代标识的色块，标识报警信息的报警级别和状态：图例 2 Hz 快闪表示到达未确认报警、图例静止平光显示表示到达已确认报警、图例 0.5 Hz 慢闪表示报警未确认恢复报警。

• 报警状态标志：@表示报警处于试验状态；C 表示是组合报警；I 表示当前值为无效数据（当前值不是报警值）；# 表示报警处于隔离标志；D 表示 DOS 报警。

• 变量名：即 KA 点名，模拟量的每个限值报警和开关量报警都对应一个 KA，需要在数据库中组态。KA 名称还作为查询的条件。

• 变量描述：即报警事件说明。

• 变量所属运行组（区域标识）：P、S、G、U。

——P：一回路报警；

——S：二回路报警；

——G：公共区域报警；

——U：必须监视区域。

报警发生日期和时间：其时间精度为毫秒，格式为：YYYY-MM-DD HH：MM：SS. mmm。

c. 屏幕按钮区

选择对应的菜单项以不同方式来筛选查看所需的报警信息，并包含翻页、打印和报警抑制、报警确认/复位等按钮。按钮为灰色时表示对该级别用户不可用。

（a）显示模式

“跟踪”模式：初始画面显示离请求时刻最近的 3/4 屏报警信息，以后随着新的报警信息的出现，逐行显示。当达到满屏时，向下平移 1/4 屏信息，新的报警信息逐行追加到平移后的空白处。跟踪方式下翻页按钮为灰色不可用。

“历史”模式：进入历史方式显示画面。首先显示最新的 3/4 屏信息，然后跟踪到填满一屏，页面总保持满屏显示。

（b）排序

点击“时间”按钮，报警行信息可以按照时间排序，点击“字母”按钮可以切换到按点名字母排序方式显示。

（c）查询

操纵员可以根据点名、区域、时间、报警级、基本系统或上述的组合条件来设置查询条件。

按“点名”查询：选中“按点名”复选框，按照点名筛选报警信息。在点名输入框中分别输入要显示的点的 KA 点名，单击“ 查询”按钮后，报警信息窗口显示这些点的报警信息。

按“时间”查询：选中“设定时间”复选框，按照时间范围筛选报警信息，弹出时间范围选择框，输入开始时间和结束时间两项内容，单击“确定”，符合时间条件的报警信息即显示在报警信息区；查询按钮区的“时间”按钮前面的复选框被选中，开始时间和结束时间显示在“时间”按钮后方的显示框中。注意设置的结束时间应大于开始时间。

按“基本系统”查询：选中“基本系统”选框，按照基本系统筛选报警信息，弹出选择框，在左侧基本系统名列表中选择要添加的系统名，使之以高亮色显示，单击“添加”按钮添加到右侧的选定列表中，单击“确认”按钮确认，并关闭此选择框图。最多只能添加 20 个基本系统。框图如图 6-65 所示。

按“报警级”查询：选中“M”“R”“Y”“W”“G”复选框，按照系统定义的报警级筛选报警信息。

按“区域”查询：选中“P”“S”“G”“U”复选框，按照系统定义的报警级筛选报警信息。

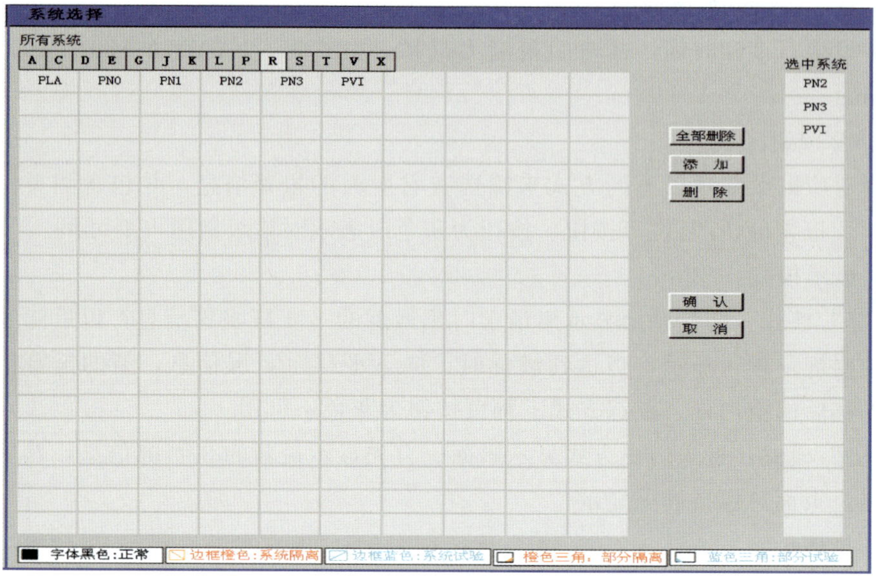


图 6-65　报警页面选择框图

(d) 状态

未确认报警：点击“未确认报警”按钮，显示处于未确认状态的报警信息，报警列表中的图例为 2 Hz 快闪烁。

已确认报警：点击“已确认报警”按钮，显示处于已确认状态的报警信息，报警列表中的图例不闪烁。

已恢复报警：点击“已恢复报警”按钮，显示处于已恢复但未确认状态的报警信息，报警列表中的图例为 0.5 Hz 慢闪烁。

(e) 报警操作

打印。

结束打印。

消音：报警信息出现后，发出报警音响，操纵员按下该按钮，进行消音，禁止报警发声。直到报警信息的再次出现。报警消音后才能进行报警信息的确认操作。

运行画面：选中仪控故障列表中某条“F”或“O”报警信息时，点击该按钮，可以链接到该条报警信息对应的电厂画面。

行确认：当出现报警时，按下该按钮，闪烁停止，报警指示器以相应颜色平光显示；当该报警恢复时，报警信息前面的报警指示器以 0.5 Hz 频率闪烁。

页确认：用于确认当前页面的报警信息。

页复位：用于复位当前慢闪报警信息。

全复位：当前屏幕上同时显示的报警恢复信息都将消除。

报警存储：选择一行或者多行处于已经确认状态的报警信息，仅限于红色、黄色、白色、绿色报警才能被选进存储报警列表。

报警卡：报警发生时，选中一条报警信息，单击该按钮，弹出该点关联的报警卡页面。

## 6.7.4 DCS 趋势分析功能介绍及使用

（1）趋势概述

趋势图是以数值或曲线图形的方式展现记录的数据点的信息，主要用于查看和跟踪机组参数的变化过程。主控操纵员利用趋势图可以及时发现参数异常变化，特别是长期、微小的异常变化。

趋势图包括“时间趋势”“X-Y 趋势”“对数趋势图”和“棒图”。

（2）时间趋势

时间趋势是主控操纵员最常用的趋势图。单击菜单条上的“趋势”按钮，选择“时间趋势”命令，打开的趋势图，如图 6-66 所示。

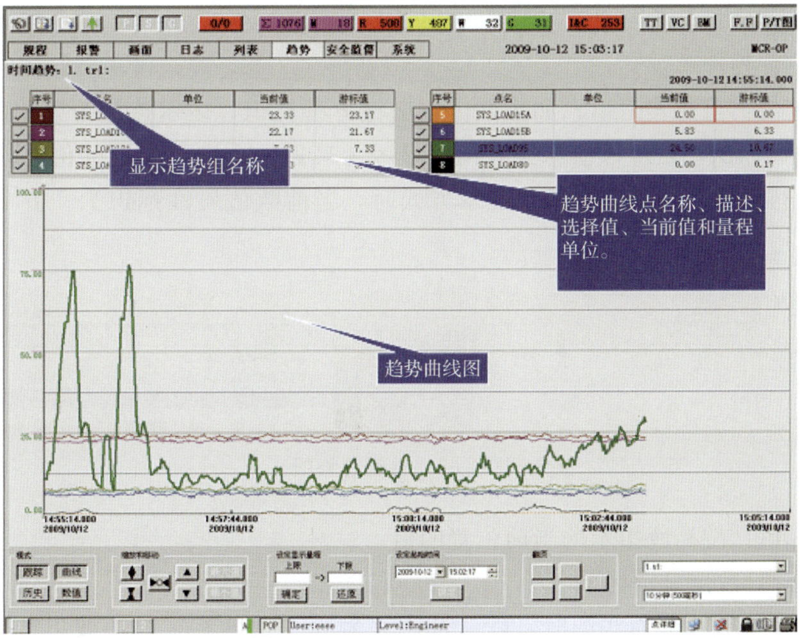


图 6-66 趋势图页面图

趋势画面分为 4 个部分：显示标题、点信息区、图形显示区和屏幕按钮区。

① 显示标题

显示当前趋势组名称。

② 点信息区

显示变量信息。如图 6-67 所示。系统逐行显示趋势组内各个变量信息，包括：变量序号、变量名称、模拟量量纲、当前值和游标值。每个变量的序号背景颜色应与其对应的曲线颜色一致。按照从左到右的顺序依次说明：

8. trl: test

2009/05/27-15:28:10.000

| | 序号 | 点名 | 量纲 | 当前值 | 游标值 |
|---|---|---|---|---|---|
| ✓ | 1 | SYS_LOAD80 | | 2.33 | 0.83 |
| ✓ | 2 | SYS_LOAD81 | | 1.83 | 29.00 |
| ✓ | 3 | SYS_MEM10A | | 7.00 | 7.00 |
| ✓ | 4 | SYS_LOAD10A | | 10.67 | 10.67 |
| ✓ | 5 | SYS_LOAD10B | | 0.00 | 0.00 |
| ✓ | 6 | SYS_MEM80 | | 29.00 | 36.00 |
| ✓ | 7 | SYS_LOAD86 | | 57.83 | 4.83 |
| ✓ | 8 | SYS_LOAD87 | | 51.17 | 50.00 |

图 6-67 点信息区

• 选择按钮：勾选代表在图形显示区显示该点的数据信息，不勾选表示在图形显示区不显示该点的数据信息；其中曲线显示趋势时，显示的曲线条数可以通过选择按钮在线增加或减少（每个趋势组最多可以定义 8 个变量，包括模拟量和开关量）。

• 序号：表示该点在组中的序号；显示背景为该曲线的图例颜色。选中该序号行信息，则对应的曲线图也以较粗的线条显示。

• 点名：变量名称和其试验或隔离属性。

• 单位：物理单位。

• 当前值：当前实时值；如果该值以蓝色方框标识，表示该值为强制值；如果该值以红色方框标识，表示该值为无效值，显示为最近一个有效周期的值，如图 6-68 所示。如果为抖动值，则切换到数值显示方式时，当前数值属性标识为“T”，如图 6-68 所示。

时间趋势：1. trl:

2009-10-1214:55:14.000

| | 序号 | 点名 | 单位 | 当前值 | 游标值 |
|---|---|---|---|---|---|
| ✓ | 1 | SYS_LOAD10A | | 23.33 | 23.17 |
| ✓ | 2 | SYS_LOAD10B | | 22.17 | 21.67 |
| ✓ | 3 | SYS_LOAD13A | | 7.83 | 7.33 |
| ✓ | 4 | SYS_LOAD13B | | 6.33 | 6.50 |
| ✓ | 5 | SYS_LOAD15A | | 0.00 | 0.00 |
| ✓ | 6 | SYS_LOAD15B | | 5.83 | 6.33 |
| ✓ | 7 | SYS_LOAD96 | | 24.50 | [illegible] |
| ✓ | 8 | SYS_LOAD80 | | 0.00 | 0.1T |

图 6-68 时间趋势图

• 游标值：游标所指示的当前位置的值。

③ 趋势图/数据显示区

第一次切换到趋势曲线图时，默认选中序号为 1 的曲线，且曲线以较粗的线条显示。反应变量数值的变化情况，当变量的值变为无效值（如超电量程）时，无效期间的数据以虚线显示。通过“模式”区域对“曲线”/“数值”按钮的切换，分别以曲线或数字显示该点在设定时间段的值。

a. 曲线绘制顺序和颜色

曲线显示按时间顺序从左到右绘制。以颜色区分不同的变量，曲线的颜色与该点

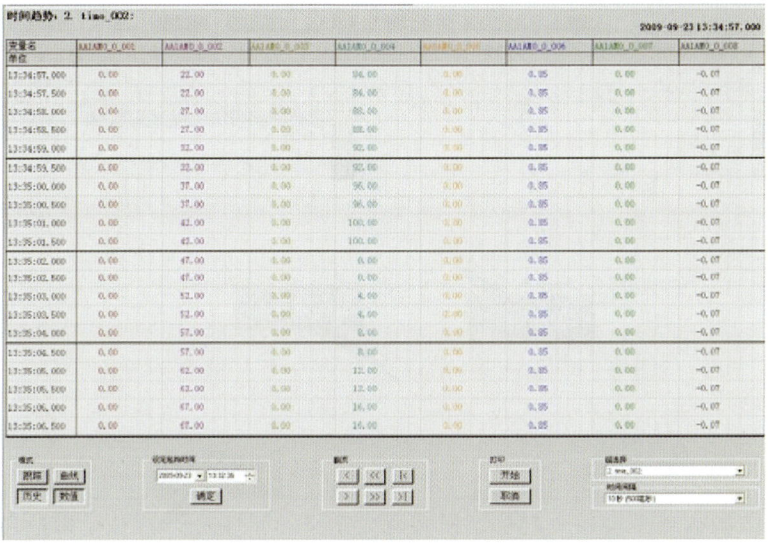


图 6-69　时间趋势图-点值属性

信息区说明一致，并区别于其他变量的颜色。

b. 曲线的横坐标

曲线的横坐标代表当前显示曲线的时间段，通过选择“时间间隔 ”来更改所显示曲线的时间段。系统自动在时间轴的每 1/4 位置处显示时间和日期刻度值，分为两行显示，第一行显示时间，在显示间隔为 50 ms、500 ms 或 1.5 s 时，时间显示到 ms，其他显示间隔下，时间显示到秒。时间格式为：HH：MM：SS 或 HH：MM：SS.mmm，根据精度而定。第二行显示日期，格式为：YY YY / MM / DD。

历史方式下横坐标可以通过“设定起始时间”人为输入。曲线推移时，时间刻度和日期会及时更新。

c. 曲线的纵坐标

曲线的纵坐标代表曲线显示量程。曲线显示区左侧的坐标轴代表曲线的物理刻度。当选中某曲线时，纵坐标的刻度颜色与所选曲线颜色一致，曲线加粗，坐标值相应变为所选曲线的量程。

当有开关量时，将纵轴分成 8 个区域，每个区域的坐标都是为 0、1，图形显示区中开关量显示的位置是根据此开关量在组中的顺序确定的。如图 6-70 所示。

对于模拟量纵坐标，每 1/4 处有一刻度值，坐标轴和刻度值显示的颜色与操纵员选定中的曲线颜色一致。初始进入趋势画面时，曲线纵坐标为第一条曲线纵坐标。

d. 游标

曲线窗口中有一个垂直标尺和一个水平标尺即游标。初始状态分别放在最左边和

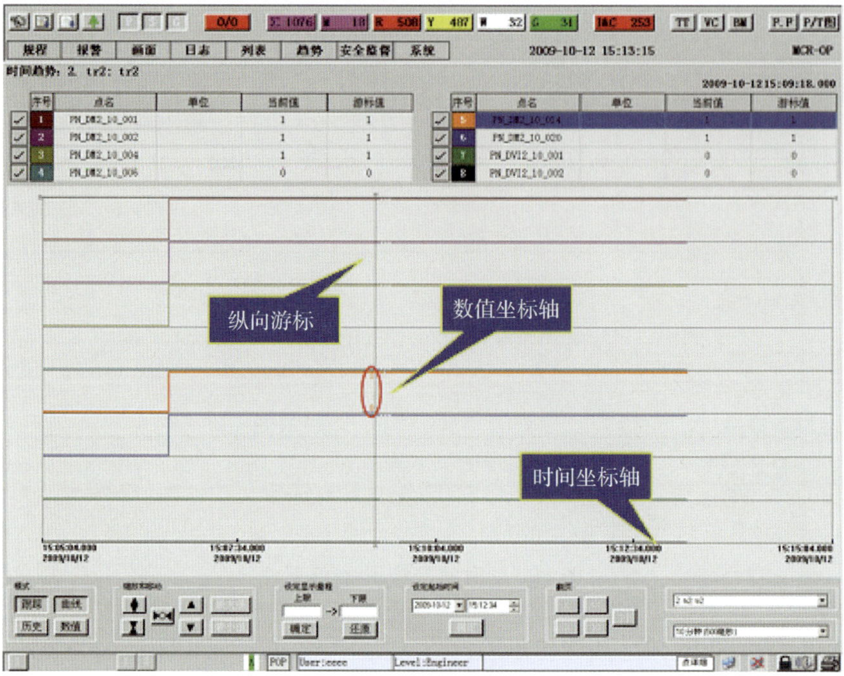


图 6-70　趋势曲线图

最上边，操纵员可拖动该游标移动。移动垂直标尺时时间要显示其对应位置的时刻，并且在趋势组信息的游标值显示区显示这个时刻下 8 条曲线的值。

曲线从历史方式切换到跟踪方式时，游标自动移到曲线窗口最左边，在跟踪方式下，操作人员仍可操作游标，如果游标所在位置无曲线显示，则游标值不显示任何内容。

选中某个变量，点击“最大值”或“最小值”按钮，垂直标尺和水平标尺会移动到当前屏幕上显示的该变量曲线的最大值或最小值处。该操作只能在历史方式下进行。

④ 屏幕按钮区

选择对应的菜单项以不同方式来筛选查看所需的数据信息，并包含翻页、设定时间、选组、切换等按钮。如图 6-71 所示。

图 6-71　屏幕按钮区

a. 趋势组选择

在“组选择 ”的下拉菜单中选择要显示的组的名称。

b. 跟踪方式

通过选择“模式”中的“跟踪”按钮可以设置为跟踪方式显示。跟踪方式显示曲线时，首先从左到右显示出全屏时间 3/4 的历史曲线，然后跟踪显示最新的数据。当跟踪显示到时间轴的终点时，曲线向左平移 1/4 继续跟踪。时间刻度值随着曲线平移立即更新。跟踪方式显示时，不能移动时间轴，相应按钮显示为灰色不可操作状态。可以切换“时间间隔”进行时间长度的选择。

c. 历史方式

通过选择“模式”中的“历史”按钮切换到历史方式显示，查询 180 天内的历史趋势。配合翻页按钮使用。历史方式显示时，可以进行时间轴的移动操作，也可以切换“时间间隔”进行时间长度的选择。如图 6-72 所示。

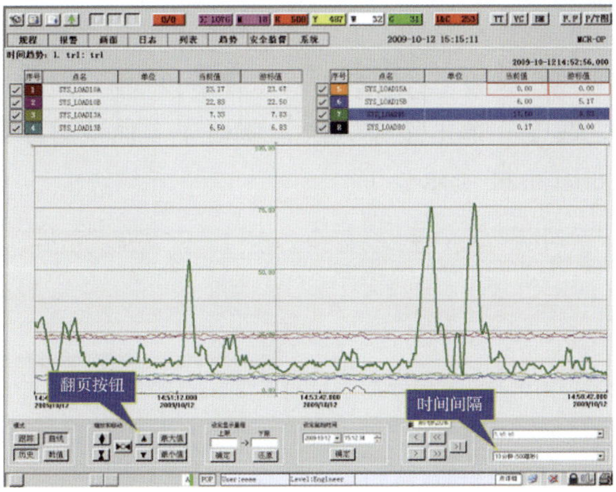


图 6-72　历史模式下的趋势图

d. 数值方式

选择“模式”中的“数值”方式，趋势将切换至数字显示方式，如图 6-73 所示。

数值列表画面也同样分为 4 个部分：显示标题、点信息区、数值信息区和屏幕按钮区。

- 显示标题：趋势组名、当前屏幕第一条信息时间。
- 点信息区：显示变量组中各变量名、量纲。
- 数值信息区：逐行显示时间、变量组中各变量的各个时刻的数值信息。变量名和量纲的颜色与数值显示时颜色一致。时间标签的颜色统一使用黑色。
- 屏幕按钮区：基本同曲线页面的按钮区，包括模式、翻页、设定起始时间、组选择、时间间隔选择，没有曲线设定和量程设定按钮，而是多了“打印”“停止”按钮等。

e. 曲线上、下移动操作

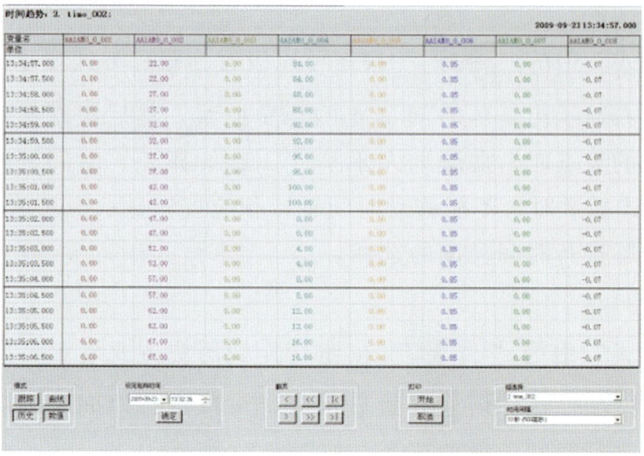

图 6-73　数植模式下的趋势图

选中组中的一条曲线，单击“”或“”按钮，曲线朝屏幕上部和下部移动，同时物理刻度随之改变。单击按钮一次，移动 1/4 曲线显示画面大小，只对模拟量的趋势显示有效。如图 6-74 所示。

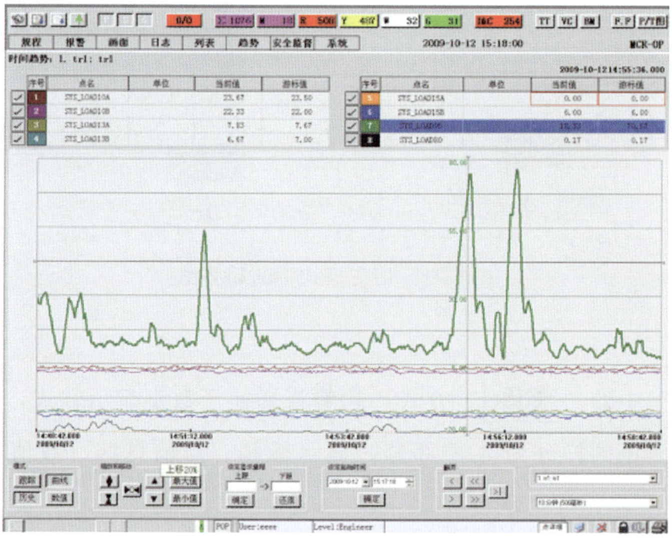

图 6-74　上下移动后的趋势图

f. 曲线放大、缩小操作

首先选中组中的一条曲线，然后单击“”或“”按钮，曲线的纵坐标比例发生放大或压缩。如图 6-75 所示。

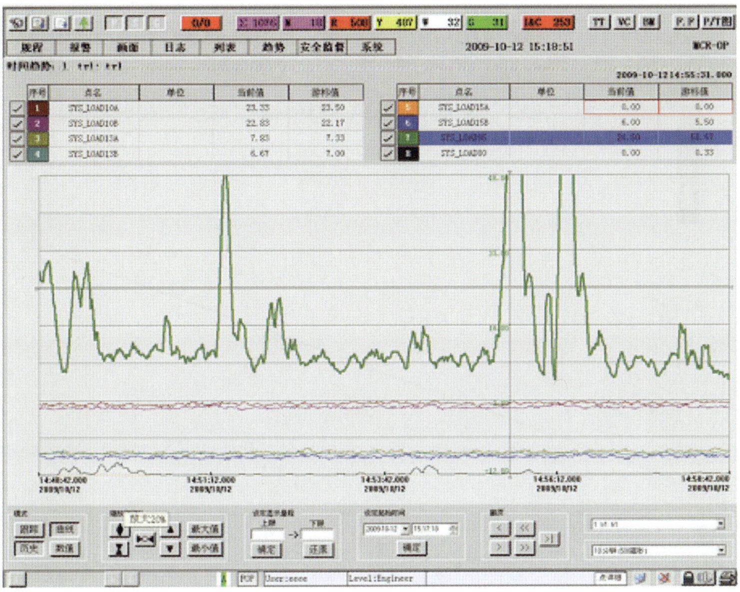

图 6-75　放大、缩小后的趋势图

g. 最大值、最小值操作

首先选中组中的一条曲线，然后单击“最大值”或“最小值”按钮，游标自动移动到当前曲线对应的最大值或最小值，并在点信息区标识该数值的多少。

h. 设置起始时间

在历史方式下，操作人员通过“2008-07-24 9:53:25”按钮可以设置曲线的起始时间。设置起始时间后，根据选择的时间长度显示从起始时间开始的历史数据。

i. 设置时间间隔

通过选择不同的时间间隔“时间间隔 10分钟(500毫秒)”，设定曲线的显示时间范围。

j. 设定量程

操纵员可选中某条模拟量曲线，直接填写“上限 -> 下限”修改其显示量程。

k. 恢复曲线

在放大或缩小操作后，单击“”按钮，可将缩放和移动后的曲线还原到初始位置和大小。

⑤ X-Y 趋势

单击“趋势”菜单中的“X-Y 趋势”，打开页面如 6-76 所示。

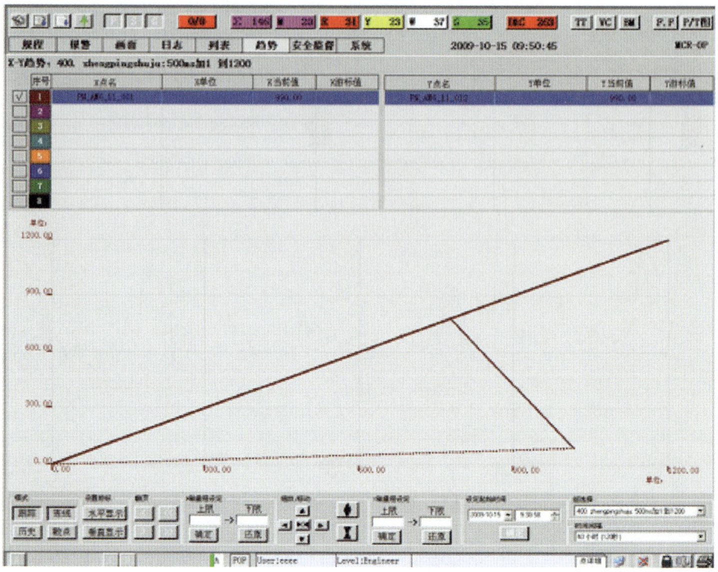

图 6-76　X-Y 趋势

a. 系统支持以下 10 档数据调整数据显示时间长度（间隔）：包括 10 min（500 毫秒），20 min（1 秒），30 min（1.5 秒），40 min（2 秒），1 h（3 min），1 h 40 min（5 秒），4 h（12 秒），6 h 40 min（20 秒），20 h（60 秒），40 h（120 秒）。

b. 设置散点图/连接图显示方式：点击选中“散点”切换到散点方式显示。

c. 其他特性同时间趋势，无数值显示方式。

⑥ 对数趋势图

单击“趋势”菜单中的“对数趋势图”，打开页面如图 6-77 所示。

• 对数趋势指时间趋势曲线的物理量量程取以 e 为底的自然对数（ln）或取 10 为底的对数（lg）方式进行显示。

• 点击“趋势”菜单中的“对数趋势”子菜单，进入对数趋势显示页面，默认显示 lg 模式，通过对数模式切换按钮可以互换自然对数趋势和 lg 对数趋势的显示。

• 每个页面最多可以显示 8 条对数趋势曲线。

• 对数趋势中，曲线的纵坐标是对物理量程取对数之后的值，因此缩小、移动操作的取值或范围是针对纵坐标的值而言的；而量程设定依然是指物理量程的范围。

• 当某个点的当前值（未取对数时）为非正数时，将其当前值的对数值显示为负无穷，该点在曲线上不打点，其数值方式下也显示为负无穷。

• 系统支持以下 10 档数据调整数据显示时间长度（间隔）：包括 10 min（500 毫秒），20 min（1 秒），30 min（1.5 秒），40 min（2 秒），1 h（3 min），1 h 40 min（5 秒），4 h（12 秒），6 h 40 min（20 秒），20 h（60 秒），40 h（120 秒）。

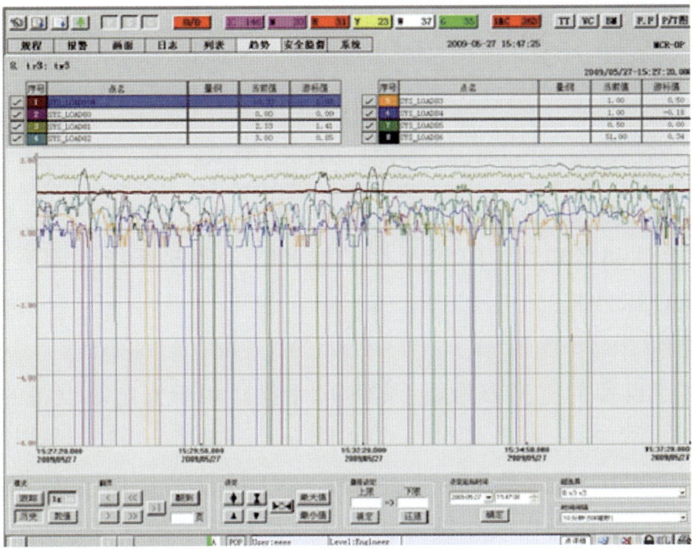

图 6-77　缩放后的趋势图

• 其他显示方式同时间趋势显示。

⑦ 棒图

单击“趋势”菜单中的“棒图”，如图 6-78 所示。

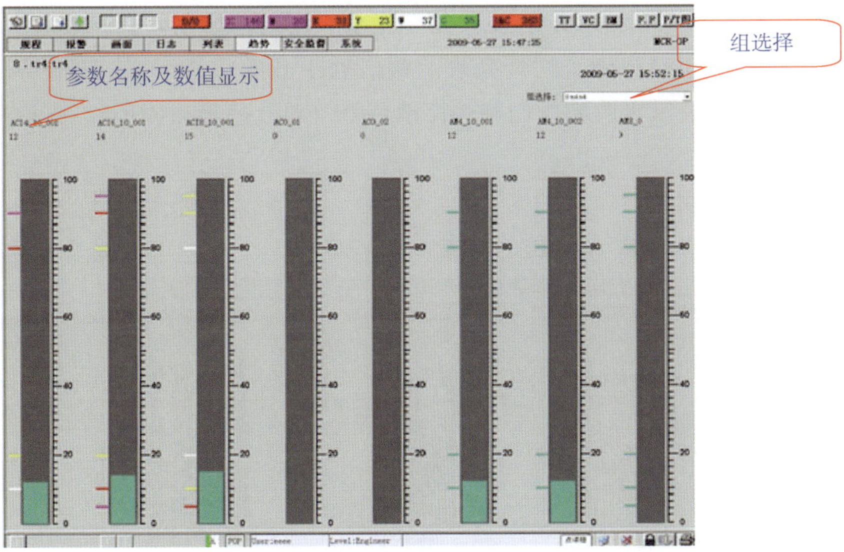


图 6-78　棒图

• 棒图并不是指控制棒的棒位显示，它可以显示任意参数，显示方式是以棒状图象显示（百分比），在棒状图的上方有相应参数名称及实际的数值显示。

• 每组可以显示八个参数，允许建立 100 个组。

### 6.7.5 BUP 控件介绍

（1）概述

BUP 作为 KIC 的备用控制手段，应能维持电厂正常运行 4 小时及进行机组后撤操作。因此，在 BUP 盘上也有用于控制机组设备的控件和用于监视的指示灯、指示器等。

为了保证冗余性和多样性，BUP 采用了与 KIC 计算机系统不同类型的设备，即硬接线设备（S-VDU 除外）。

（2）BUP 控件

BUP 控件按照设备的类型分为硬手操和软手操，用于安全级设备的操作。

① 软手操

软手操是指 S-VDU 上的操作控件。通过 S-VDU 上的操作菜单，逐级找到所要操作设备的控件，通过触摸操作改变设备状态（监控状态下操作无效），并根据相应的图符判断设备所处的状态。

② 硬手操

硬手操是指用硬接线传递信号的控件，分为常规的操作控件和手操器。

a. 常规的操作开关（包括钥匙开关 CC/TO/TL），通过拨动开关发出控制命令，改变设备的状态（监视状态下操作无效）。

b. 手操器（Hand Controller），主要用于安全级阀门的控制，操作开关上有相应的设备状态指示灯，以阀门为例，红灯亮表示阀门处于开的状态，绿灯表示该阀门已关闭，橙色为故障灯，表示未收到阀门开关反馈信号（双 0 故障或阀门正在开/关）。

③ 手操器（Hand Controller）

BUP 盘的手操器共有 15 个。

a. GCT403/406/409RC（GCT131/132/133VV）

图 6-79　GCT131/132/133VV 手操器

b. ASG401/403/405/407/409/411RC（ASG012/013/014/015/016/017VD）

图 6-80 ASG012/013/014/015/016/017VD 手操器

c. RCV403/404/405RC（RCV061/258/310VP）

图 6-81 RCV061/258/310VP 手操器

d. RRA401/404/405RC（RRA025/013/024VP）

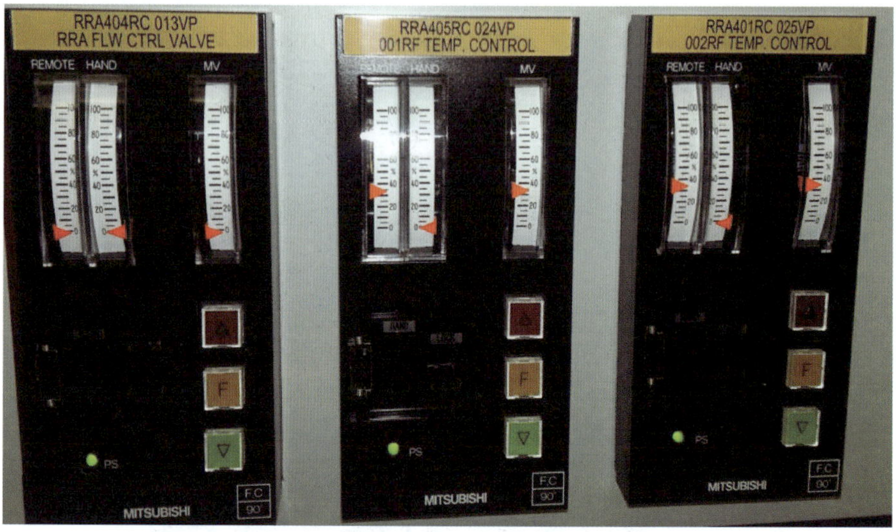


图 6-82　RRA025/013/024VP 手操器

通过控制模式的切换，上述 15 个阀门可以通过 BUP 上的 Hand Controller 进行硬手操的控制，也可以通过 S-VDU 进行软件控制。图 6-83 以 RCV405RC（RCV310VP）的手操器为例，对手操器上的部件进行说明。

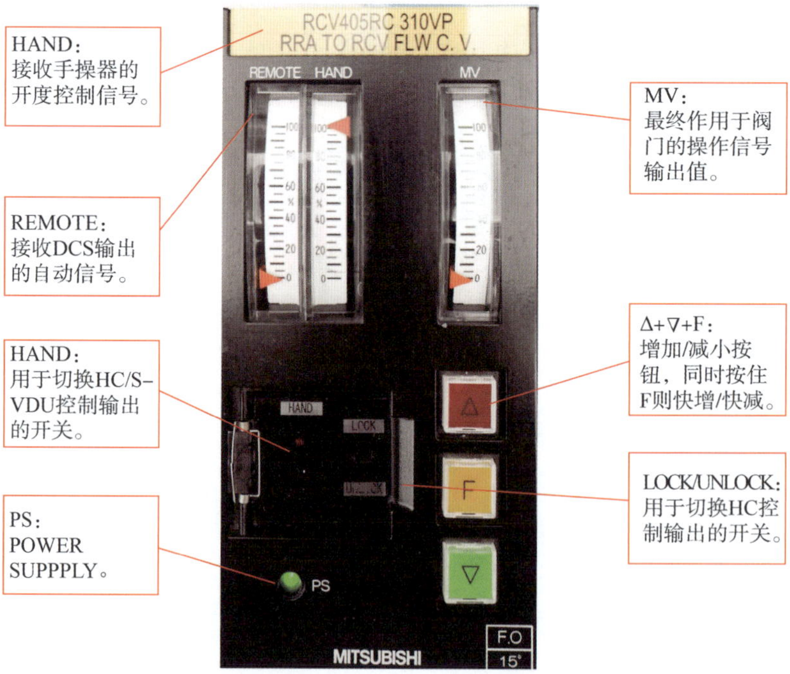


图 6-83　RCV310VP 手操器

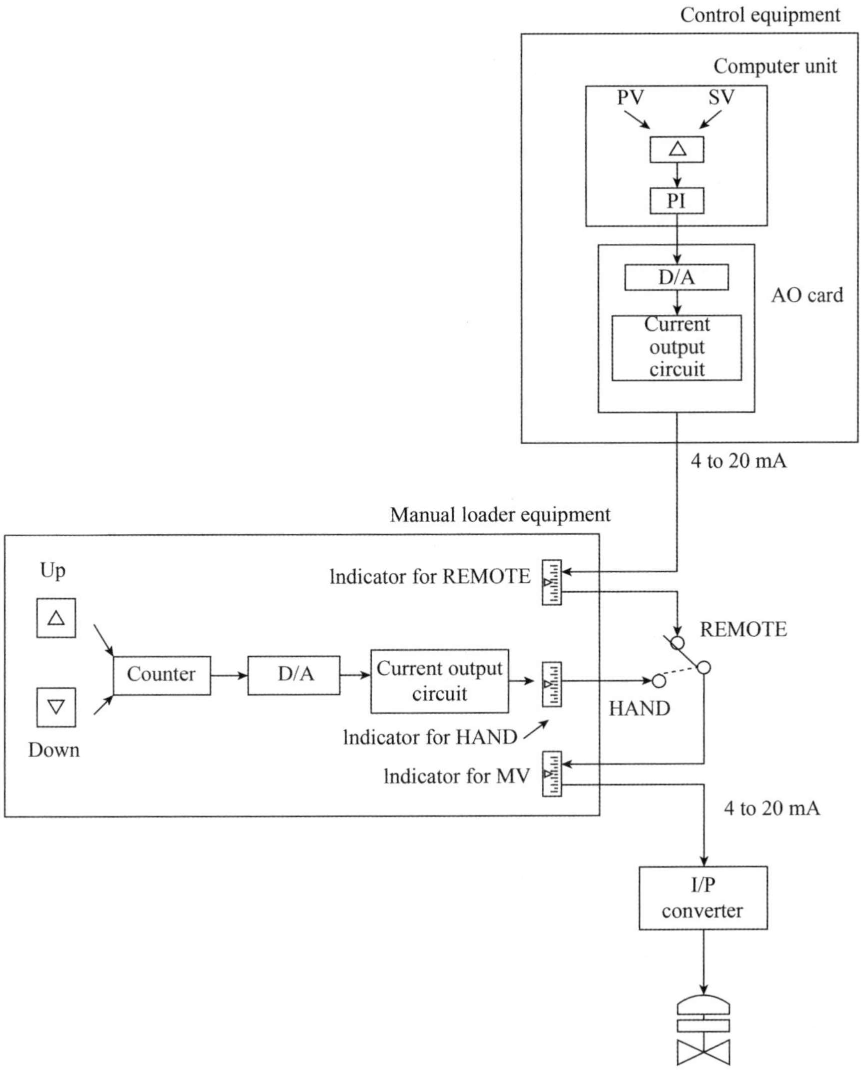


图 6-84 手操器原理图

当处于 S-VDU 控制模式时，由 Control Equipment 输出 4～20 mA 信号到电气转换器（I/P Converter），控制阀门进气，从而控制阀门开关动作；同时，信号送到 BUP 的硬手操，在 Remote 指示器显示阀门需求开度 MV 显示与 REMOTE 一样，HAND 不变化。

当处于 Hand Controller 控制模式时，由 Manual loader equipment 输出信号，同样送到现场的电气转换器控制阀门进气，从而控制阀门的开度。MV 随 HAND 变化而变化，REMOT 复制 HAND 信号，三者一致。

手操器的无扰切换

a. 机组处于 KIC 操作模式，KIC 操作切换至 HANDCONTROLER 操作：

(a) 核对 REMOTE、HAND、MV 三个指示是否一致；

(b) 确认 HAND 未按下，（若按下，将其弹出），LOCK/UNLOCK 在 LOCK 位置；

(c) 将 LOCK/UNLOCK 打至 UNLOCK；

(d) 调整 HAND 值（使用向上或者向下箭头，快速调节则同时使用向上或向下箭头和 F 键（FAST），使 HAND 值与 MV 值一致；

(e) 将 HAND 按下（HAND 生效指示灯亮），HAND CONTROLER 生效（以 GCT131VV 为例，S-VDU 上在 MANU 位置，则此时 REMOTE 需求开度跟踪 HAND 值，S-VDU 上在 AUTO 位置，REMOTE 不跟踪 HAND 值）。

b. 从 HAND CONTROLER 切换至 KIC 操作：

(a) 确认 KIC 功能生效，在 KIC 上将阀门打至手动（（除 GCT131/132/133VV，RRA013VP 外，其他均处于手动控制），确认 REMOTE、HAND、MV 三个指示一致，如不一致，调节 REMOTE 值；

(b) 将 HAND CONTROLER 的 HAND 切除（将 HAND 弹出，HAND 生效指示灯灭）；

(c) 确认无扰动后，将 LOCK/UNLOCK 打至 LOCK，KIC 控制功能生效；

(d) 通过 KIC 对阀门进行手动或者自动控制。

c. 机组处于 BUP 操作模式，S-VDU 操作切换至 HAND CONTROLER 操作：

(a) 核对 REMOTE、HAND、MV 三个指示是否一致；

(b) 确认 HAND 未按下，（若按下，将其弹出），LOCK/UNLOCK 在 LOCK 位置；

(c) 将 LOCK/UNLOCK 打至 UNLOCK；

(d) 调整 HAND 值（使用向上或者向下箭头，快速调节则同时使用向上或向下箭头和 F 键（FAST），使 HAND 值与 MV 值一致；

(e) HAND 按下（HAND 生效指示灯亮），HAND CONTROLER 生效（以 GCT131VV 为例，S-VDU 上在 MANU 位置，则此时 REMOTE 需求开度跟踪 HAND 值，S-VDU 上在 AUTO 位置，REMOTE 不跟踪 HAND 值）；

(f) 通过向上或者向下箭头来调节阀门开度，快速调节则同时使用向上或向下箭头和 F 键（FAST）。

d. 从 HAND CONTROLER 切换至 S-VDU 操作：

(a) 确认 KIC 功能生效，在 KIC 上将阀门打至手动（（除 GCT131/132/133VV，RRA013VP 外，其他均处于手动控制），确认 REMOTE、HAND、MV 三个指示一致，如不一致，调节 REMOTE 值；

(b) 将 HAND CONTROLER 的 HAND 切除（将 HAND 弹出，HAND 生效指示灯灭）；

(c) 确认无扰动后，将 LOCK/UNLOCK 打至 LOCK，KIC 控制功能生效；

(d) 通过 KIC 对阀门进行手动或者自动控制。

特殊情况：

GCT131/132/133VV 的 hand controller 生效后，若 S-VDU 上在 MANU 位置，则此时 REMOTE 需求开度跟踪 HAND 值，若 S-VDU 上在 AUTO 位置，REMOTE 不跟踪 HAND 值）。

切换至 RSS 后：

RSS 是优先的，当在 hand controller 控制时，如果此时切换到 RSS，RSS 相应的控制操作生效。RSS 切换回 MCR 控制后，hand controller 控制优先。

hand controller 闭锁条件：

a. RSS 切换；b. BUP 失电。

# 6.8 首出报警（F. F）

采用数字化仪控系统之后，大量的现场及过程数据信息集中反馈到主控室，操纵员在同一时间接收到的信息量十分繁杂。虽然通过报警系统的区分可以部分缓解这种状况，但是在机组出现重大瞬变的时候，运行人员很难在第一时间将机组的状态转变序列梳理出来。首出功能的设计为操纵员确定并提供了安全动作的时间序列，并识别出这些安全动作触发的始发原因，有利用运行人员机组信息的掌控。

首出（First Out）也称为第一原因或第一事故，是指引起事故性跳闸的第一个报警信号。因为在发生跳闸后，系统内会出现很多的报警内容，并且很多报警是因为跳闸动作而导致的，所以第一事故原因的检测对事故原因的分析有很重要的意义。核电厂为实现跳堆和安全动作的首出检测，在 DCS 系统内也设计了一套首出识别、记录、分析的功能。

## 6.8.1 功能

首出故障模块确定并向操纵员提供机组中重大安全动作的时间顺序排列，并确定最初产生的故障这些动作。通过系统显示屏向操纵员提供通知以便确认是否已执行所需的操作正确与否。首出故障信号在 L1bGWP 中进行处理并发送至非安全级。

核电厂 DCS 对包括跳堆等共 16 种核安全相关重要安全动作（见表 6-18）指令给出

了触发原因监测功能，供操作员分析各安全动作被触发的原因。需要说明的是，跳机（T. TRIP）的首出功能仅能判断是核岛内原因造成的跳机，如跳堆、蒸汽发生器液位高等信号，而由常规岛事件，如汽轮机超速、震动高等原因造成的跳机，是由汽轮机及辅机控制系统 TCS 配合非安全级 NC-DCS 实现的。以上每个安全动作指令的触发都可能是由多个原因（Trigger Cause）引起的。DCS 系统可检测出触发这些安全动作的首出原因，在 DCS 画面上显示，并指示出安全动作发生后对应设备动作完成情况。

这 16 个安全动作被作为首出故障识别处理，并在首出故障显示画面中按照事件发生的时间序列进行排序显示。其中反应堆跳闸（R. T）、汽轮机跳闸（T. T）和安全注入（SI）3 类安全动作产生的第一个触发原因，按照各自的时间序列在首出报警列表中展示。

**表 6-18　核岛内 16 种安全动作**

| | | |
|---|---|---|
| 1 | R. TRIP | 反应堆跳闸　Reactor trip |
| 2 | T. TRIP | 汽轮机跳闸　Turbine trip |
| 3 | S. I | 安全注入　Safety injection |
| 4 | MAFPS | 电动辅助给水泵启动　Motor-driven auxiliary feedwater pump startup |
| 5 | TAFPS | 汽动辅助给水泵启动　Turbine-driven auxiliary feedwater pump startup |
| 6 | ST. ISO. | 蒸汽管线隔离　Steam line isolation |
| 7 | C. I. A. | 安全壳隔离 A　Phase A containment isolation |
| 8 | MFWI | 主给水隔离　Main feedwater isolation |
| 9 | BPFWI | 给水旁路隔离　Bypass feedwater isolation |
| 10 | FWPT | 给水泵跳闸　Feedwater pump trip |
| 11 | C. S. | 安全壳喷淋　Containment spray |
| 12 | C. I. B. | 安全壳隔离 B　Phase B containment isolation |
| 13 | S. I. R. | 安注再循环　Safety injection recirculation phase |
| 14 | C. S. R. | 安注安全壳喷淋　Containment spray recirculation phase |
| 15 | PCPT | 主泵跳闸　Primary coolant pump trip |
| 16 | ISLAND | 带厂用电孤岛运行　Islanding（switch to houseload operation） |

**方案实现**

CPR1000 项目 DCS 的 1E 和 SR 功能由三菱 MELTAC-N 平台实现，非安全级 NC-DCS 功能由和利时 HOLLiAS-N 平台实现。安全级 RPS 功能由上层四个保护组 RPC 机柜和下层 A/B 两列专设安全设施驱动柜 ESFAC 构成。每个 RPC 保护组通道将各自采集的信号进行阈值处理后，输出局部跳闸“Partial Trip”信号给其他三个 RPC 保护组进行 RPS 逻辑处理，每个保护组都最终输出跳堆输出信号给停堆断路器。而对于跳堆以外的安全动作信号（如主蒸汽隔离、主给水隔离）的产生，是由四个保护组分别采集和进行阈值处理后，分配到 RPC 四个通道进行相同的逻辑计算再送给 A/B 两列的 ESFAC，或直接由 RPC 送给 A/B 列 ESFAC，通过 ESFAC 四取二逻辑输出安全动作指令。

在安全动作的触发上，以 S.I. 安注动作为例，共有 8 种原因可导致安注。对于第一种原因，在 MELTAC 平台中，三个蒸汽发生器的共六个蒸汽流量信号由 RPC 的第Ⅲ 和第Ⅳ通道采集，经过阈值判断模块 XU 后在第Ⅲ 通道和第 IV 通道各产生 3 个流量高信号。这 6 个信号通过 RPC 机柜之间的 Data-Link 点对点通信送到另两个 RPC 保护组，每个保护组内部进行逻辑运算，产生每个通道的局部安注信号。四个通道产生的局部安注信号都分别送往 A/B 列 ESFAC 进行四取二运算，运算结果触发安注动作。从上述安全动作触发过程来看，每个 RPC 保护组通道内产生的安注信号都是最终触发安注指令的一个触发原因。

首故障点计算公式中所需的信号分为三类：

① RPC 保护组机柜（Ⅰ～Ⅳ四列）产生的信号。RPC 机柜会周期性地将相关信号通过 Safety System Bus 送给 GWP（1E），GWP（1E）将计算出逻辑值为 1 的首故障点打上时间标签周期性地送给 GWP（NC），然后再通过 NC-DCS 部分的 I/O Server 送到二层网 MNET，在计算服务器 Calculation Server 处理后送二层画面显示安全动作原因。

② 来自安全级 RPC 机柜以外的 ESFAC 等机柜的信号。一般是手动安全动作信号和失电信号（如手动安注信号）。这些信号以硬接线点进入 A/B 列 ESFAC 机柜，由 ESF-COM 机柜将 ESF 来的数据通过 Safety Bus 送给 Safety System Bus，然后通过安全级网关 GWP 送给 NC-DCS 显示。因这类信号是必然触发安全动作的，所以 GWP（1E）不需进行判断计算，所有这类点都会作为首故障点送给 GWP（NC）。

③ 在 NC-DCS 产生的信号。如由 NC-DCS I/O 模块采集的 ATWT 信号、失电信号或常规岛部分信号，这类点被采集后将在 NC-DCS 的计算服务器中进行首故障点逻辑计算，计算结果直接在二层首出画面上显示为安全动作原因。

在 DCS 系统首出显示画面上，能够显示安全动作、首出原因（可以有多个）、首出时间以及安全动作完成的情况。对于安全动作完成情况，DCS 将安全动作相关设备的动作反馈点送到 NC-DCS 的计算服务器，在计算服务器中综合各相关设备的动作情况判断相应安全动作是否完成，再将完成情况显示在 OPS 首出画面上。对于安全级部分 SLC 机柜采集的核岛设备动作信号，通过 SLC → Safety Bus → COM → Safety System Bus → GWP（1E）→ GWP（NC）→ SNET → I/O Server → Calculation Server 这条路径传输，而通过 NC-DCS 的 FCS 现场控制站 I/O 模块采集的常规岛设备动作反馈信号，通过 FCS I/O → SNET → I/O Server→ Calculation Server 这条路径传输给计算服务器。

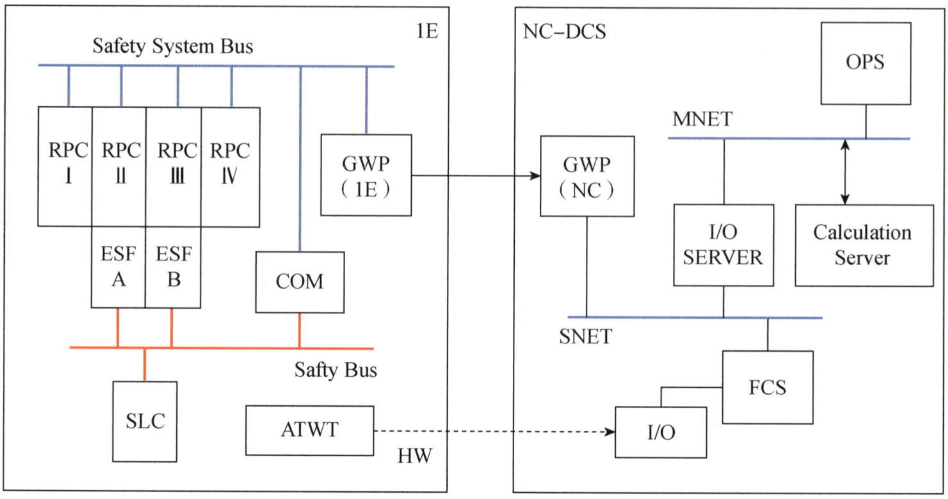


图 6-85　首出信号传输路径

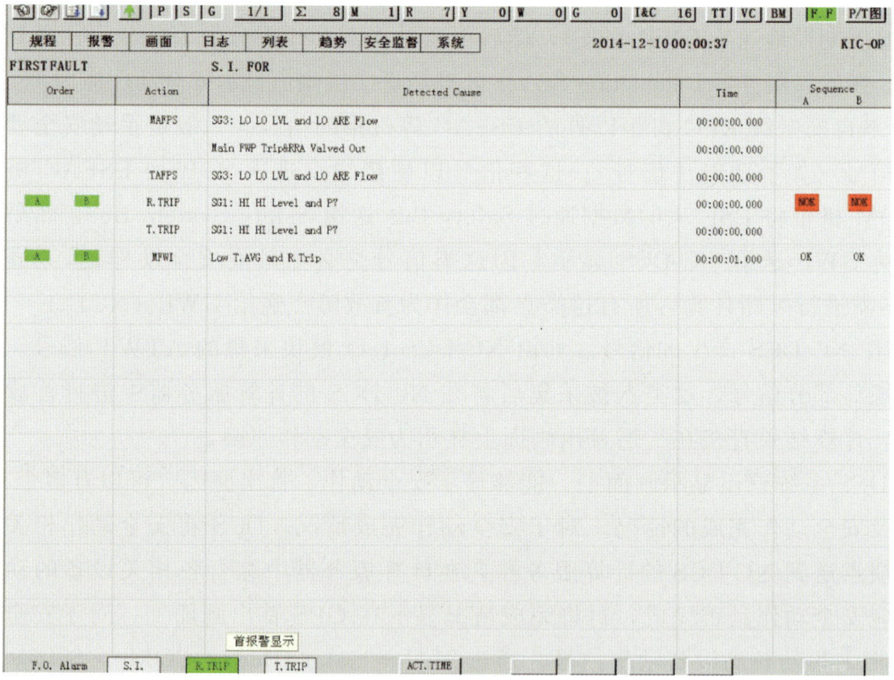


图 6-86　首出故障识别序列

首出报警的目的是确定并向操作员提供导致 R. TRIP、T. TRIP 和 S. I. 的时间顺序事件，并确定最初产生这些动作的事件。与首出故障功能相比，不仅是首发故障，而且在第一个检测到的信号之后的其他触发信号也将列在先进警报显示中。

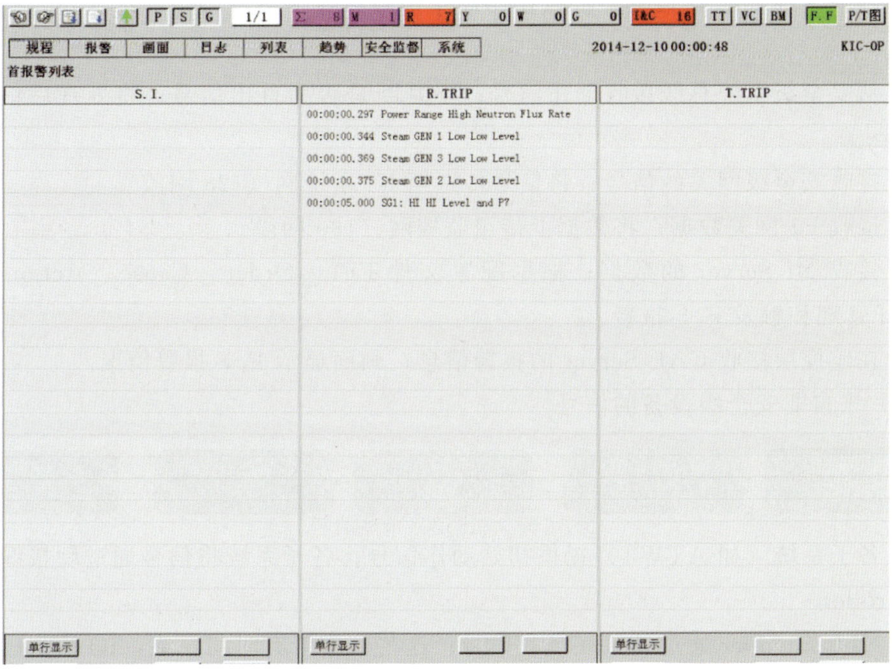


图 6-87 首出报警列表

## 6.8.2 信号流转过程

（1）来自 RPC 机柜的信号

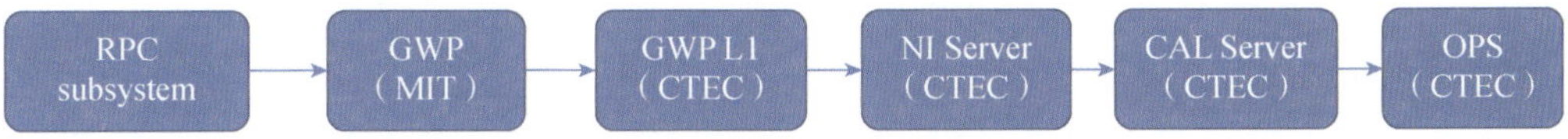


- 各 RPC 子系统提供初始动作信号；各 RPC 子系统将信号传送至安全级系统总线。
- 从安全级系统总线接收动作信号；判断是否为首出信号；将处理后信号传送至非安网关。
- 接收安全级网关的信号；将信号传送至 NI 系统网（128 网段）。
- 接收 L1 网关数据；将数据上传至监控网（130 网段）。
- 接收 NI Server 的数据；根据配置文件 FFI _ Order _ Cause _ Action 和 FF-PointInf 管理和触发 F. F 报警。
- 在监控层接收 CAL Server 的报警信息；画面显示 F. F 报警情况。

（2）来自 RPC 以外的其他安全设备的信号

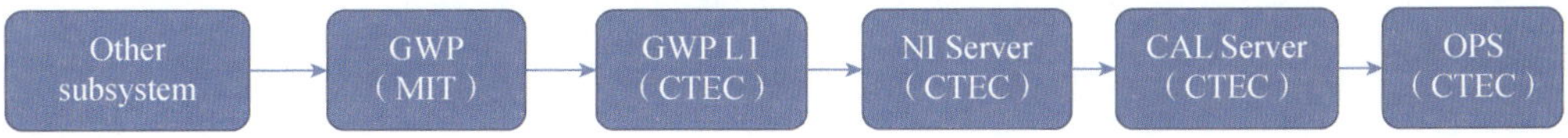

• 各子系统（RPC 以外）提供初始动作信号；各子系统将信号传送至安全级系统总线。

• 从安全级系统总线接收动作信号；不判断是否为首出信号；将处理后信号传送至非安网关。

• 接收安全级网关的信号；将信号传送至 NI 系统网（128 网段）。

• 接收 L1 网关数据；将数据上传至监控网（130 网段）。

• 接收 NI Server 的数据；根据配置文件 FFI _ Order _ Cause _ Action 和 FF-PointInf 管理和触发 F. F 报警。

• 在监控层接收 CAL Server 的报警信息；画面显示 F. F 报警情况。

（3）来自非安全级设备的信号

• 各子系统（如 ATWT）提供初始动作信号；各子系统将信号通过硬接线传送至 NIController。

• NI Controller 通过硬接线接收信号；这些信号带有时间标签，IO 模块已解析使用；将信号传送至系统网（128 网段）。

• 接收 L1 网关数据；将数据上传至监控网（130 网段）。

• 接收 NI Server 的数据；根据配置文件 FFI _ Order _ Cause _ Action 和 FF-PointInf 管理和触发 F. F 报警。

• 在监控层接收 CAL Server 的报警信息；画面显示 F. F 报警情况。

## 6. 9 VOTER

VOTER 模块的设置是为了提高自动控制系统的可靠性。通常设置互为冗余的传感器来测量同一个参数，当一个物理量被至少 2 个互为冗余的传感器测量时，通过采用 VOTER 模块，当其中的一个或几个传感器故障的时候，能够尽量降低故障对自动控制系统的扰动，避免保护动作。另外出现传感器故障时，VOTER 能够完成传感器故障的迅速诊断、自动剔除失效传感器，并能够及时地将故障信息传递给操纵员，减少人因失误。使得操纵员更快地发现机组出现的故障，维持机组的安全状态。

CPR1000 DCS 设计上采用的 VOTER 模块有三类：VOT2、VOT3、VOT4。三类 VOTER 模块在设计原理上类似，以下以 VOT3 为例进行阐述。

## 6.9.1　VOT3 功能模块的组态图

VOT3 运算模块适用于同时为同一模拟测量站点采集三个信号，并根据输入信号的质量位判断模拟量的有效性，然后进行计算输出，其外观如图 6-88 所示。输入输出值由以下说明的参数组成，实际组态中，具体实现什么样的功能由中间参数组态实现。

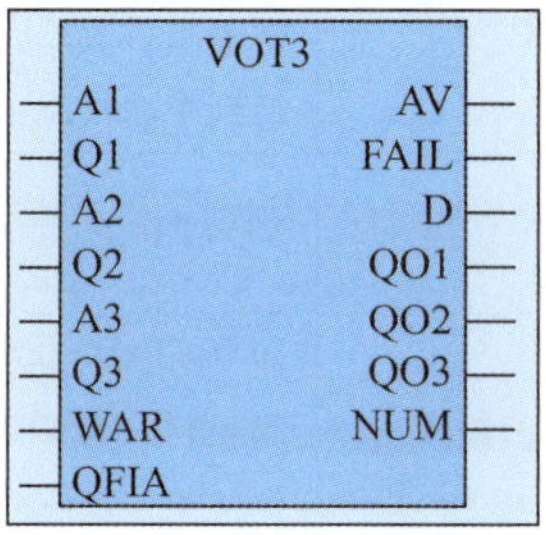


图 6-88　VOT3 算法模块外观

- 三个测量值：A1、A2、A3 分别为 3 个测量值信号。
- 三个测量值质量位：Q1、Q2、Q3 分别为 3 个测量值信号的质量位。
- WAR 输入值：允许最大偏差限，通过组态实现将输入信号中偏差过大值剔除，如针对 ARE010/052/058MN，三个测量值如果有一个与其他两个偏差≥5%，则剔除该信号。
- QFIA 输入值：该值为算法失效时的输出替代值，失效时选择输出该值与否通过中间值设置，通过组态实现。
- AV 输出值：为最终的输出值。
- FAIL 输出值：输出 0 表示算法正常，输出 1 表示算法失效。
- D 输出值：输出 0 表示算法不存在故障，输出 1 表示算法存在故障。
- QOi 输出值：输出 0 表示 Ai 信号质量位是好的且输出信号的平均偏差在允许范围内；输出 1 表示 Ai 信号质量位差或者输出信号的平均偏差超过允许值。
- NUM 输出值：完好信号的数量。
- 中间参数 TYP：如果为 0，则输出有效值中的最大值；如果为 1，则输出有效值中的最小值；如果为 2，则输出有效值中的平均值。
- 中间参数 OSW：为算法失效时的选择输出方式，如果为 0，算法输出上一时刻的好值；如果为 1，算法输出替代值。
- 中间参数 ATY：算法类型，如果为 0，表示模拟量三选二；如果为 1，表示模拟量三选一。
- 中间参数 MU 和 MD：模拟量输出的上限和模拟量输出的下限。
- 中间参数 OUT：用于存放计算过程的输出值。
- 中间参数 EM：允许的最大偏差。

## 6.9.2 DCS 中 VOTER 实例应用

**表 6-19 VOTER 实例应用**

| | | |
|---|---|---|
| 稳压器水位调节 | RCP007/008/011MN | VOTER 2oo3<br>VOTER 输出为有效模拟输入量的平均值，若有两个模拟输入量无效，输出保持最后一个有效输出量并自动切换到手动控制 |
| RCP-稳压器压力调节 | RCP013/014/015MP | VOTER 2oo3：同 RCP 稳压器水位调节 |
| RCP 一回路压力模式 | RCP039/137/139MP 三输入 | 1）RCP037/039/137/139MP 设置 VOTER 送往 KIC；<br>2）参与 RCV013VP 阀的控制；对输入求平均值。输出保持上一次有效输出值，同时产生报警提醒操纵员 |
| 蒸气母管的蒸汽压力信号采集 | 与 001GV-003GV 蒸汽管路的蒸汽压力信号配合，产生主蒸汽阀门开启的闭锁信号；参与 GCT-C 压力模式下排向冷凝器的旁路排放阀的控制 | 两输入，三路选择器。可在 KIC 里选择信号 1，信号 2 或两路信号的低值。输出保持上一次有效输出值，同时控制自动切换到手动模式，并产生报警提醒 |
| RCP 一回路压力模式 | RCP039/137/139MP 三输入 | 1）RCP037/039/137/139MP 设置 VOTER 送往 KIC；<br>2）参与 RCV013VP 阀的控制；对输入求平均值。输出保持上一次有效输出值，同时产生报警提醒操纵员 |
| 蒸气母管的蒸汽压力信号采集 | 与 001GV-003GV 蒸汽管路的蒸汽压力信号配合，产生主蒸汽阀门开启的闭锁信号；参与 GCT-C 压力模式下排向冷凝器的旁路排放阀的控制 | 两输入，三路选择器。可在 KIC 里选择信号 1，信号 2 或两路信号的低值。输出保持上一次有效输出值，同时控制自动切换到手动模式，并产生报警提醒 |
| ARE-蒸汽发生器水位调节 | SG1：ARE010/052/058MN<br>SG2：ARE020/053/059MN<br>SG3：ARE030/054/060MN | 1）SG1：ARE010/052/055/058MN 设置 VOTER 送往 KIC；<br>2）VOTER 2oo3<br>VOTER 输出为有效模拟输入量的平均值，若由于输入无效而产生 VOTER 报警，则输出保持最后一个有效输出量，若有需要操纵员可切换到手动控制 |
| ARE-给水流量 | SG1：ARE043/046MD<br>SG2：ARE044/047MD<br>SG3：ARE045/048MD | 两输入，三路选择器。可在 KIC 里选择信号 1，信号 2 或两路信号的低值。<br>输出保持上一次有效输出值，同时给水调节阀控制自动切换到手动模式，并产生报警提醒操纵员 |
| VVP-蒸汽流量 | SG1：VVP001MD/004MD<br>SG2：VVP002MD/005MD<br>SG3：VVP003MD/006MD | 两输入，三路选择器。可在 KIC 里选择信号 1，信号 2 或两路信号的高值。<br>输出保持上一次有效输出值，同时给水调节阀控制自动切换到手动模式，并产生报警提醒操纵员 |

续表

| | | |
|---|---|---|
| GRE、GCT-汽轮机进口压力信号 | GRE022/023/024MP 三输入 | 对输入求平均值。输出保持上一次有效输出值，同时控制自动切换到手动模式 |
| 汽轮机进口压力信号 RGL 控制 | GRE022/023/024MP | VOTER 当三个输入量都有效时，输出为三个输入量中的中间量，当仅有两个输入量有效时，输出为两者中较小值，当仅有一个输入量有效时，输出即为该值，当三个输入量都无效时，输出保持最后一个有效值并发出故障信号，此外，操纵员也可以切到手动并选择三个输入量之一作为输出 |

### 6.9.3 对控制的影响

（1）VOT2

• 当两个输入信号测量值均有效且偏差没有超出最大允许偏差时，VOTER 输出根据中间参数 TYP 的选择值为最大值、最小值或者平均值；

• 当一个输入信号的测量值无效时，VOTER 输出为另外一个有效的输入值；

• 当两个输入信号测量值均无效或者测量值有效但是两者的偏差超出最大允许值时，VOTER 输出根据中间参数 OSW 的状态为算法上一时刻输出的有效值或者输出替代值；

• 当中间参数 TYP 的值超出时间限制时。VOTER 输出根据中间参数 OSW 的状态为算法上一时刻输出的有效值或者输出替代值。

（2）VOT3

• 当三个输入信号测量值均有效且两两偏差均小于最大允许值或者其中有一个输入值与其他值的偏差超出了最大允许值时，VOTER 输出根据中间参数 TYP 的选择值为最大值、最小值、平均值或者中间值；

• 三个输入值中的测量值均有效但是有两个偏差超过最大允许值或者三个输入值中有两个测量值有效且其偏差值小于最大允许值时，VOTER 输出根据中间参数 TYP 的状态选择输出其余两个有效输出的最大值、最小值或者平均值；

• 三个输入值中有两个无效时，VOTER 输出根据中间参数 ATY 和 OSW 的状态选择输出为上一次有效值、替代值或者是最后一个有效的输入值；

• 三个输入信号的测量值均有效但两两的偏差值均超出最大允许值或者三个输入信号的测量值均无效或者只有两个输入信号的测量值有效但是其偏差值均超出最大允许值时 VOTER 输出根据中间参数 OSW 的状态选择为上一次有效值或者替代值。

• 当中间参数 TYP 的值超出时间限制时，VOTER 输出根据中间参数 OSW 的状态选择为上一次有效值或者替代值。

# 第七章　经验反馈

## 7.1　核电厂 DCS 控制遇到的挑战

DCS 系统在工业生产中，尤其是电厂的生产运营中，其可靠性、稳定性问题更加突出，人们对整个 DCS 系统要求越来越高——既希望 DCS 系统尽量少出故障，又希望 DCS 系统一旦出现故障，能尽快诊断出故障部件并修复，使系统重新工作。DCS 系统改变了以往的不利情况，也带来了新的问题。

（1）自动化水平的提高，带来新的操作问题

系统自动化水平不断提高，极大提高了设备的运行效率，但也带来一些新问题。系统中运行的许多细节不能被操作员及时捕捉到，操作员不能及时接收到系统错误的提示，如果不能及时纠正，可能导致不良后果。系统的高度自动化会引发适应不良的问题，操作员无法与操作自动化系统匹配，操作员如果不能适应自动化的节奏，会产生不良影响。系统自动化过快，操作员容易产生紧张情绪；自动化进程过慢，则会影响任务完成速率。

（2）数字化系统操作复杂化

数字化系统对操作员的专业素质提出了更高要求，先进的操作系统由于操作线索不明确、设计上过于单一、识别度不高，容易导致操作失误。规范化的操作规程对核电厂的运行十分重要，而自动化则使计算机主动执行了一些规范流程，操作员未能参与到任务中。

（3）信息显示出现新问题

数字化的信息需要通过屏幕进行显示，核电厂的所有操作会呈现在四块主屏幕上，一些细节问题会反馈在工作站的屏幕上，信息显示屏幕数量的增加使系统全面性和可靠性得到改善。但屏幕展现了太多的信息，为操作员的操作带来新的挑战，应急情况下更考验操作员的心智。若人机界面的设计不够合理，将会使操作更加复杂。目前国内的系统设备采用外语显示，不符合国人阅读习惯，较为不便。

## 7.2 DCS故障模式分析

虽然DCS在硬件选取、设计上考虑了元器件、组件和部件等的高可靠性（技术的成熟度和实际运行经验），也通过冗余设计提高了可靠性，但是由于设备长期运行后的老化、人员误操作、设计缺陷或安装缺陷等原因，DCS系统设备在运行过程中仍会出现故障，导致整个系统运行异常，从而影响电厂的安全运行。

由于DCS系统都带有自诊断程序，系统能及时对挂在总线上或网络上的各回路及功能模块进行周期诊断。通过诊断，如发现异常现象，其内容就被编成代码或相应的故障提示，经由总线传递信息，从而在操纵员站、工程师站上显示和报告故障发生的位置。工程师站了解故障情况后，会进一步通过机柜里插卡或者模块上一系列指示灯的显示状态，查询不正常状态的故障内容。但是有些故障模式不在自诊断的范围内，故障发生后不会触发报警或提示信息。因此，不同的故障模式有不同的应对措施和分析方法。

按照故障的发生部位和产生原因划分，DCS故障的模式主要有现场仪表设备故障、执行机构位置反馈故障、系统故障、软件故障、卡件故障、卡件地址串码、服务器故障、控制器故障、网关故障、操纵员站主机硬件故障、操纵员站主机死机或黑屏、工作站KVM故障、DCS时钟异常和操作使用不当造成故障等。

下面结合现场的经验反馈，对以上故障模式及其应对措施进行详细的分析和说明。

### 7.2.1 现场仪表设备故障

现场仪表设备包括与生产过程直接联系的各种变送器、各种温度元件等，即LEVEL 0层设备。现场仪表如果发生故障，直接影响DCS系统的控制功能及操作人员对工艺参数的监视，从而给工艺操作带来一定困难。这类故障一般是仪表设备本身的质量和寿命所致，比较直观，在判断和处理上相对容易，按常规仪表的处理方法处理即可。

仪表故障对机组、系统运行的影响与仪表参与控制、保护和显示的方式有关。例如：几个仪表经表决器输出，单个仪表故障时，表决器会自动剔除故障仪表，确保对系统运行无影响；如果单个仪表直接参与控制、保护和显示，则仪表故障将导致系统运行异常。

经验反馈：某电厂3号机组稳定运行于99%FP功率。3RCP618KM由99%FP开始呈现逐渐降低趋势，3RCP045MT由326℃开始呈现逐渐降低趋势。

随后，主控操纵员巡盘发现3RCP618KM（超功率ΔT实测值）显示95.7%，较其他环路低约2%，检查发现3RCP045MT（二环路热管段窄量程探头）显示值偏低为

325.0 ℃且有下降趋势，主泵转速及 3RCP048MT（二环路冷管段窄量程探头）无明显变化。

仪控专业人员在 KCS 机柜侧对 3RCP045MT 进行绝缘检查，发现其对地绝缘约为 0.05 MΩ（1 MΩ 降级，0.6 MΩ 失效），判断为绝缘不合格导致测量异常。用在线备用探头 3RCP046MT（绝缘约 60 MΩ）进行替换后，参数显示恢复正常。使用 3RCP046MT 替换后，该保护通道温度测量失去备用。

仪控人员对 3RCP045MT 通道进行手动旁路，保护降级，机组记录 RPR1a 的第二组 I0；确认 3RCP045MT 故障后，使用 3RCP046MT 替换 3RCP045MT，恢复设备可用，消除第二组 I0。

（1）仪表故障的应对措施主要有：

① 若仪表参与控制，则将相关的执行机构置于手动控制；

② 若仪表仅用于监视，则执行报警卡、联系专业检查处理以及利用其他手段监视等；

③ 若仪表参与 RPR 保护，则通知仪控专业人员进行保护通道旁通。

（2）仪表故障的优化措施主要有：

① 增加冗余仪表参与表决器计算；

② 定期检查、维护，发现异常及时处理；

③ 使用高质量、长寿命设备；

④ 改善设备工作环境。

### 7.2.2 执行机构位置反馈故障

执行机构也属于 LEVEL 0 的设备，这一类故障在电厂也曾多次发生，一些重要的阀门位置反馈故障会对系统运行造成较大影响。

经验反馈：某核电厂 4 号机组按计划进行停机解列，机组降功率到 16%$P_n$ 平台，保驾人员发现 4GCT121VV 气动杆断裂。主控操纵员同步发现三台蒸汽发生器水位异常上升，其中二环路蒸汽发生器的液位达到 0.35m，操纵员立即手动控制蒸汽发生器水位，现场人员缓慢关闭 4GCT121VV，同时主控操纵员逐步开启 4GCT117VV，随后机组正常解列。

原因分析：根据 4GCT121VV 气动杆断裂故障现象，从气动杆设计、制造、检修过程、运行环境和工况等方面进行分析，可以排除运行工况、现场装配和机械损伤等因素。

针对 4GCT121VV 气动杆断裂的失效点，从宏观、微观方面和现场应力测量等三方面对其进行原因分析。宏观检查发现气动杆断口磨损严重，微观检查发现气动杆为疲劳断裂。在 4GCT121VV 阀门动作过程中，气动杆承受的交变应力超过其疲劳极限。

综上所述，4GCT121VV气动杆断裂的直接原因是气动杆长时间承受较大交变应力，超过其疲劳极限，而产生金属疲劳。而气动杆长时间承受较大交变应力的根本原因是阀门所在管道振动大，阀门开启时振动加剧导致。另外，气动杆材质、金相组织和螺纹加工均符合原阀门设计要求，但是气动杆抗疲劳性能不佳，这也促成了事件的发生。

目前GCT121VV的故障处理措施已经列入瞬态控制导则，主要内容如下。

（1）一回路操纵员

① 可通过一回路冷热以及核功率波动及时发现异常；

② 在低功率下一回路应保证反应堆一定的过热度，以弥补阀门开启的影响；

③ 若需要降功率，降功率期间确认R棒自动，降功率期间通知值长和机组长到主控进行独立验证和监护操作，降功率后注意防止由于Xe积累造成一回路过冷，R棒提出过高；

④ 降功率结束，尽早以硼化提G棒，使其在堆内停留时间最可能短以减小Xe振荡和满足<12小时插入要求；

⑤ 以平均温度小幅度偏差及R棒来调控ΔI。

（2）二回路操纵员：

① 故障发生在满功率情况下，为防止超热功率，首先降功率到920 MW，若机组运行情况稳定根据专业建议由运行团队决定是否继续降功率；功率在500 MW以下则降低核功率到P16以下，对应功率约400 MW；

② 现场检查GCT121VV开度，要求FO现场手动关闭GCT121VV上游隔离阀GCT109VV至5%开度，并与主控沟通确认后关闭GCT368VA（GCT121VV供气阀），供气阀关闭后确认GCT121VV失气关闭；

③ 如果一回路功率较低，在故障前GCT121VV已有开度，则GCT121VV失气关闭后GCT117VV将自动调节一回路温度。RO2需监视GCT117VV响应正常；

④ 瞬态期间三台SG水位整定值受GCT开度输出的影响，密切监视三台SG水位，必要时手动干预SG水位；

⑤ 确认是GCT阀门故障后，通知机械/仪控采取适当的措施，保持故障阀门关闭。密切监视蒸汽发生器水位调节、CEX冷凝器液位和另一台APA泵的运行情况。

从上述可以看出，执行机构类的故障应对措施与设备的具体功能有关，不同的系统、功能使用不同的措施，而且还要看执行机构是误动还是拒动。而优化措施则与仪表故障类似。

① 定期检查、维护，发现异常及时处理；

② 使用高质量、长寿命设备；

③ 改善设备工作环境。

### 7.2.3 系统故障

这是影响系统运行的全局性故障，系统故障可分为固定性故障和偶然性故障。如果系统发生故障后可重新启动，使系统恢复正常，则可认为是偶然性故障。相反若重新启动后不能恢复正常，而需要更换硬件或软件系统才能恢复，则认为是固定性故障。这种故障一般是由于系统设计不当或系统运行年限较长而出现设备老化所致，也可能是病毒入侵或计算量超过系统所能承受的负荷。

由于系统故障导致整个 DCS 系统无法正常运行，主控操纵员只能切换到 BUP 或 RSS 控制机组。

系统故障的优化措施：

（1）从系统设计上进行优化；

（2）定期检查、维护，发现异常及时处理；

（3）使用高质量、长寿命设备；

（4）配置冗余的设备，例如主从冗余服务器。

### 7.2.4 软件故障

这类故障是软件本身所包含的错误所引起的。软件故障又分为系统软件故障和应用软件故障。

系统软件是 DCS 系统所带来的，若设计考虑不周，在执行中一旦条件满足就会引发故障，造成死机等现象，此类故障并不常见。有些应用软件是用户自己编写的，在实际工程应用中，由于应用软件工作复杂，工作量大，因此应用软件错误几乎难以避免，这就要求在 DCS 系统调试及试运行中十分认真、仔细，及时发现并解决。

软件故障包括：

（1）程序错误：设计、编程和操作都可能出现程序错误，特别是联锁、顺控软件，不少问题是由于工艺过程对控制的要求未被满足而引起的。

（2）组态错误：设计和输入组态数据时发生错误，这可以调出组态数据显示进行检查和修改。

这一类故障不容易被发现，需要仪控人员对 DCS 系统有比较深入的了解，而且要在不影响机组正常运行的条件下更改参数。

### 7.2.5 硬件故障

这类故障主要指 DCS 系统中 I/O 模块卡件损坏造成的故障。这类故障的影响一般是局部的，但是由于卡件没有故障报警，因此故障点较难快速定位。它们主要是由于使用不当或使用时间较长，模块卡件内元件老化所致。

在实际使用过程中，现场常见的系统硬件故障一般包括如下几方面。

（1）系统模块和元件故障

故障原因可能是元器件质量不良、使用条件不当、调整不当、错误的接线引入不正常电压而形成的短路等。有时由于现场环境的因素，如温度、湿度、灰尘、振动、冲击、鼠害等也会造成系统硬件故障。故障的影响与卡件的功能及卡件的故障类型有关。

经验反馈1：某电厂2号机组处于功率运行模式，核功率为80%$P_n$，电功率为836 MW，一回路压力为154.9 bar.a。主控触发2GRE358KA（限制控制器动作）、2RGL405/521KA（温度低C22预报警/温度低-低C22）、2RPN436KA（LSS故障或试验）报警，机组开始甩负荷。由于一回路温度偏差信号超出阈值－0.83 ℃，R棒自动响应，由初始棒位188步开始下插。

操纵员检查确认机组状态不满足C22信号触发的条件，判断为虚假信号，手动闭锁C22信号，此时机组电功率为598 MW。

主控根据2RPN436KA（LSS故障或试验）报警检查2LSS600YMA画面，2RCP050MTX显示为259.7 ℃，判断2RCP050MT下游通道故障，根据I2RRC001将二环路平均温度、$\Delta T$控制通道切除后，复位C22报警。此后开始升功率至836 MW。仪控人员更换2RCP050MT AI（模拟量输入）卡件后，系统恢复正常。

RCP050MT为四线制热电阻，所测量信号通过电缆经由贯穿件送至RPCC（反应堆功率控制）机柜，由分配卡KRTJ-03将信号分为两路：一路通过热电阻输入AI卡MRTJ-71将信号送入RPCC CPU，参与C22信号、R棒速整定、R棒插入低限等计算；另外一路通过隔离卡KIRJ-01送往KDO（试验数据采集系统）以及送往非安DCS参与PZR（稳压器）水位整定、GCT-c（汽轮机旁路系统）开度整定等，如图7-1所示。

MRTJ-71为三菱MELTAC安全级DCS的四线制热电阻信号输入卡件，其输入信号量程范围为260～350 ℃，精度为量程范围的0.2%，为单通道输入卡件。具有自诊断功能，可以在线检测输入信号超量程、看门狗故障等异常。其结构如图7-2所示，按照功能划分，可以分为5部分：Ⓐ信号输入部分；Ⓑ多路输入转换部分；Ⓒ恒流源及输入缓存放大部分；Ⓓ信号A/D转换部分；Ⓔ信号通信及自诊断部分。

本次事件发生后对更换下来的卡件在最小系统上利用热电阻进行测试，发现故障现象与事件发生时一致，因此可以确认是RPCC机柜内S1223 MRTJ-71型AI输入卡故障导致RPCC采集到虚假的2RCP050MT信号（下限值259.494 ℃），从而使得$T_{avg}^{min}$为2RCP050MT所在的二环路$T_{avg}$，$T_{avg}^{min}$经滤波处理后加上函数发生器根据二回路功率形成的预置值减去平均温度整定小于0 ℃，从而触发C22信号。

卡件故障现象为即使热电阻改变，输入进CPU的信号显示始终为259.494 ℃，即卡件输入量程范围的0%，但卡件无任何异常报警，针对此故障现象，并结合MRTJ-

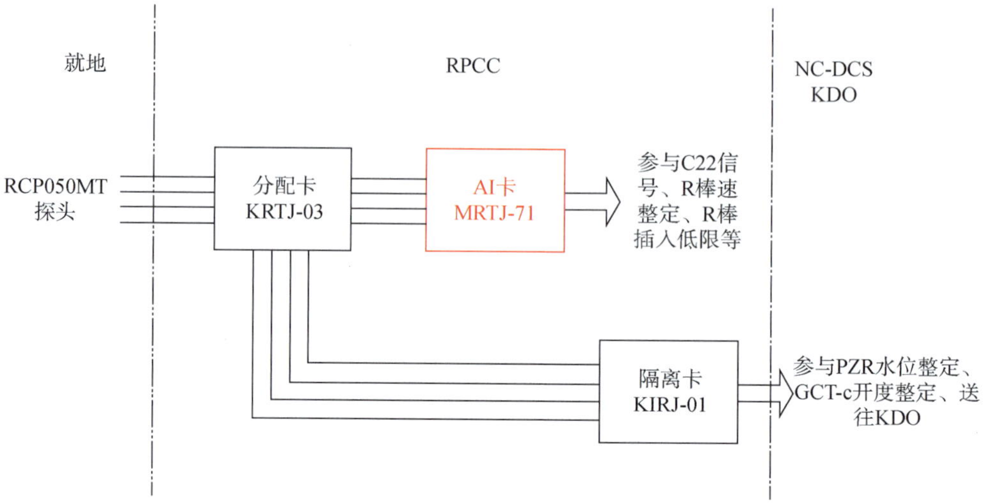


图 7-1　RCP050MT 原理图

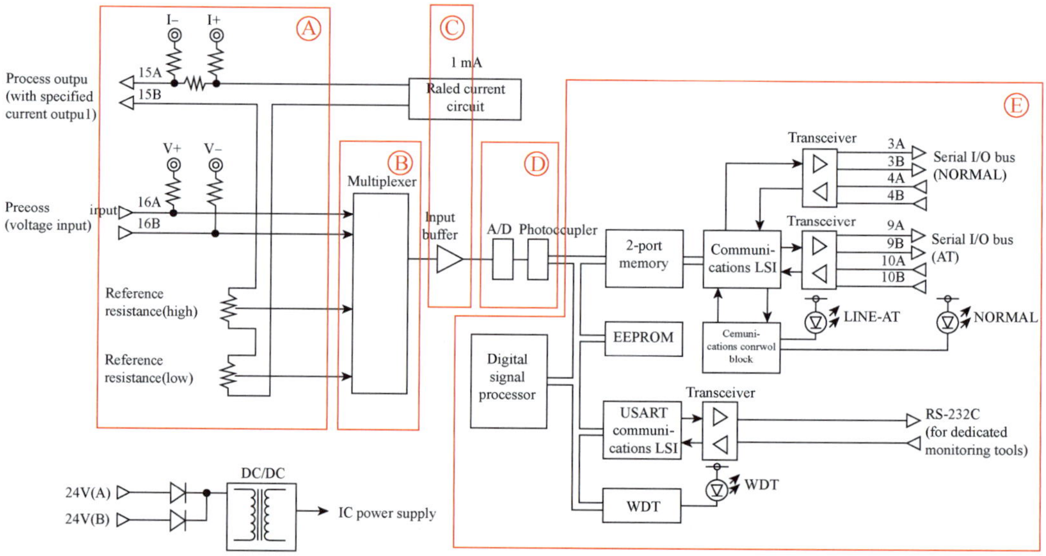


图 7-2　MRTJ-71 原理图

71 型卡件的结构，分析卡件故障的可能原因如下：A 信号输入部分故障 、B 多路输入转换部分故障 、D 信号 A/D 转换部分 、E 信号通信及自诊断部分。具体故障点无法定位。

经验反馈 2：某电厂 1 号机组功率运行期间，主控触发 1ARE422KA（1ARE102/105VT/VVP414VT 报警），检查 1VVP002MD 显示突变为 0，显示变灰，执行 I1RRC001 程序检查 1VVP414VT 自动切换至 1VVP005MD 控制，且 1VVP414VT 变

为灰色无法操作。OIC 检查后确认故障点为 1VVP002MD 送往 KCP 的隔离模块故障，1VVP002MD 仪表及保护逻辑均正常，无需手动旁通。

OIC 更换隔离模块后，1VVP002MD 显示正常，1VVP414VT 自动选择“MAX”。

VVP002MD 测量信号首先进入 RPC IV 机柜，经过模拟量输入分配卡（AI DISTRIBUTION CARD）进行信号分配输出，一路经过模拟量输入卡（AI CARD）送往 RPC IV 机柜处理后参与保护；一路经过隔离卡（ISOLATION CARD）送往 KCP 机柜参与控制，如图 7-3 所示。本次故障是卡号为 S1418 的隔离卡，故障后输出到 KCP 机柜的信号显示质量坏点，VVP414VT 自动选择至正常状态的输入信号，VVP414KC 得到 VT 的反馈信号，自动选择到 VVP005MD。因此在动作后查看 VVP414KC 已选中 VVP005MD，无需手动确认。

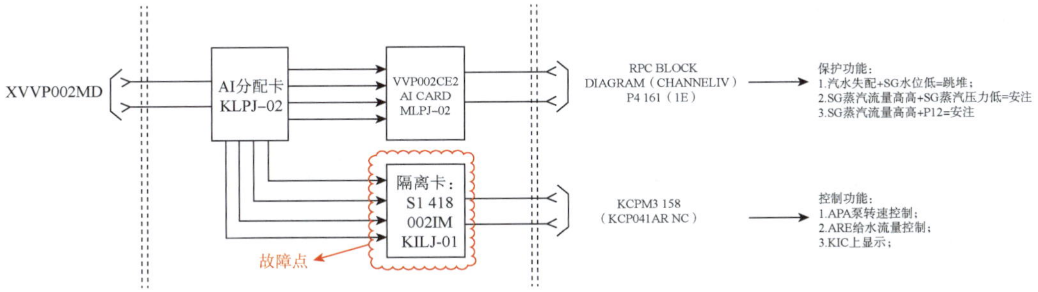


图 7-3 VVP002MD 原理图

在 VOTER（VVP414VT）中接收 4 个信号，A1 为 VVP002MD 的模拟量输入，Q1 是 VVP002MD 质量位判断；A2 为 VVP005MD 的模拟量输入，Q2 是 VVP005MD 质量位判断。当 Q1 或 Q2 质量位判断为 1 时，则 VOTER（VVP414VT）不再输出对应的值。同时给 VVP414KC 一个逻辑信号，确认已选择到正常通道。

VVP414KC 的功能实现是通过触发一个通道的质量位，让 VOTER（VVP414VT）自动选择目标通道的模拟量输入（比如若 VVP414KC 手动切至 VVP005MD，此过程实际触发 VVP002MD 质量位判断 Q1 为 1，VOTER（VVP414VT）自动选择 VVP005MD），因此与通道的质量位真实触发的过程是一样的，如图 7-4 所示。

（2）线路故障

故障原因可能是电缆导线端子、插头损坏或松动造成接触不良；或接线错误、调试中临时接线、折线或跨接线不当；或外界腐蚀损坏等。

（3）电源故障

故障可能是上游配电盘故障或供电线路故障，线路负载不匹配可引起系统或局部的电源故障；或电压波动幅度超限；或某元件损坏，或误操作等产生电源故障。

经验反馈 3：某电厂 2 号机组功率运行期间，操纵员发现 2ABP001YCD 画面中 2ABP054/034/020/048/024/039/040SN 显示红框，2 号机组 4 号低加出口阀

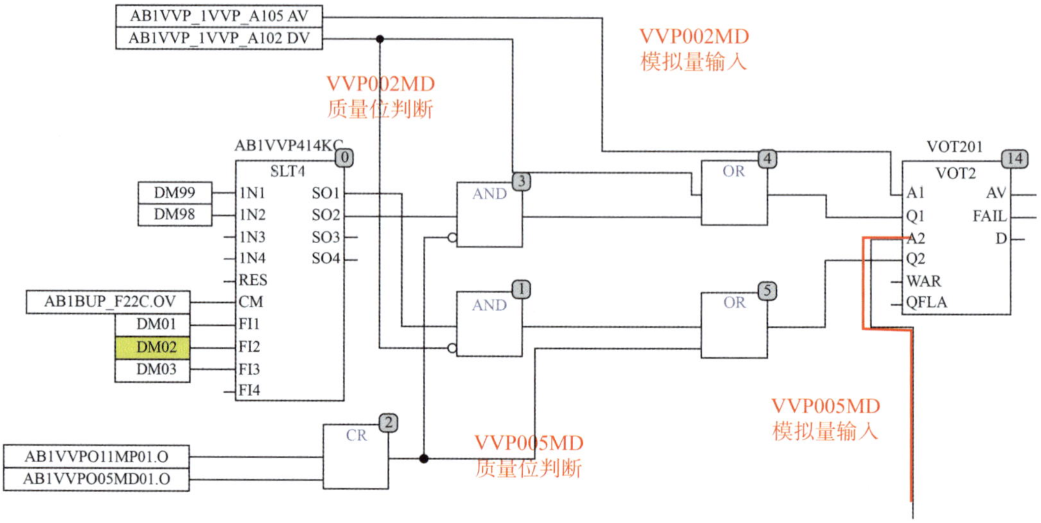


图 7-4　VVP414KC 原理图

ABP403VL 显示变灰，低加旁路阀 2ABP011VL 全开。立即通知现操将 2ABP011VL 手动关闭，为防止超热功率，将电功率降低 10 MW，机组稳定后将功率升至初始值，期间热功率最大波动至 2911 MW。

仪控人员将 2ABP403VL 开反馈强制后，运行人员将 2ABP011VL 恢复远控。经检查发现原因为 2KCP564AR 机柜中开关量卡件 306CM 故障，2ABP403VL 开反馈信号由 1 变位为 0，联动开启低加旁路阀 2ABP011VL。对故障卡件处理后恢复正常。

开关量输入卡件端子模块 NM3610 简介：

开关量输入卡件 NM3610 是和利时生产的 NM 系列核电控制系统硬件中 的输入端子模块，通过专用预制电缆与开关量输入 IO 模块配套使用，实现现场开关量信号的传递。

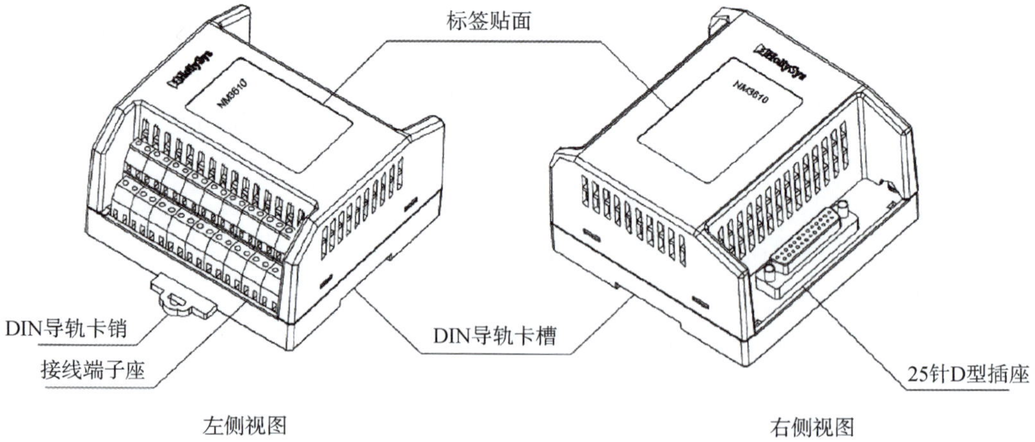


图 7-5　NM3610 外形图

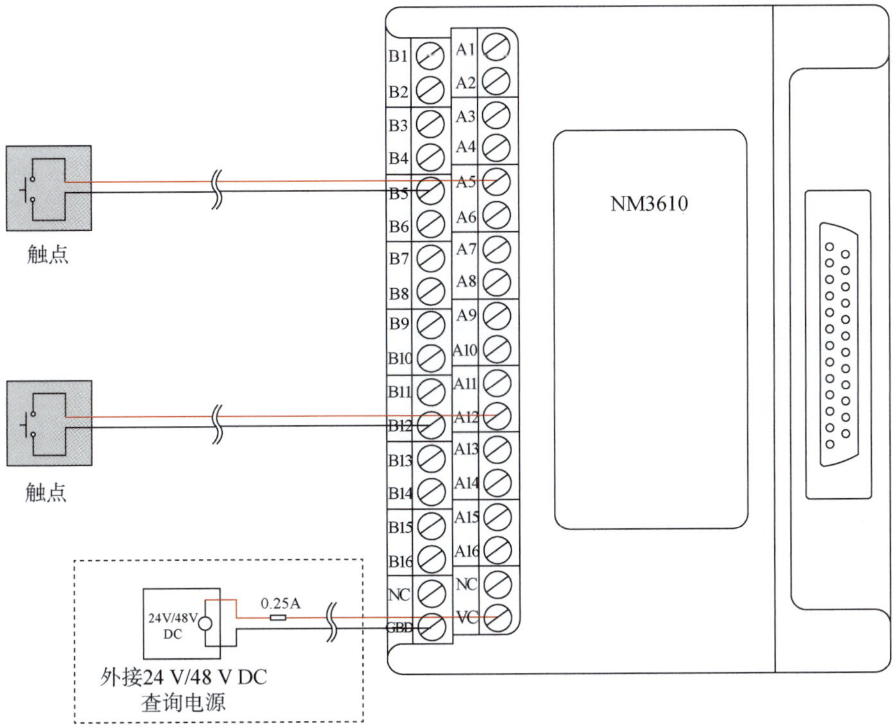


图 7-6　NM3610 原理图

现场开关信号经 NM3610 模块传递至 NM622A（IO 模块），再经逻辑电路将其送至 DCS 进行显示与逻辑运算。NM3610 需外接 48 V 直流电源作为查询电压，若失去查询电压，经卡件判断，其上所有信号采集值均变为“0”，质量位变坏，实际输入值根据 DCS 组态定义存在不同。

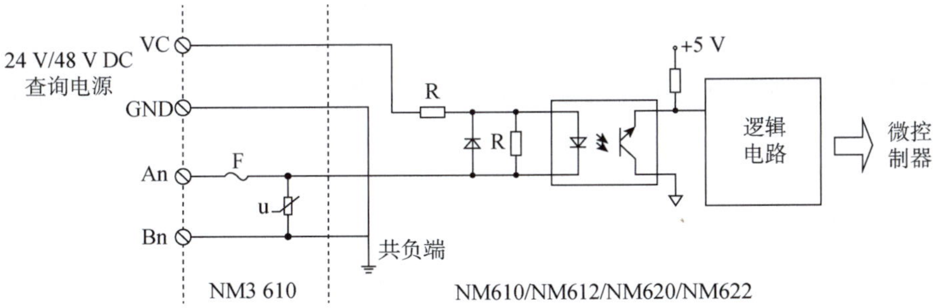


图 7-7　NM622 原理图

2ABP _ 2ABP _ DIA8 的信号流程见图 7-8，ABP011VL 控制逻辑见图 7-9。

卡件失电时，AB2ABP _ 2ABP _ DIA8（ABP403VL 开反馈信号）变为 0，取非后经过两个或门，最终 ABP011VLED2（ABP011VL 开启指令）变为 1，使 ABP011VL

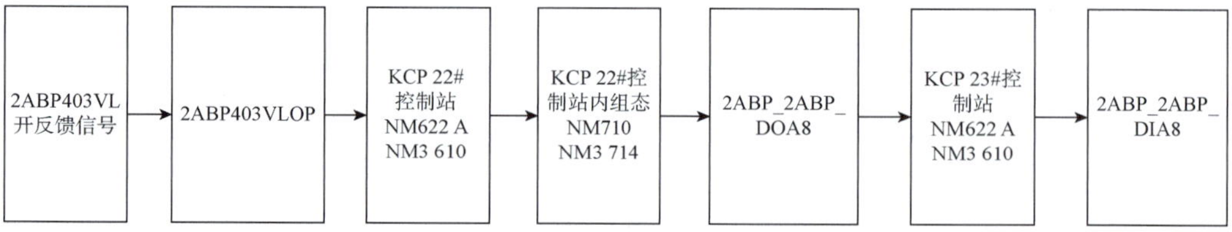


图 7-8 2ABP _ 2ABP _ DIA8 信号流程图

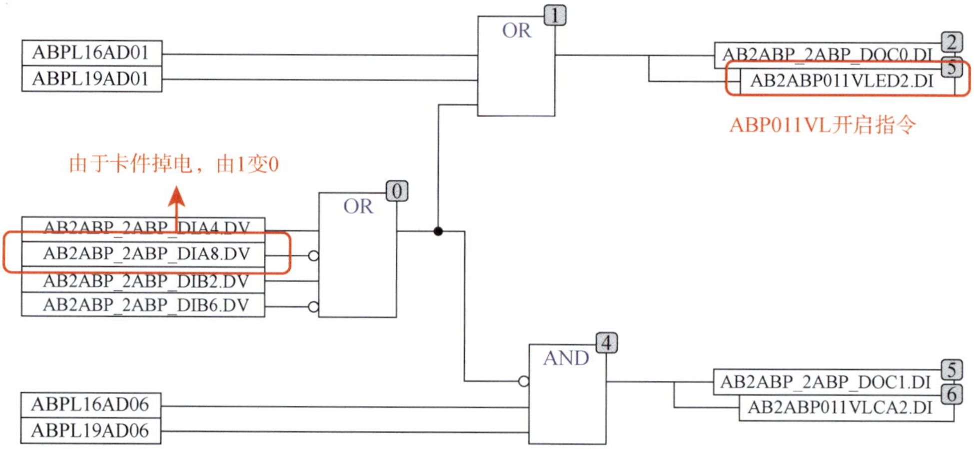


图 7-9 ABP011VL 控制逻辑图

阀门开启，用于旁路加热器，保证给水的正常供应。

根据日志信息确认，此次事件是由于开关量卡掉电导致 2ABP403VL 的开反馈信号的开反馈信号 AB2ABP _ 2ABP _ DIA8 由 "1" 变位为 "0"，经逻辑运算后使 2ABP011VL 阀门开启。

通过日志信息排除 IO 卡件及预制电缆故障导致信号变化，可确定为端子 卡件掉电的原因。

仪控人员对卡件供电上游源进行测量，测得其电压为 48 V，无异常，确认卡件上游供电正常，排除由于上游供电异常导致的卡件掉电，再测量该卡件的供电端子时发现无压。

经过现场检查，确认该卡件供电负端松动，导致卡件掉电失去查询电压，对应信号变位，最终使 ABP011VL 阀门开启。检查确认导致现场接线松动的原因是工程期间，端接不规范将线芯插入到接线孔的下部，使紧固螺丝无法将线鼻子压紧。

从上述可以看出，卡件的故障相当于仪表故障和执行机构故障的综合，故障模式取决于与卡件连接的设备是仪表还是执行机构。若与卡件连接的设备是执行机构，则主控操纵员的应对措施与执行机构类的故障一致，针对不同的系统、功能使用不同的应对措施。若与卡件连接的设备是仪表，主控操纵员的应对措施与卡件的影响范围有关，需要仪控人员协助判断、定位故障点后才能制定合理的应对措施。以上述的VVP002MD为例：

① 若信号分配卡故障同时影响控制、保护和监视，则相当于仪表本身故障，处理方案与仪表故障一致，用KC切除控制、仪控人员旁通保护通道、利用冗余的仪表进行监视。

② 若信号分配卡故障仅仅影响控制和监视，则无需旁通保护通道；

③ 若故障卡件是KCP控制站的IO卡件，则可能仅影响控制或监视，用KC切除控制或用冗余仪表监视即可。

卡件故障的优化措施与仪表、执行机构的类似：

① 增加冗余仪表参与表决器计算；

② 定期检查、维护，发现异常及时处理；

③ 使用高质量、长寿命卡件；

④ 改善卡件工作环境；

⑤ 由于目前卡件故障无报警提示，故障后只能通过受影响的设备异常来发现和定位故障点。因此，增加卡件故障报警尤为重要。

## 7.2.6　卡件地址码串码

卡件地址串码故障在实际机组上也曾多次发生，串码会导致地址冲突，从而影响系统识别地址冲突的设备，触发源点故障报警。

经验反馈：某电厂1号机组主控触发1RCV419/420/421/416/789/543KA、1RCV417KA1、1KCS006KA3报警，检查1RCV003PO跳闸，上充、下泄隔离，主泵轴封流量降为零。

仪控检查发现1RCV003PO及1RCV375VP存在源点故障，初步分析1RCV003PO对应PIF卡与1RCV375VP对应PIF卡地址码串码导致1RCV003PO跳闸。

仪控持票对上述两块PIF卡件进行了更换，并对上述两块更换的卡件进行显微镜检查，发现1RCV003PO PIF卡存在银离子迁移现象。

PIF卡地址串码问题是CPR1000新基地KCS系统共性问题，与批次无关。

PIF卡分四种类型，分别是两个输出（开优先IPL-1或关优先IPL-2）、一个输出（开IPL-3或关IPL-4）。

1RCV375VP使用PIF卡为IPL-4型，为单输出卡件，故障前输出OUT1保持为1；1RCV003PO使用PIF卡为IPL-1型号，为双输出卡件，故障前OUT0/OUT1（分别对应启动与停止）分别为0，设备接收短脉冲启动或停运。

（1）卡件通信机制

如图7-10所示，CPU与PIF I/O卡件采用层级架构，CPU通过总线管理卡对多个

I/O 机笼进行通信，每个 I/O 机笼由中继卡进行通信管理，中继卡则对 I/O 机笼的 PIF 卡件进行信息上传下达。即 CPU 发送到 PIF 卡件的指令通过总线管理卡进行发送，对应中继卡监听到与自身机笼号对应信息进行接收处理，并将信号在 PIF 卡件通信总线上广播，对应 PIF 卡件监听到与其地址对应信息则进行接收处理。

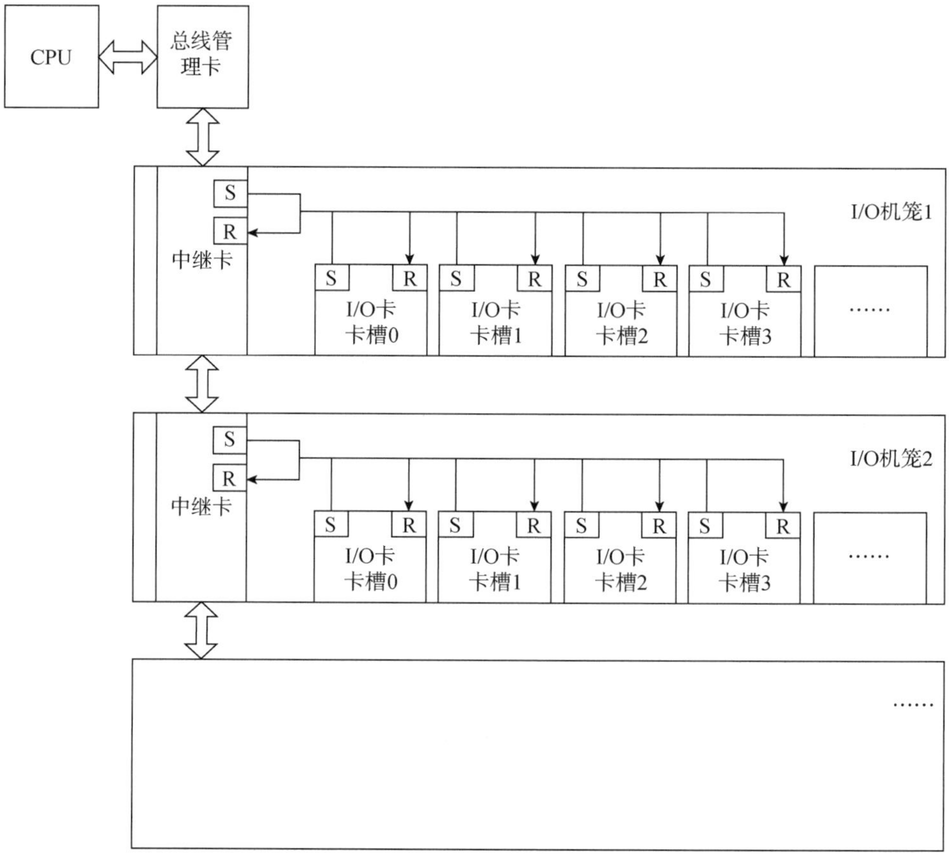


图 7-10　卡件通信原理图

而 PIF 卡件反馈到 CPU 的发送过程先是送至中继卡，然后由中继卡收集后统一发送至总线管理卡，最终转送至 CPU。CPU 与 PIF 卡件间通信过程信息均涵盖唯一的地址编码，包括机笼号及卡槽号。

PIF 卡件采用机笼槽位预设方式，卡件地址由设置在机笼的接口插针高低电平进行确定，卡件置入机笼后获取自身地址，包括机笼地址，并在通信协议中将地址信息纳入，从而保证在于 CPU 通信中保持地址唯一性。

（2）卡件寻址电路设计

PIF 卡件内部采用一 10P8R 贴片排阻用于地址电平设置，该贴片排阻针脚 1、10 为公共端，连接正电平，针脚 5、4、9 依次对应机笼地址位 2、1、0，针脚 3、8、2、7

依次对应卡件地址位3、2、1、0。而在机笼端，对应地址位插孔采取接地或浮空方式进行地址位标识，接地为0，浮空为1。以图7-11为例，机笼地址编码二进制011，对应为3号机笼；卡件地址编码二进制0111，对应第7号卡件。当卡件置入机笼卡槽后地址处理芯片对应阵脚即获得高低电平表示的机笼及卡件地址信息。每一卡件运行周期，处理芯片都获取一次地址信息用于与CPU通信。

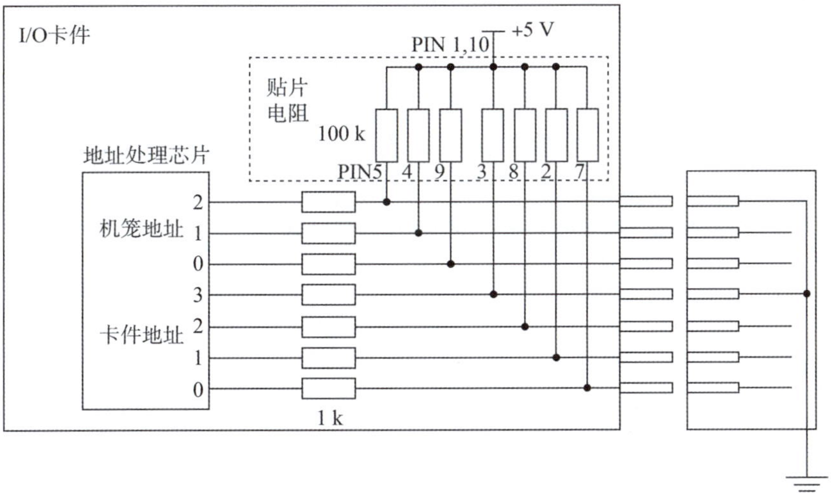


图7-11 I/O机笼

卡件地址（3/2/1/0位）判断电压分别为0 V、5 V、5 V、5 V，卡件地址为0111。

对于TTL电压回路一般当电压低于80%时就认为失去高电平。理论上贴片电阻相邻针脚之间电阻为200 kΩ，当相邻针脚之间电阻（即对地电阻）<400 kΩ时，原地址处理芯片检测到的5 V电压就会低于4 V，从而地址信息发生变位。

（3）银离子迁移机理

由于银具有良好的导电性、可焊性，因而广泛应用于电子产品的端子连接件的表面镀层中，PIF卡件地址判别10P8R贴片排阻在针脚与芯片内部阻性元件间采用含银的镀层材料。

在发生离子迁移的金属中银和银离子发生氧化还原作用的低自由能，会促使其发生阳极溶解和阴极还原，从而导致很高程度的迁移率。

银离子迁移的大致化学过程概述如下：

① 在长期恒定的电位差（一端为+5 V，一端地电势）驱动下，金属银通过与吸附在电阻表面的水分产生电离反应：

$$H_2O \rightarrow H^+ + OH^-$$

② $Ag^+$与$OH^-$在+5V端析出AgOH：

$$Ag^+ + OH^- \rightarrow AgOH\downarrow$$

③ 随着 AgOH 的分解，在+5 V 端形成 $Ag_2O$ 胶状分布：

$$2AgOH=Ag_2O+H_2O$$

④ 生成的 $Ag_2O$ 不断与水反应，生成银离子。

$$Ag_2O+H_2O=2AgOH=2Ag^{+}+2OH^{-}$$

⑤ 随着银离子吸附电荷后不断析出，呈珊瑚状向地电势端不断移动，直至产生短路电势差为零：

$$Ag^{+}+e^{-}\rightarrow Ag$$

银离子迁移需要具备一定的环境因素，除了上述的材质、电位差因素外，综合考虑设备使用环境，影响迁移速度的外在因素还包括温度、湿度、表面附作物等。一般而言温度、湿度越高迁移速度越快，同时由于贴片电阻表面附着有空气中部分盐离子及 $Cl^{-}$、$NO_x$、$SO_x$ 等成分，对迁移速度起到了促进作用。

（4）原因分析

本次事件的原因包含：硬件设计、软件设计及环境因素。

① 原因 1：硬件设计

根据形成银离子迁移的原因分析，在硬件设计方面卡件寻址电路未充分考虑自身材质、持续电场因素。在寻址电路上使用密集度较高的贴片排阻，在固定电位差产生的电场效应下，导致故障发生。

同时作为硬件防护的良好措施——三防漆敷涂全面未覆盖 10P8R 贴片排阻，使得该贴片排阻直接裸露在各种环境因素中。

② 原因 2：软件设计

当寻址回路发生确定性银离子迁移效应后，PIF 卡件软件采用新获取的地址与 CPU 进行数据通信，导致地址冲突事件发生。实际上在实践中设备带电运行过程出现地址突然变化的情况是不可能发生，软件设计应排除这种异常情况。

实际设备正常地址变化只有在卡件被拔出并插入另外一个插槽中才可能出现，即有一个卡件下电及上电的过程。即 PIF 卡软件设计存在下述两项缺陷：

a. 卡件与 CPU 通信地址获取并非只有在上电初始化过程中执行，带电运行过程每一 PIF 卡运行周期均获取卡件地址信息。

b. 当卡件在带电运行过程中检测到地址发生变更，未设计容错及报警机制，仍认为是正确地址，导致卡件冲突。

③ 原因 3：环境因素

由于 PIF 卡硬件设计及软件设计方面的缺陷，10P8R 贴片排阻直接暴露在环境空气中，一定的温湿度条件及空气中部分盐离子及 Cl—、$NO_x$、$SO_x$ 等成分，加速了银离子迁移速度，导致故障发生。

PIF 卡所在的安全级 DCS 系统机柜为保证设备运行的温湿度要求，使用 DVC 通风系统进行环境温湿度控制，同时机柜设置有强制散热风扇对设备进行热量排出。根据DVC系统设计手册，设计室内温湿度要求为：18～25 ℃，35%～70% RH，根据安全级DCS系统规格书，安全级DCS系统运行环境温湿度要求为：0～50 ℃（运行限值），<95%RH。即PIF卡所处机柜环境温湿度满足安全级DCS系统规格书要求。

操纵员应对PIF卡故障的措施与硬件故障中的I/O卡件故障的措施类似，取决于与卡件连接的执行机构或仪表的功能。如上所述，不同的是，PIF卡串码会出现报警和设备自动动作，而I/O卡件故障一般没有报警。

## 7.2.7　网关故障

网关故障也是DCS系统中相对常见的故障，各电厂也曾多次发生，故障的网关包括DCS内部的网关和连接第三方系统的网关。网关故障导致通信错误或中断，从而影响监视和控制。

经验反馈：某电厂功率运行期间，1号主控出现1KOO001KA报警及KRT相关报警，BUP盘出现KIC生命监测信号1KIC001/002AA声响报警，KIC画面部分安全级设备状态失去监视。检查DCS系统状态图，发现1KCP系统L1b（A机）网关与安全级系统通信诊障。经确认为非安全级侧L1b网关与安全级DCS通信出现中断，导致部分安全级DCS数据无法正常通过L1b网关送往非安全级DCS。

检查KIC全日志，几乎同时出现L1b网关R网故障、1KIC001/002AA、L1b（A机）与安全级系统通信故障信息，同时频繁闪发L1b（A机）CPU超负荷报警。检查其余各项KIC/KCP系统诊断参数未发现异常，机柜侧检查L1b（A/B机）状态指示灯未发现异常，但L1b（A机）网关显示器显示130网段不能连接，130网段是冗余网（R网）。因此初步判断为L1b（A机）工作出现异常后，未正常切换主从，致使L1b（B机）一直保持从机运行。为尽快恢复安全级DCS由L1b网关向非安全级DCS的相关数据传输功能，降低对机组监盘及控制的影响。经与当班沟通，仪控专业持一级票重启L1b（A机），重启过程中B机立即自动升主，A机重启后保持为从机运行，数据传输在B机升主后全部恢复正常，检查DCS系统无任何异常报警。

根据日志、趋势等数据分析，同时R网与安全级系统通信网的网口都在扩展网卡上，因此判断是L1b（A机）的扩展网卡工作异常导致在该网卡上的R网以及与安全级系统通信的网络同时故障，因此决定更换备件。工作期间，L1b（B机）通信正常，未出现DCS相关的异常报警。更换完成后，L1b网关A机和B机参数均正常。

L1b（A机）出现R网故障后未进行主从切换原因分析：

查询全日志，从时间节点可以确定A机CPU超负荷报警是由于R网与安全级系统通信网故障后数据通信异常导致，且R网故障后，由于从机（B机）无法获取主机（A机）的状态，无法判断主机（A机）状态，是正常运行还是故障状态，为了避免抢主，网关设计从机（B 机）维持原状态不变，不自动执行主从切换。

L1b（A 机）出现 R 网与安全级通信故障原因分析：

在实验室通过对更换下来的网关进行验证，发现在启机过程中，无法识别以太网口 eth2、eth3。并对该过程反复验证，重启 30 次，有 20 次出现无法识别扩展网卡的情况。故障信息“Device eth2 has different MAC address than expected, ignoring”和“Device eth3 has different MAC address than expected, ignoring”，网口 2 和网口 3 的 MAC 地址与预想的不符，忽略，说明无法识别扩展网卡，配置文件里的 MAC 地址和硬件的 MAC 地址不一样，指定网口的 MAC 地址已经变化或无法识别。根据网关的网络配置文件，eth2、eth3 分别是 R 网与安全级系统通信的网口，且都是扩展网卡上的网口，这说明本次故障是由 L1b（A 机）的扩展网卡功能出现异常、故障导致，同时使 CPU 频繁触发超负荷报警。

针对 DCS 内部的网关故障，例如 L1、L2 网关故障，会出现 KIC001/002AA 报警，安全级和非安全级 DCS 通信中断，操纵员应切换到 BUP 控制机组。针对第三方系统的网关，例如 GRE、RGL 的网关故障，将导致主控无法监控第三方系统及相关设备，但是自动控制不受影响，此时只能通过就地机柜或安排现操在现场监视设备的运行状态。

## 7.2.8 服务器故障

DCS 系统的服务器包括计算服务器、历史服务器和 IO 服务器，不同服务器故障后的影响不同。故障的原因可能是软件设计不合理导致运行异常、硬件故障或失电等。

**经验反馈**

某电厂 2 号机组处于 NS/SG 模式，2KIC 系统运行正常，计算服务器 B 机主机运行、A 机从机运行。计算服务器 B 机故障，2KIC 计算服务器主机由 B 机切换至 A 机。计算服务器 A 机生命监测信号停止，2KIC 计算服务器主机由 A 机切换至 B 机。BUP 出现 2KIC001/002AA 报警，运行人员按程序将机组操作权限由 KIC 切换至后备盘（BUP），执行 SOP（DOS、ECP1）规程控制机组。仪控人员重启计算服务器 A 机，故障未消除。仪控人员重启计算服务器 B 机，计算服务器 A 机恢复主机运行，计算服务器 B 机恢复从机运行，2KIC 系统恢复可用。运行人员退出 SOP 规程，机组稳定在 NS/SG 模式。

**原因分析**

结合设备失效分析事件过程，本次事件异常主要分两部分：计算服务器 B 机故障；计算服务器 A 机生命监测信号停止。

计算服务器 B 机故障的原因分析：

检查日志文件发现，在事件发生前，计算服务器 B 机生命监测信号主程序（RTD-BManage）的内存和句柄出现很大的增长，且在仪控人员对计算服务器 B 机重启之前，主程序的内存和句柄在50多分钟的时间内没有变化（见图7）。根据日志中5M的内存增量和58个句柄增量判断，主程序有大量数据没有分发出去。而对比计算服务器A机，不存在相同问题。因此，操作系统资源调用存在异常。

检查CPU负荷日志，计算服务器B机负荷曾短时上升至40%，且在重启恢复前一直处于高负荷的状态。对比不同程序的CPU占用率，平台应用软件占用不超过10%。因此，操作系统程序占用了大量的硬件资源，导致硬件资源无法正常使用，引起计算服务器B机故障。

计算服务器A机生命监测信号停止的原因分析：

从生命监测信号的计算生成回路分析，引起信号停止的原因可能有计算服务器A机故障、网络通信故障、NI服务器故障、60#网关故障。经现场状态检查及日志对比分析，确认NI服务器和60#网关无故障。检查计算服务器A机硬件、操作系统、平台应用软件无故障，确认计算服务器A机无故障。

从生命监测信号的数据传输回路分析，传输回路设备涉及计算服务器、IO服务器及网络。需要从计算服务器与IO服务器之间数据传输机理、计算服务器A、B机之间数据传输机理以及生命监测信号传输网络上进行分析。

（1）计算服务器与IO服务器之间数据传输机理的分析

IO服务器每500 ms为周期请求计算服务器A、B机主从状态，计算服务器接收后返回应答信息，IO服务器根据DCS平台设定好的应答动作分别进行数据传输、执行下一步应答或执行下一循环应答。

计算服务器响应IO服务器请求的应答方式分正常和故障两类，其应答动作均不同，详见表7-1。

**表7-1 计算服务器响应IO服务请求的应答方式**

| 应答状态 | 应答返回 | 请求结果 | 应答动作 |
|---|---|---|---|
| 正常 | 主机 | 返回“我是主机” | 传输数据 |
| | 从机 | 返回“我不是主机” | 执行下一步应答 |
| 故障 | 请求超时 | 返回“请求超时” | 执行下一步应答 |
| | 资源忙 | 返回“资源忙” | 执行下一循环应答 |

在500 ms的一个应答周期内，需要逐步执行以下四步应答动作，执行顺序与计算服务器A、B机主从状态无关（见图7-12）。

第一步，IO服务器向计算服务器A机请求建立网络连接，连接成功则记录网段号○1（A机MNETA网或A机MNETB网）。该网段号为全局变量，有且只有一个数据值。

第二步，IO服务器向计算服务器B机请求建立网络连接，连接成功则记录网段号

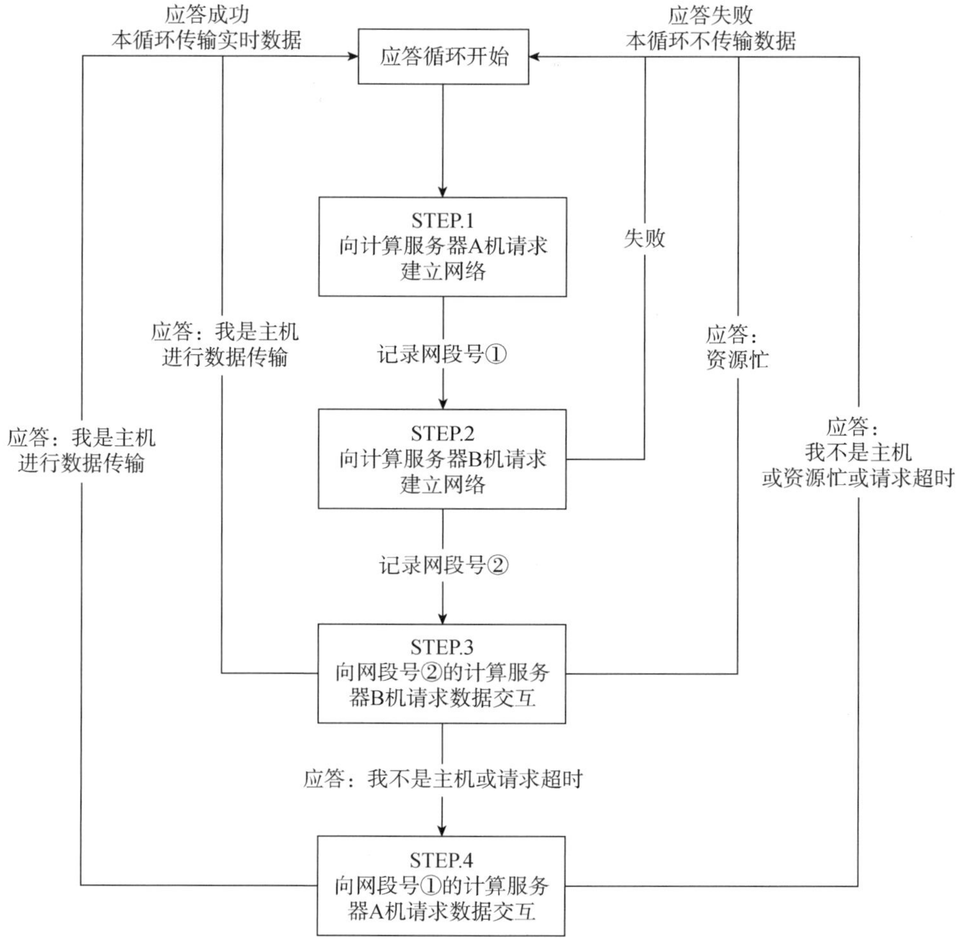


图 7-12　执行顺序

○2（B 机 MNETA 网或 B 机 MNETB 网）。失败则终止此步、跳出本循环周期，重新开始执行下一循环的第一步动作。需要说明的是，为防止出现双机主机或双机从机的故障模式，DCS 平台设计规则要求 IO 服务器分别与计算服务器 A、B 机确认网络连接状态后，再进行数据交互判断及传输。

第三步，IO 服务器按设计规则向网段号○2 进行数据交互。若网段号○2 所在的计算服务器 B 机应答“我是主机”，则由 IO 服务器向计算服务器 B 机传输数据；若网段号○2 所在计算服务器 B 机应答“我不是主机”或“请求超时”，则终止此步、跳至第四步执行；若网段号○2 所在计算服务器 B 机应答“资源忙”，则终止此步、跳出本循环周期，重新开始执行下一循环的第一步动作。

第四步，IO 服务器按设计规则向网段号○1 进行数据交互。若网段号○1 所在的计算服务器 A 机应答“我是主机”，则由 IO 服务器向计算服务器 A 机传输数据；若网段号○1 所在计算服务器 A 机应答“我不是主机”或“请求超时”，则终止此步、跳至下一循环的第一步执行；若网段号○1 所在计算服务器 A 机应答“资源忙”，则终止此步、跳出本循环周期，重新开始跳至下一循环的第一步执行。

本次事件中，计算服务器 A、B 机 MNET 网均处可正常连接，故可完成第一步、第二步动作的执行。在执行第三步动作时，因计算服务器 B 机持续返回资源忙信息，导致请求应答进入死循环，重复第一步、第二步、第三步。计算服务器主机 A 机无法与 IO 服务器建立数据传输，因未收到实时数据而生命监测信号停止。

结论：从计算服务器与 IO 服务器之间数据传输设计分析，在计算服务器 B 机为从机运行且存在资源忙时，必然导致作为主机的计算服务器 A 机收不到实时数据，进而导致计算服务器 A 机的生命监测信号停止。

由于服务器位于 LEVEL1 与 LEVEL2 之间，服务器故障主要影响主控操纵员的监控，因此，在服务器故障时，操纵员的应对措施是切换到 BUP 控制机组。

## 7.2.9 操纵员站主机硬件故障

操纵员站主机蓝屏、自动重启、硬盘故障、内存故障、GM945 卡故障、电源适配器故障等。

原因分析：操纵员站主机硬件故障现象可以复现。开机自检过程会提示哪些硬件损坏。另外蓝屏后也会提示损坏的部件。而且硬件故障后，无法再次开机。分析故障元件的故障频次，发现内存、GM945 故障较少。硬盘、适配器故障较多。少量的内存、GM945 板卡故障，可以定位为单品不良。硬盘性能不稳定，也会引起操纵员站主机蓝屏、黑屏、死机，原因可能如下：

操作系统对于电子硬盘的使用问题造成，Windows XP 的“目录索引”存储于硬盘的某一区域，当其索引文件时就是读取该区域，因此 Windows XP 在不停的调用“目录索引”的区域，即读写该区域，当读写次数达到磁盘的读写次数时就会造成该磁盘不可用，造成系统蓝屏、黑屏。

电子硬盘选型问题。电子硬盘使用的 IDE 接口，读写速率较低，但该问题应该不会造成蓝屏或黑屏。电子硬盘采用的 MLC（多级单元），此种结构的硬盘成本较低，擦出次数在 1 万次左右，当超出此范围可能就会造成损坏。电子硬盘为商用级硬盘，硬盘工作温度范围为 0～70 ℃，其工作在 50 ℃左右的环境中其寿命会受到一定的影响。

电源适配器给操纵员站提供 24 V 工作电源。与主机配套供货的电源适配器 MTBF 时间只有 1 年，使用时间超过 2 年后，电源适配器故障率上升。

操纵员站主机硬件故障的应对措施是使用备用的操纵员站，例如机组长、值长的操作站，若四个操纵员站都不可用，则切换到 BUP 控制机组。

### 7.2.10 操纵员站主机死机、黑屏及通信故障

在实际工作中，经常遇到的 DCS 系统故障还有操纵员站死机、黑屏及通信故障，这些故障通常导致工艺参数不能显示，操纵员无法进行机组控制。死机故障产生的原因是多方面的，有的是因为操作不当所致，更多的原因是由于模块或插件故障所引起的。

某次操纵员站主机故障后，通过解体主机，分析机器的内部结构，该机器的散热方式为 CPU 通过导热片将热量散发到机器内部，机器外壳再通过机体自然散热将热量散发到空气中，机箱空气温度处在较高水平，而机器内部存在稳定电源的电解质电容，高温空气对电解电容进行了加热，导致电解电容的寿命缩短，电容值下降。造成供电电压不稳定，CPU 工作出现异常（可能是 CPU 负荷异常，也可能是中断响应异常），从而导致出现死机黑屏现象。该机器的使用时间越长，故障概率会越高。主机散热结构设计不合理是此故障的主要原因。

单个主机故障不影响整个操纵员站的可用性，若可用的主机少于 3 个，按照运行技术规范的要求记录此操纵员站不可用，重新分配工作站，即使用备用的工作站。

### 7.2.11 工作站 KVM 故障

KVM 是连接鼠标和键盘的多电脑切换器，KVM 故障后，鼠标、键盘将无法使用，即整个工作站不可用。

经验反馈：某电厂仪控人员在 1 号机主控处理 SE 盘台 97＃节点报负荷高报警，断开 SE 盘台 101HC 上游空开 103JA 后，SE 盘台的 KVM（多电脑切换器）异常失电，主控出现报警 1KIC100KA，1KIC 进入 I-KIC 规程状态。仪控人员将空开 103JA 闭合后，KVM 供电恢复，报警消失。经调查后发现，事件原因为 SE 盘台内 KVM 供电负极端子排的共负极跨接片固定螺丝松动导致。

KVM（101KN）供电包括 4 路冗余供电。如图 7-13 所示，分别为 101AN（103JA）、102AN（104JA）、103AN（105JA）、104AN（106JA）。

- 正极供电：4 个供电模块的 1＋分别端接至 119JA、120JA、121JA、122JA 的①端，通过二极管并联 4 路变 2 路，通过空开端子 2 路变 1 路，端接至 KVM（101KN）的“＋”极。
- 负极供电：4 个供电模块的 1-分别端接至 201BN 的 1、2、3、4 端子，该 4 个端子通过跨接片实现 4 路供电的共负极。由 201BN 的 1 端子输出至 KVM（101KN）的“—”极。

在上述 4 路供电中，失去任何一路或者多路（不包括全部失去的情况），KVM 都能保持供电并正常工作。

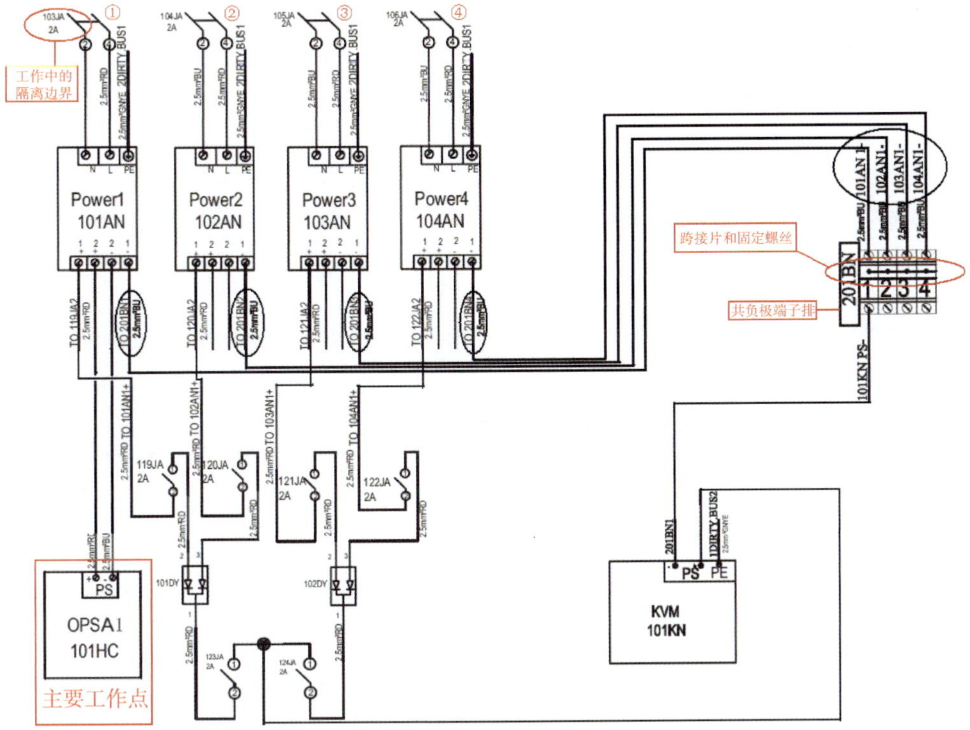


图 7-13　KVM 供电系统

①路供电通过 101AN（220VAC 转 24VDC 模块）转换成 24VDC，为下游负载 101HC 和 KVM 供电；当断开①路空开 103JA 时，由其他②、③、④三路为 KVM 正常供电。此功能的实现依赖于共负极端子排的跨接片固定螺丝，必须保证螺丝处于紧固状态。

**原因分析**

（1）KVM 供电负极端子排的共负极跨接片固定螺丝松动

检查 SE 盘台 KVM 供电负极端子排的共负极跨接片和固定螺丝，发现 201BN 4 个端子的固定螺丝松动。

共负极跨接片固定螺丝的相关活动如下：

- 厂家完成 SE 盘台的装配检查，完成螺丝的紧固工作，盘台整体发至 1 号机现场，无任何拆卸工作。
- 系统调试至系统移交，工程安装人员无螺丝的相关工作，工程调试人员仅在盘台上电前对共负极端子排的端子进行紧固检查，未包括螺丝的紧固检查，且无 KVM 设备的冗余供电功能验证；
- 系统移交后，无螺丝相关的预防性检查工作。

在整个过程中，可能由于振动、长时间未紧固等原因造成螺丝的松动。

（2）共负极跨接片固定螺丝存在单一故障设计缺陷

当负极端子排共负极跨接片固定螺丝松动后，KVM 4 路供电的负极未实现共负极，仅 103JA 供电的负极与 201BN 的输出端子 1 相连；当断开 103JA 后，4 路供电全部失去。

一颗螺丝松动可导致 KVM 会失去三路冗余供电，仅剩余一路供电；该设计不符合冗余原则，为单一故障设计缺陷。

KVM 故障将导致整个操纵员站无法操作，按照运行技术规范的要求记录此操纵员站不可用，重新分配工作站，即使用备用的工作站。

## 7.2.12 DCS 时钟异常

时钟系统出现授时错误，对正常生产造成较大影响。时钟系统为下游生产设 备提供准确的时标信号，也是数字化控制系统（DCS）的上游时标信号，其是否稳定运行直接关系到电厂生产安全。

经验反馈：某核电厂 1、2 号机组 KCP 时钟设置机制为：1 号机组 DCS 一层主时钟服务器（1MTK）与 DCS 一层备用时钟服务器（2BTK）互为冗余，系统时间选择 1MTK 与 2BTK 中时间序列较快的一台时钟服务器，传输架构图如图 7-14 所示。

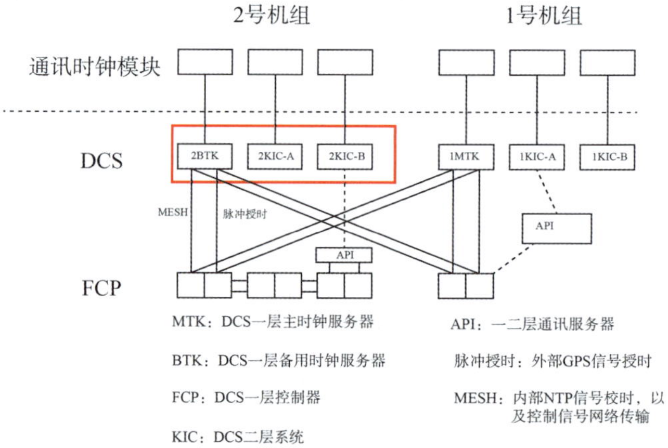


图 7-14　授时信号传输架构图

1 号机组处于功率运行模式，2 号机组处于反应堆完全卸料模式且 2 号机组电厂计算机信息和控制系统（KIC）停用。在开展 2DCS 授时扩展钟的移位工作时，使用了一块时区设置错误的授时板卡（实际应使用格林尼治时间＋0h，板卡设置输出时间为东八区时间），恢复 2KCP 接线后，2 号机组 BTK 时间超时 8 小时，基于 KCP 时钟授时机制，1、2 号机组 KCP 系统均出现超时 8 小时现象（1MTK 时间正确）。

虽然 2KCP 时间超时，因 2 号机组 2KIC 处于停运状态，相关系统未受影响，排查后将时区设置错误的授时板卡进行处理，随后 2BTK 时间恢复正常。

随后发现 1 号机组 KCP 超时 8 小时的异常，该异常导致 1KIC 中历史趋势不能刷新、触发的报警信息时间异常，测试发现 KIC 操作响应、模拟/开关量显示等功能正常，判断 1KIC 系统处于可用状态。

电厂组织相关专业分析后，决定采取强制断开授时信号再恢复的方式，将控制器与上游时钟同步。将 1KIC 切换至后备盘（BUP），通过重启 KIC 将 KCP 时间恢复正常，随后切回 KIC 控制。

随后运行人员巡盘发现，个别开关量 DCS 一、二层显示不一致，分析原因为 DCS 一层控制器（FCP）的防篡改功能导致 FCP 控制器时间无法自动恢复，导致 FCP 数据仍超时 8 小时，再次采取切至 BUP 的方式，重启 FCP 后，恢复正常。

从上述可以看出，时钟异常可能影响 KIC 上的信息显示，例如趋势、报警等，导致主控操纵员无法有效监视机组。由于恢复时钟需要重启 KIC 或相关的设备，因此，操纵员的应对措施是切换至 BUP 控制机组，待 KIC 及其时钟恢复正常后，切回 KIC 控制机组。

### 7.2.13　操作使用不当造成故障

在实际运行操作中，有时会出现 DCS 系统某些功能不能使用或某些控制部份不能正常工作，但实际上 DCS 系统并没有故障，而是操作人员的操作不熟练或操作错误所引起的。这对于初次使用 DCS 系统的人员较为常见。

针对此问题，应确保 DCS 操作人员在使用或操作 DCS 之前都已经过培训、通过考核且获得授权。在操作过程中做好防人因失误的措施，例如监护、把手唱票等。对于初次操作的新手或首次执行某项操作时，应安排有经验的人员指导操作，并进行监护。

从上述对各种故障模式的分析来看，DCS 系统的故障相对于其他设备的故障来说，有以下特点：故障模式多、故障现象复杂、运行监控难度大、分析和查找故障原因难度大等。在日常工作中，除了掌握相应的故障判断和处理方法外，更应该加强系统的日常维护，防范系统故障的发生，同时采取相应的管理措施来保证系统的安全可靠，如：加强 DCS 系统的环境和操作管理，加强防静电措施和良好的屏蔽，控制室要加强防雷措施并应该有安全可靠的接地系统等。随着电厂设备运行时间变长，设备故障的概率逐渐增加，DCS 系统的硬件、软件性能应得到优化，并安排定期预防性检查和维修，以便降低故障概率。

# 第八章　DCS 未来的发展方向

在 CPR1000 堆型的核电厂中，由 HOLLiAS+MELTAC 构建的数字化仪控系统平台已陆续在宁德、阳江、防城港、红沿河等新建基地的多台机组中投入使用。总体而言，该套 DCS 系统架构的运行状态较好，但受运行时间拉长、机组瞬态增多、DCS 功能需求细化、DCS 平台设备老化等方面因素的影响，软硬件故障陆续发生，DCS 运行状态的稳定性随之下降，因而 DCS 平台的改造与性能优化工作逐渐成为数字化仪控系统运维的重要方向。

## 8.1　CPR1000 与三代核电 DCS 的技术差异

为了更全面地了解 CPR1000 堆型数字化仪控系统的优势与不足，找出二代加核电的 DCS 系统未来改进方向，我们对比了 EPR、AP1000、华龙一号的数字化仪控系统。

### 8.1.1　EPR

EPR 堆型核电厂的 DCS 系统平台及其结构与 CPR1000 的 DCS 系统基本相同，但其控制功能更为先进、更为复杂，主要体现在以下五个方面。

（1）大量的顺控逻辑

EPR 机组采用大量组控模块进行控制逻辑的实现，其中成组模块分为三级，分别为 GC _ MS、GC _ CS、GC _ CFS：

• GC _ MS：用于模式选择，通过选择单独模式、手动模式和自动模式，可分别配置所控制的执行器是否接收成组控制指令；

• GC _ CS：用于当上一级模式配置在手动模式和自动模式时，进行启停控制，通过发出启停控制指令，配置所控制执行器状态；

• GC _ CFS：用于当上一级启停控制命令发出后，根据手动预选或自动计算指令启动对应列的执行器（此一级主要针对冗余列的配置）。

EPR 机组几乎每个系统都设置有顺控逻辑，单台机组共有 1200 多个顺控逻辑，这些顺控逻辑可实现系统的自动切换、投退。如台山核电 RIS 具备两大功能：安全注入和余热排出。RIS/RHR 余热排出功能的投运就可以通过组控完成，该组控可以使 RIS

系统自动完成化学调整、热力调整等动作后以 RHR 模式投运，并保证功能实现。

（2）操作员辅助功能

OAF（操纵员辅助功能）功能是 EPR 特有的仪控功能，主要用于参数超出正常控制范围时辅助调节系统进行控制，同时避免了因操作员误操作导致的参数恶化，如图 8-1 所示。主要针对一回路压力、一回路液位和蒸汽发生器水位设置 OAF 信号，实现以下主要目标：

- 有效的降低操纵员的负荷，确保参数控制的有效性；
- 限制手动控制时参数的变化范围；
- 保护一回路关键设备（压力容器、主泵等）；
- 避免达到安全限值触发保护动作，提高机组的安全性和可用率。

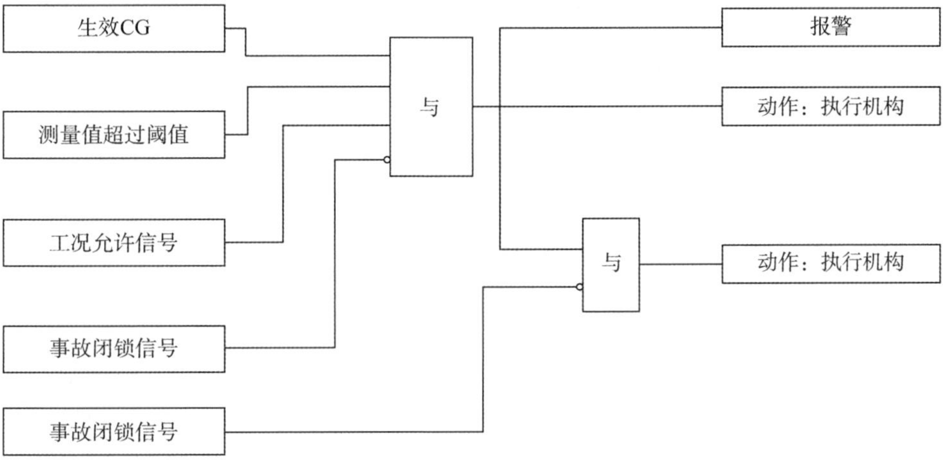


图 8-1　OAF 功能原理

（3）自动的机组启、停控制功能

EPR 的 DCS 除了每个系统都设置有顺控逻辑外，在系统间也设置有大量的顺控逻辑实现机组状态的转换，如在一回路升压、升温过程，操作员只需要设定目标值和速率，系统就可以自动实现机组的升压、升温操作。

（4）先进的事故/事件诊断功能

EPR 的 DCS 还设计有 KAE 系统（事故诊断系统），该系统与宁德核电的 KOO 系统类似，但更为强大，更为复杂。该系统除实现机组的工况计算外，还可以实现机组的事故/事件诊断，指导操作员进行事故/事件的响应。

（5）先进的堆芯控制

EPR 的堆芯控制更为先进，引入了“部分停堆”的概念，在二回路出现甩负荷瞬态时，允许部分控制棒插入到堆底，来匹配二回路的功率变化。

可以看出，EPR 的 DCS 系统的先进性体现在其控制逻辑的先进性，让机组的控制更加便捷，降低了操作员的工作量，提高了机组的安全性和稳定性。但调研中发现，这种高度自动化的控制也存在以下问题：

• 在出现现场设备故障（如阀门没有开到位）时，常常导致顺控无法正常执行，往往需要重新退回到初始状态；

• 控制逻辑过于复杂且台山核电没有逻辑图和模拟题，在出现顺控异常时，较难定位故障原因，影响了顺控的执行。

### 8.1.2 AP1000

AP1000 与 CPR1000 的数字化仪控系统平台具有以下共同点：

• 具有类似的结构和层次，系统上各工作站都是通过网络接口连接起来，并且通信网络都是多重、容错、开放式的以太通信网络。

• 人机接口和 IO 接口都可以对过程对象的数据进行实时采集、分析、记录、监视和操作控制。

• 操作员工作站都可以执行历史报表、数据库、软件服务器、性能服务器、报警服务器数据连接等功能。

• 硬件和软件采用开放式、标准化设计，具有灵活的配置，支持在线修改软件组态。

其不同点在于：

• 从系统硬件角度看，AP1000 平台的硬件模块数量比 CPR1000 的模块少，并且对人机接口进行了简化。操作员误操作的概率进一步下降，并且运行、测试和维护更加简化。简化以后的人机界面有如下优越性：减小了所需的人工操作；减小了提供给操纵人员的数据；报警数量减少；为操纵人员提供质量改进以后的数据；由系统计算机为操纵人员提供数据的解释和分析；简化了维护。

• 从软件角度看，CPR1000 由非安全级 DCS 平台、安全级 DCS 平台、P320、RGL、KSN 等多个专用系统平台，需要多个专业的人员进行维护，不够集中。而 AP1000 COMMON Q 平台是利用 ACC 软件组态工具（AMPL Control Configuration），在使用 INTEL 处理器的计算机上可以完成组态的编程，可组态形成完整的控制功能。在 OVATION 软件平台的设计中也应用了同样的指导思想，大多数的软件是基于大家所熟悉的第三方软件包，如 AUTO CAD、ORACLE 等。这样，操作人员和工程技术人员就不需要专门进行操作系统基础培训。

AP1000 数字化仪控系统的设计采用一体化集成数字化仪控系统，该系统的核心部分可以用于核电厂的保护和运行，相对于其他核电厂的控制接线减少了 80%，电缆敷设厂房得以取消，维修简化，设计独立化，能保证准确而无漂移的校验，运行裕度得到了改善。

### 8.1.3 华龙一号

华龙一号是在 CPR1000 的基础上改进而来，专设安全系统由原来的 2 列变成了 3 列，提高了系统的安全性能 BUP 盘台被 ACP 系统替代，采用数字化实现方案，增加了 KDA 系统用于应对严重事故以及由机械故障导致的 DEC A 的故障，RPCC 系统在 SC3 平台实现，优化纵深防御层次独立性，其他部分在 DCS 的架构和功能执行方面无本质上的变化。华龙一号实现了安全级 DCS 的国产化，形成了我国三代核电技术下 DCS 方面的自主知识产权，填补了核级 DCS 无法国产化的空白，防城港 3 号机作为广核集团内的华龙首堆，就采用了 HOLLiAS+FirmSys 技术（广利核的平台产品）。

## 8.2 CPR1000 堆型 DCS 的改进方向

通过与三代核电技术不同堆型 DCS 的横向对比，以及 CPR1000 堆型 DCS 多年来的运营实践，不难发现 CPR1000 堆型 DCS 系统虽然在架构方面已难以发生本质变化，但是软件和硬件的性能优化方面还有很多可以借鉴三代核电 DCS 技术的地方，具体如下。

### 8.2.1 消除缺陷

近年来，CPR1000 堆型的 DCS 平台在卡件、主控模块、系统网络、监控网络、计算服务器、OWP 等设备上出现故障，从而影响运行人员对机组的监视和控制，相关的经验反馈有：

• 2020 年 02 月 02 日，某 CPR1000 堆型核电厂的 2 号机组 KIC 计算服务器 B 机故障，计算服务器未切换成功，导致 KIC 不可用。经分析为数据传输异常叠加平台软件对资源忙的响应存在设计缺陷是导致该事件原因。

• 2019 年 5 月至今，某 CPR1000 堆型核电厂的 1/2/3/4 号机组 KCP 系统先后发生 9 次主控模块故障，其中 4 起经厂家测试分析为 DSP 芯片固件变位导致，1 起还在分析中，另外 4 起故障现象与 DSP 故障变为故障现象一样。经厂家分析位 DSP 芯片可靠性低导致，已对主控模块进行升级换型。

• 2016 年初，某 CPR1000 堆型核电厂的 DCS 与 P320 通信的生命信号中止后，通信站不进行切换。

平台的设计缺陷和硬件设备的不可靠性不断威胁着 CPR1000 核电厂运行状态的稳定性，因而核电厂要积极与 DCS 设计方和供货方加强沟通与合作，推动双方根据经验反馈及时进行平台软硬件升级，消除平台缺陷的工作变得格外重要。

### 8.2.2 功能优化

（1）顺控试验

CPR1000 核电厂 DCS 的功能优化工作早在宁德核电首台机组商运之时就已启动，随着 DCS 优化需求的不断增加，宁德核电成立了 DCS 优化团队，团队成员分别来自运行、仪控、培训、安工、改造等专业，用大团队的运作方式先后输出了 SOP 智能化改造、机组日常监视、工艺报警优化、TDS 功能完善、关键报警监视等 DCS 扩展功能。此外，也尝试了 RGL 顺控试验、REA 顺控试验、RPR 顺控试验等功能的开发和论证工作，与 EPR 堆型相比，CPR1000 堆型的顺控功能应用很少，尤其是涉及反应性方面，几乎为零，未能够充分发挥 DCS 的平台优势，也是该堆型 DCS 的一项缺憾。因此，在接下来很长一段时间，CPR1000 堆型的顺控功能开发将会是 DCS 功能优化的一项重点任务。

（2）规程电子化

CPR1000 堆型的 DCS 有提供电子化规程的功能，但是未提供规程更新工具，而电厂的各类规程（运行、事故、报警卡等）需要不断更新，这就使得电子化的规程始终落后于最新的规程要求，导致电子化规程的功能显得有些鸡肋。

在发生事故时，寻找合适的纸质规程会浪费宝贵的控制时间，以 2019 年某 CPR1000 堆型核电厂发生的一次 SOP 事故为例，运行人员花了大量时间在寻找对应的纸质版事故规程，而事故序列允许的控制时间只有 20～30 min，这就对机组安全控制造成了非常大的负面影响。因此，CPR1000 堆型核电厂的规程电子化工作势在必行。

（3）控制的自动化程度

在机组的控制方面，发挥 DCS 平台的技术优势，通过对控制逻辑的优化，减少不必要的人员工作，利用技防来降低人因失误的概率，提高机组控制的自动化程度。

## 8.3 核电 DCS 未来的发展方向

核电 DCS 是一种社会产品，带有国家标签、技术标签、时代标签，因而核电 DCS 未来的发展离不开设备国产化、新技术应用、诊断新思维这三个关键词。

### 8.3.1 DCS 软硬件设备的国产化

软件平台与硬件设备的国产化程度是体现国家核心工业技术水平的一项重要标志。

从短期来看，我国的核电 DCS 技术标准体系在逐步完善过程中，很多方面还需使用国外标准，这导致软件平台、硬件设备都存在依靠外部环境的情况，我们需要为此付出高额的成本，也面临随时被切断的可能性，因此国产化工作需要长期持续的开展，希望国内的 DCS 设计方与供货方在未来能够输出我国自己的标准，输出符合我国自己标准的软硬件设备。

## 8.3.2　远程运维的智能化

随着大数据、人工智能等技术的发展，可通过信息化、网络化、智能化等先进技术实现？与运维服务的结合，建立 DCS 远程智能运维系统平台，获取核电厂 DCS 自诊断、环境等数据后，通过安全网络传输至 DCS 远程智能运维平台，实现故障远程诊断、风险分析及工作指令建议，降低现场维护人力及物力成本，如图 8-2 所示。运用设备本身及 DCS 诊断数据、可靠性分析、系统安全评价等多种手段，诊断 DCS 系统及设备的健康状况，实现预测性维修、物项替代，从而提高系统安全性及经济性，也为 DCS 设备供应商后续产品改进提供更多分析数据；还可以通过 DCS 远程智能运维系统实现 DCS 备件的集约化共享管理，减少各核电厂的 DCS 备件库存，最终实现各核电厂 DCS 备件的零库存，为核电厂降本增效。同时，因为 DCS 备件的集约化管理，实现了备件产品的动态调配、快速配送、备件保鲜等功能，提升备件质量及安全性，通过核电 DCS 远程智能运维的预测性维修，降低核电机组非计划停机风险及预防性维修数量，对核电厂安全性及经济性提高有重要意义。

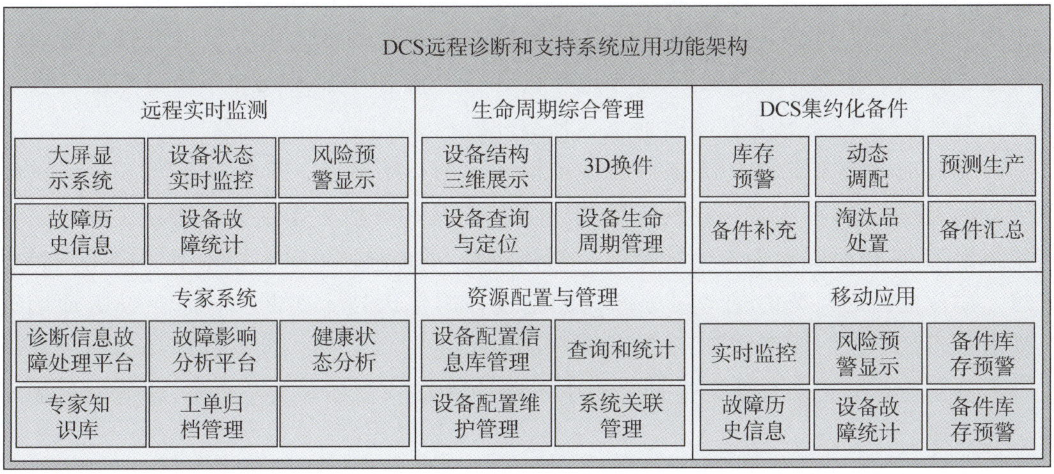


图 8-2　DCS 远程智能运维功能架构图

## 8.3.3　故障诊断技术的升级与变革

通常，故障诊断分为故障检测与故障定位两个过程，故障检测是利用各种检查和测试方法，发现系统和设备是否存在故障的过程；故障定位是在故障检测后进一步确定故障所在大致部位的过程。在核电数字化仪控系统的产品中，按照传统的故障诊断方法，现场的检查和测试方式方法有限，很难发现设备的故障，而各种定期试验也会造成设备的过度和损耗。

未来，故障诊断技术将由基于物理模型的故障诊断技术、基于数据的故障诊断技术以及基于大数据与 AI 技术的预防性诊断组成。

• 基于物理模型的故障诊断技术

建立在已有检测设备所能提供的状态信息和准确的机理模型基础上，采集现场的运行参数，与已有数学模型进行偏差对比，根据偏差的大小及变化趋势分析，判断设备或系统性能衰退和故障情况。

• 基于数据的故障诊断技术

采用系统辨识技术在数据基础上对辨识对象进行数据建模，基于辨识模型计算结果，与现场运行工况进行偏差对比，根据对比结果判断设备或系统是否发生故障，实现 DCS 设备状态的预测。

• 基于大数据与 AI 技术的预防性诊断

设备或系统性能衰减时，对设备或系统实时模型进行自适应修正，并给出预警信息，应用大数据分析技术、故障模型技术对设备或系统未来运行状况进行评估，提前预判可能会出现的故障模式。

无论在核电厂，还是在火电厂，DCS 从来都是机组信息与功能控制必不可少的监控平台，是操纵人员感官的延伸，是操纵人员的另一个脑区。由于核电的特殊性，一套安全、高效、便捷、智能的 DCS 在电厂的运行与维护中显得尤为重要。核电运营工作迫切需要核电 DCS 技术朝着智能化、便捷化发展。

推动其向前的主要动力有 DCS 行业前沿技术的不断发展、核电 DCS 研发人员的探索创新以及核电 DCS 市场用户的工程实践，三个因素既独立作用而又相互关联，这就需要核电 DCS 设计人员能够旁征博引、消化吸收，将先进的 DCS 技术及时应用到核电领域，应用的同时需要时刻考虑国产化的问题，避免因技术垄断、技术封锁等原因而出现卡脖子的情况，阻碍了我国核电 DCS 的发展进程；另外，也需要市场用户（核电工程人和运营人）能够在实际应用过程中不断的摸索和创新，为核电 DCS 的发展做出各自的贡献。

可以预见，三代核电的数字化仪控技术的发展，我国仍将以引进消化吸收为主，希望通过国内所有从事核电人员的共同努力，在下一代的核电 DCS 技术上能够取得技术突破。

# 参考文献


[1] 孟庆军．核电厂非安全级数字化仪控系统国产化及自主化工作实践［J］．核电仪控．

[2] 王家胜．核电厂数字化仪控系统改造中的几种控制系统综合应用分析［J］．核科学与工程．

[3] 黄潜．核电厂数字化仪控系统科技创新［J］．中国核电．

[4] 福建宁德核电厂 1、2 号机组最终安全分析报告［内部资料］．FSAR.

[5] CPR1000 数字化仪控系统总体设计［内部资料］．

[6] 安全分级总原则［内部资料］．

[7] Nuclear Power Engineering Committee of the IEEE Power Engineering Committee. IEEE 7-4.3.2 IEEE standard criteria for digital computers in safety systems of nuclear power generating stations［S］. New York：Institute of Electrical and Electronics Engineers，2010.

[8] GB/T 13284.1-2008 核电厂安全系统 第一部分：设计准则．

[9] 福建宁德核电厂 1、2 号机组最终安全分析报告第 7 章（仪表和控制）［内部资料］．FSAR.

[10] DCS System Description. 2011-08-09 CFC MELCO.

[11] RPC BLOCK DIAGRAM. 2012-06-18 CFC MHI.

[12] RGL System Description. 2013-10-21 CFC A. HUCHER.

[13] RPCC BLOCK DIAGRAM. 2012-06-18 CFC MELCO & CTEC.